Energía solar térmica

Fundamentos, tecnologías y aplicaciones

David Pérez Granados

Energía solar térmica

Fundamentos, tecnologías y aplicaciones

David Pérez Granados

Centro de Investigación e Innovación y Desarrollo Tecnológico (CIIDETEC) – UVM Campus Coyoacán

Marcombo

Energía solar térmica. Fundamentos, tecnologías y aplicaciones

© 2024 David Pérez Granados

Primera edición, 2024

© 2024 MARCOMBO, S. L.
www.marcombo.com

Diseño de cubierta: ENEDENÚ DISEÑO GRÁFICO
Maquetación: Reverté-Aguilar
Corrección: Haizea Beitia
Ilustraciones: Juan Carlos Olvera Granados
Directora de producción: M.ª Rosa Castillo

ISBN: 978-84-267-3812-7
D.L.: B 7221-2024

Impreso en Arteos
Printed in Spain

A mi hijo, mi motivación más profunda

Contenido

CAPÍTULO 3
Colectores de sistemas solares térmicos

CAPÍTULO 4
Sistemas de almacenamiento térmico

CAPÍTULO 9

Energía solar térmica en la arquitectura y el diseño urbano

CAPÍTULO 10

Optimización de sistemas solares térmicos

CAPÍTULO 11

Mantenimiento y diagnóstico de sistemas solares térmicos

CAPÍTULO 15
Evaluación del impacto ambiental de la energía solar térmica

Prólogo

Existen múltiples fuentes de energía en la tierra, organizadas en distintas categorías según sus propiedades, como el petróleo crudo y el gas natural. El logro del dominio del fuego fue un hito crucial en la historia de la humanidad, ya que la energía en forma de calor y luz condujo a avances sustanciales en la vida económica y social. Asimismo, la disponibilidad y el uso de las fuentes de energía han sido cruciales. Las diversas manifestaciones, transformaciones y aplicaciones de la energía contribuyen al desarrollo de diversas formas de vida y son cada vez más fundamentales para mejorar las condiciones de vida y el bienestar humanos. Los efectos del cambio climático están impulsando a las naciones de todo el mundo a modificar sus métodos de producción de energía eléctrica, pasando del coque y el petróleo a fuentes limpias y renovables como la energía eólica o solar, entre otras cosas.

Los recursos energéticos de la tierra se distribuyen y clasifican según sus características, incluidos el petróleo, el gas natural, el carbón, la energía geotérmica, los materiales radiactivos y otros recursos que se han acumulado durante miles de años. La capacidad de los humanos para dominar el fuego fue un logro significativo, ya que el calor y la energía lumínica permitieron avances sociales y económicos sustanciales. Los recursos energéticos y su utilización son cruciales para la historia de la humanidad. El resultado fue que las primeras sociedades de cazadores-recolectores se transformaron en sociedades agrícolas sedentarias, seguidas por sociedades recientemente industrializadas. Este proceso aún está en curso y ha provocado cambios en nuestra vida diaria.

En muchas latitudes, la energía solar es la fuente de energía más abundante (máxima disponibilidad en los trópicos y mínima disponibilidad en las regiones polares). La energía que se disipa puede alcanzar hasta los mil vatios por metro cuadrado de superficie, fluctuando según la estación. Puede almacenarse y convertirse en calor y electricidad, y utilizarse para crear efectos en materiales con propiedades ópticas y eléctricas. Alternativamente, la energía solar térmica es el calor generado a partir de la energía del sol. Los enfriadores de absorción pueden utilizar esta energía para enfriar una habitación usando calor en lugar de electricidad para crear refrigerante y acondicionar el aire del interior. Esta energía solar calienta directamente el refrigerante del sol. Esta energía se acumula y se transmite a otros fluidos de trabajo utilizados en los puntos de consumo. La energía solar puede ayudarnos a reducir nuestra dependencia de los combustibles fósiles y la electricidad.

La verdad es que la vida en nuestro planeta no se puede entender sin influencias externas. La Tierra es solo un pequeño mundo que orbita alrededor de una estrella que, aunque muy común en el vasto universo, es fundamental para nuestra existencia. Y casi toda la energía que tenemos proviene del sol. Es responsable de la creación de corrientes de aire, de la evaporación del agua superficial, de la formación de nubes, de la lluvia... y, con ello, de otras formas de energía renovable como el viento y las olas. O la biomasa. Su calor y luz son la base de muchas reacciones químicas necesarias para el crecimiento de plantas y animales y, en última instancia, para la existencia de vida en la Tierra. Por tanto, el Sol es la principal fuente de energía para todos los procesos que tienen lugar en nuestro planeta. Se encuentra a una distancia media de 150 millones de kilómetros, tiene un radio 109 veces el de la Tierra y está formado por gases a temperaturas muy altas. En su núcleo se producen continuamente reacciones de fusión nuclear que convierten el hidrógeno en helio. Este proceso libera grandes cantidades de energía que llegan a la superficie visible del Sol (fotosfera) y escapan en forma de rayos solares al espacio. Se estima que cada segundo se queman alrededor de 700 millones de toneladas de hidrógeno en el interior del Sol, de las cuales 4.3 millones de toneladas se convierten en energía. Una parte importante de esta energía es irradiada por los rayos del sol hacia el resto de los planetas, lunas, asteroides y cometas que forman nuestro sistema solar. Si tomamos en cuenta las predicciones actuales de que el Sol consumirá solo el diez por ciento de su hidrógeno en los próximos 6 mil millones de años, podemos estar seguros de que tenemos energía gratuita que todos podríamos permitirnos (que todos los países pueden tener). Cualquiera que quiera utilizar energía solar debe responder primero a la pregunta de cuánta energía llegará al lugar donde planea recolectar energía solar; es decir, cuánta radiación solar se recibirá por unidad. Para ello, primero debemos entender qué es la radiación solar, cómo se comporta y cuánta energía se puede captar en nuestra región del mundo. Primero, debemos considerar que la luz es una forma de energía que se utiliza para desplazarse de un lugar a otro.

En el caso del Sol, los rayos atraviesan el espacio en forma de energía de ondas electromagnéticas. Este fenómeno físico, conocido popularmente como radiación solar, hace que nuestro planeta reciba constantemente aproximadamente 1.367 W/m^2 de energía. Esta cantidad, llamada constante solar, equivaldrá a 20 veces la energía almacenada en todas las reservas de combustibles fósiles (petróleo, carbón) del mundo en un año. Sin embargo, no toda la radiación que llega a la Tierra atraviesa las capas exteriores de la atmósfera. Debido al proceso que siguen los rayos del sol al entrar en contacto con diferentes gases formados en la atmósfera, un tercio de la energía solar reflejada desde la Tierra regresa al espacio, mientras que los dos tercios restantes ingresan a la Tierra, a la superficie de la Tierra. Esto se debe a la proporción de vapor de agua, metano, ozono y dióxido de carbono (CO2) que actúa como medida protectora. Una capa de protección previene, entre otras cosas, los cambios de temperatura en la superficie terrestre y garantiza que el agua permanezca estable durante miles de años. Para la pérdida de energía por retroalimentación que ocurre en la atmósfera superior, debemos tener en cuenta otros cambios que afectan a la radiación solar que llega a parte de la Tierra.

Se puede comprobar que no todos los lugares reciben la misma energía. Por lo tanto, mientras los polos reciben menor radiación, los trópicos reciben la mayor radiación del sol. Esto se explica por la inclinación de la Tierra con respecto al Sol (23.5°). Si bien los rayos del sol son perpendiculares a la superficie en la que inciden, su intensidad varía dependiendo del ángulo de incidencia (como, por ejemplo, los polos). Esta es la razón por la que la irradiancia máxima del Sol no se produce en el ecuador, sino en latitudes por encima y por debajo del trópico de Cáncer y el trópico de Capricornio. Esta es la región donde los rayos del sol brillan más y viajan a través del aire para llegar a su destino. La energía solar que llega a la tierra es responsable de los procesos naturales: ciclo del agua, fotosíntesis, viento, flujo de agua, etc. Por otro lado, gracias a la creatividad humana, esta energía se puede utilizar para calentar líquidos, cocinar alimentos, crear estudios, secar alimentos, generar electricidad, calor, aire acondicionado solar, etc. Se utiliza para mejorar la vida de las personas y está considerada la energía más renovable del mundo, aunque esta energía tiene muchos usos.

La energía solar es una excelente opción para alimentar millones de hogares porque puede reducir nuestra dependencia de los combustibles fósiles y reducir las emisiones de carbono que causan el cambio climático. La radiación solar es la energía eléctrica recibida del sol que asegura la continuación de la vida en la Tierra. Algunas de estas fuerzas son responsables del clima y otras son responsables de la mayoría de los procesos biológicos conocidos.

Esta energía es abundante y puede utilizarse para satisfacer las necesidades energéticas de las personas. La energía solar se entiende como energía superficial en forma de radiación térmica del Sol a la Tierra y puede utilizarse para todos los procesos energéticos. A diferencia de otras fuentes de energía renovables, la energía solar se puede predecir en términos de su capacidad para ponerse en marcha en función del sistema astronómico llamado Sol-Tierra, mucho de lo cual se explicará más adelante. La cantidad de radiación solar presente en una región también depende del comportamiento de la radiación que ingresa y atraviesa la atmósfera terrestre; muchos eventos ocurren en el camino que siguen los rayos del sol antes de llegar a la superficie terrestre.

La presencia de humedad y vapor de agua, aerosoles, humo, polvo, neblina y nubes determina la transparencia atmosférica y, por tanto, la energía solar disponible. Hay muchas formas de estimar la cantidad de radiación solar que recibe una zona; los métodos más comunes son: medir la ubicación y estimar mediante imágenes de satélite. Los equipos que miden la radiación solar han sido evaluados a nivel mundial, por lo que existe mucho consenso sobre los datos de diferentes partes del mundo. Por otro lado, dado que las estimaciones satelitales han mejorado en los últimos años, sus predicciones se acercan más a las mediciones terrestres.

Este libro explica la importancia de la producción de energía solar térmica, incluyendo las ventajas de los sistemas solares térmicos sobre los sistemas convencionales, la energía fotovoltaica, análisis comparativos de equipos eléctricos similares y diferentes plantas eléctricas y solares. Recopila la información reciente sobre la energía solar y la energía solar térmica para satisfacer las necesidades de energía limpia y será útil para profesores, estudiantes de posgrado y estudiantes universitarios que aprovechen los avances tecnológicos.

Comienza con una explicación de los fundamentos de la energía y la transformación de la misma, sus unidades, los diferentes tipos de energía... Aborda también los principios de la termodinámica, la transferencia de calor y la energía solar. Los aspectos esenciales de los dispositivos solares térmicos, junto con su modelado térmico, se tratan de manera muy coherente en los capítulos 3, 4 y 5. En los capítulos del 6 al 9 hay información valiosa para la aplicación de la energía solar en la industria, el comercio, los servicios y la vivienda. Los capítulos 10 y 11 abordan temas relacionados con la optimización y mantenimiento de los sistemas. En los capítulos del 12 al 15, se presenta información valiosa sobre los desafíos presentes y futuros para el aprovechamiento de este recurso, la normatividad que se debe cumplir, etc. El capítulo 16 contempla dos aspectos esenciales: el impacto económico y el ambiental en el uso de las energías limpias. De acuerdo al protocolo de Montreal de 1997, los gobiernos acordaron eliminar gradualmente los productos químicos utilizados como refrigerantes que tienen el potencial de destruir el ozono estratosférico. Por lo tanto, se consideró deseable reducir el consumo de energía y disminuir la tasa de agotamiento de las reservas mundiales de energía y la contaminación del medio ambiente. Promover aplicaciones renovables innovadoras y reforzar el mercado de energías renovables contribuirá a la preservación del ecosistema al reducir las emisiones a nivel local y global. Esto también contribuirá a mejorar las condiciones ambientales al sustituir los combustibles convencionales por energías renovables que no produzcan contaminación del aire ni gases de efecto invernadero

La energía solar térmica se puede utilizar a bajas temperaturas, en la agricultura, en la industria de la transformación y en los hogares, ya que puede generar climatización ambiental acorde al entorno. Una gran cantidad de las nuevas instalaciones están ligadas al cumplimiento de códigos y normas técnicas, lo cual establece la necesidad de utilizar energía solar térmica para satisfacer una parte significativa de la demanda de agua caliente en las construcciones recientes.

Este texto representa un importante aporte al conocimiento que se tiene para el aprovechamiento del sol como fuente de energía, y es la energía más rentable que existe en estos momentos. Utilizar la energía solar con el propósito de obtener energía térmica nos ha llevado a nuevos avances en una industria que contribuye a la conservación del medio ambiente a nivel global. Todo su contenido será de gran utilidad para todas aquellas personas que estén involucradas en la implementación, desarrollo y operación de proyectos productivos basados en la disponibilidad del recurso solar del sitio de instalación.

Reconocemos en David Pérez Granados a un visionario que inicia su historia como investigador y científico, y que sustentado en el entusiasmo de hacer ciencia, en la honestidad, en la integridad académica y en el respeto a la diversidad y a las personas, sigue cultivando un interés por aportar nuevos conocimientos y beneficios académicos. Se ha comprometido con la tarea de brindar un legado, pues este libro es su segunda obra, en la que se ha enfocado en desarrollar el tema de las energías alternativas. David es un joven inquieto que se sigue preparando y que tiene deseos, anhelos y ganas de aportar al desarrollo académico de su *alma mater* y de México.

La tarea que ha enfrentado David Pérez Granados es la de explicar de manera exhaustiva todos los conceptos utilizados a lo largo del texto, que incluyen un cúmulo interesante de información sobre el tema de las energías limpias y renovables, explicado de una manera sencilla y asimilable. Los términos técnicos pueden resultar complicados, pero a lo largo de todo el libro se ha utilizado un lenguaje sencillo para que los conceptos sean entendidos.

La obra resultará de gran utilidad para la comunidad académica, para profesionales, docentes y estudiantes que deseen adquirir o reforzar los conocimientos en estas áreas y compartan el entusiasmo e interés del autor por ellas. Entonces, se cumplirá con el objetivo.

Dr. Marco Antonio Zamora Antuñano
Director Nacional del Centro de Investigación, Innovación y
Desarrollo Tecnológico de la Universidad del Valle de México
(CIIDETEC-UVM)

Agradecimientos

Me siento muy feliz y orgulloso de haber terminado de escribir mi segundo libro. En esta ocasión el tema principal es la energía solar térmica y sus fundamentos, tecnologías y aplicaciones. Este libro es el resultado de años de estudio, investigación y trabajo apasionante y relevante para el desarrollo sostenible y las energías limpias.

Quiero expresar mi profundo agradecimiento a todas las personas e instituciones que me han apoyado y acompañado en este proyecto.

En primer lugar, a todo el equipo editorial de Marcombo, por su confianza, profesionalismo y colaboración incansable a lo largo de todo el proceso de publicación. Su compromiso y dedicación han sido fundamentales para la materialización de este proyecto.

Al Dr. Marco Zamora, director nacional del CIIDETEC (Centro de Investigación, Innovación y Desarrollo Tecnológico), le agradezco sinceramente su valiosa colaboración en la redacción del prólogo. Su experiencia ha agregado un componente invaluable a esta obra.

A la Dra. Leticia Rodríguez Segura, directora institucional de Innovación e Investigación Educativa en la Vicerrectoría de Innovación, Investigación e Incubadoras, le dedico mi profundo agradecimiento. Su orientación y motivación han sido pilares fundamentales en mi vida académica, guiándome hacia el éxito y el crecimiento constante.

Y, por último, pero no menos importante, a mi familia (padres y hermanos), cuyo apoyo ha sido inquebrantable, les doy las gracias desde lo más profundo de mi corazón. Sus aportaciones y comentarios han enriquecido esta obra de maneras inimaginables. En particular, quiero expresar mi gratitud a mi hijo Gabriel Isaac. Gracias por tu infinita paciencia, por esos intensos momentos de escritura y por brindarme las energías necesarias para perseverar cada día y ser un mejor investigador y autor.

Cada uno de ustedes ha dejado una marca indeleble en este proyecto, y su contribución es de gran valor. Este libro no habría sido posible sin su apoyo y dedicación.

A todos, mi más sincero agradecimiento.

Introducción a la energía solar térmica

1.1. ¿Qué es la energía?

La energía, una fuerza vital en el universo, es la capacidad de un sistema físico para realizar un trabajo o inducir cambios en el estado o movimiento de otros cuerpos. Se manifiesta de diversas maneras, como el calor, la luz, la electricidad, el sonido y el movimiento. Una de las leyes fundamentales que rige la energía es el principio de conservación, que establece que la cantidad total de energía en el universo permanece constante, pudiendo transformarse de una forma a otra, pero sin ser creada ni destruida.

1.1.1. Clasificación de la energía según origen y uso

Desde una perspectiva de origen, la energía se divide en dos categorías principales: energía renovable y energía no renovable. La energía renovable proviene de fuentes naturales inagotables o de recursos que se regeneran más rápido de lo que se consumen, como la energía solar, la eólica, la hidráulica, la geotérmica y la biomasa. Por otro lado, la energía no renovable se origina en fuentes naturales limitadas o que se agotan más rápido de lo que se renuevan, incluyendo los combustibles fósiles (petróleo, gas natural o carbón) y la energía nuclear.

En cuanto a su uso, la energía se clasifica en varios tipos, como la energía mecánica, térmica, eléctrica, química y radiante. La energía mecánica está asociada al movimiento y la posición de un objeto. La energía térmica se transfiere entre cuerpos con diferentes temperaturas. La energía eléctrica se produce por el movimiento de cargas eléctricas. La energía química se almacena en los enlaces moleculares y se libera durante reacciones químicas. Finalmente, la energía radiante se propaga en forma de ondas electromagnéticas, incluyendo luz y calor.

1.1.2. Unidades de medida y relación entre energía y trabajo

La energía solar térmica, también conocida como energía termosolar, se puede definir como el calor generado por la radiación solar, que es el aprovechamiento de la energía procedente del Sol para transferirla a un medio portador de calor.

La energía solar térmica se utiliza en diversas aplicaciones y servicios, como la producción de vapor, los sistemas de calefacción, los sistemas de refrigeración y la generación de electricidad.

La relación entre energía y trabajo se puede expresar mediante la ecuación 1.1:

$$W = \int_{t1}^{t2} F(t)dt \qquad (1.1)$$

donde:

- W es el trabajo realizado.
- F(t) es la fuerza aplicada en el tiempo t.
- t1 y t2 son los límites de integración en el tiempo.

En el caso de la energía solar térmica, el trabajo realizado por el sistema solar es el calor transferido al fluido de trabajo, lo que permite elevar los niveles de temperatura y utilizar el calor en diversas aplicaciones.

Por otro lado, las unidades de medida de energía son importantes para entender la cantidad de energía disponible en un sistema. Algunas unidades de medida comunes en el contexto de la energía solar térmica son las siguientes:

- Joule (J): Unidad de energía en el Sistema Internacional de Unidades (SI)
- Kilowatts hora (kWh): Unidad de energía utilizada en el sector eléctrico
- Btu (British Thermal Units): Unidad de energía utilizada en el sector de la energía térmica

1.1.3. Transformación de energía en ejemplos cotidianos

Un ejemplo común de transformación de energía es el funcionamiento de una bombilla eléctrica. La bombilla convierte la energía eléctrica que recibe del enchufe en energía térmica y radiante. La energía térmica se disipa como calor en el ambiente, mientras que la energía radiante se emite en forma de luz visible e infrarroja.

La energía es un concepto fundamental en la física y las ciencias naturales, que se define como la capacidad de un sistema para realizar un trabajo o inducir cambios en su entorno. Esta definición simple abarca una amplia gama de fenómenos físicos y químicos, desde el movimiento de los planetas hasta las reacciones químicas que ocurren en nuestras células.

En el contexto de la energía solar térmica, la radiación electromagnética del sol se transforma en energía térmica que puede usarse para diversas aplicaciones, como calentar agua o generar electricidad. La versatilidad de la energía y su capacidad para convertirse de una forma a otra hacen de este concepto uno de los pilares fundamentales de la física moderna.

> Nota clave: La energía eléctrica es una fuente secundaria, debido a que es necesario transformar fuentes primarias (como el petróleo, el gas natural o el carbón) o renovables (sol, agua, viento, etc.) para crearla.

1.2. Energías no renovables

Figura 1.1 Central eléctrica de carbón.

Las energías no renovables, provenientes de recursos limitados en la Tierra, se enfrentan a un agotamiento inevitable debido a su consumo incesante. Este grupo incluye los combustibles fósiles como el petróleo, el carbón, y el gas natural, junto con la energía nuclear. Aunque estas fuentes han sido esenciales para el progreso industrial y tecnológico, su uso conlleva serias implicaciones tanto económicas como ambientales.

1.3. Energías renovables

Figura 1.2 Representación de las energías renovables.

Las energías renovables, una alternativa vital en nuestro viaje hacia la sostenibilidad energética, provienen de fuentes naturales inagotables. Estas fuentes se distinguen por su capacidad para regenerarse o por la vastedad de energía que contienen. Algunas de las energías renovables más reconocidas y prometedoras incluyen la solar, la eólica, la hidroeléctrica, la geotérmica, la de biomasa y la proveniente de los océanos.

1.4. El sol como motor fundamental de la energía terrestre

El Sol, como estrella más cercana a la Tierra, desempeña un papel fundamental en la generación de energía en nuestro planeta. Su radiación es la principal fuente de energía renovable y sostenible que impulsa diversos procesos naturales y tecnológicos. La energía solar térmica es una forma de aprovechar la radiación solar para generar calor. Se basa en convertir la energía radiante del sol en energía térmica utilizable, que puede usarse para calentar agua, aire o generar electricidad.

1.5. Energía solar

Figura 1.3 Representación de la energía solar.

La energía solar es la energía obtenida a partir de la radiación electromagnética procedente del Sol. El Sol emite una enorme cantidad de energía cada segundo, que se propaga por el espacio en forma de ondas. Algunas de estas ondas llegan a la Tierra y son captadas por diferentes dispositivos que las transforman en otras formas de energía más útiles para el ser humano, como la electricidad o el calor.

La energía solar se clasifica en dos tipos principales según el modo de aprovechamiento de la radiación solar: la energía solar fotovoltaica y la energía solar térmica. La primera consiste en convertir directamente la luz solar en electricidad mediante unas células especiales llamadas fotovoltaicas. La segunda consiste en utilizar el calor de la radiación solar para calentar un fluido que luego se emplea para producir electricidad, agua caliente o calefacción.

> Nota clave: El sol es una fuente inagotable de energía; impulsa energías como la solar fotovoltaica y la térmica para un futuro sostenible y limpio.

La radiación solar, proveniente del Sol, es esencial para la vida en la Tierra y desempeña un papel fundamental en los procesos biológicos y en la formación del clima terrestre. Esta radiación se desglosa en tres componentes principales:

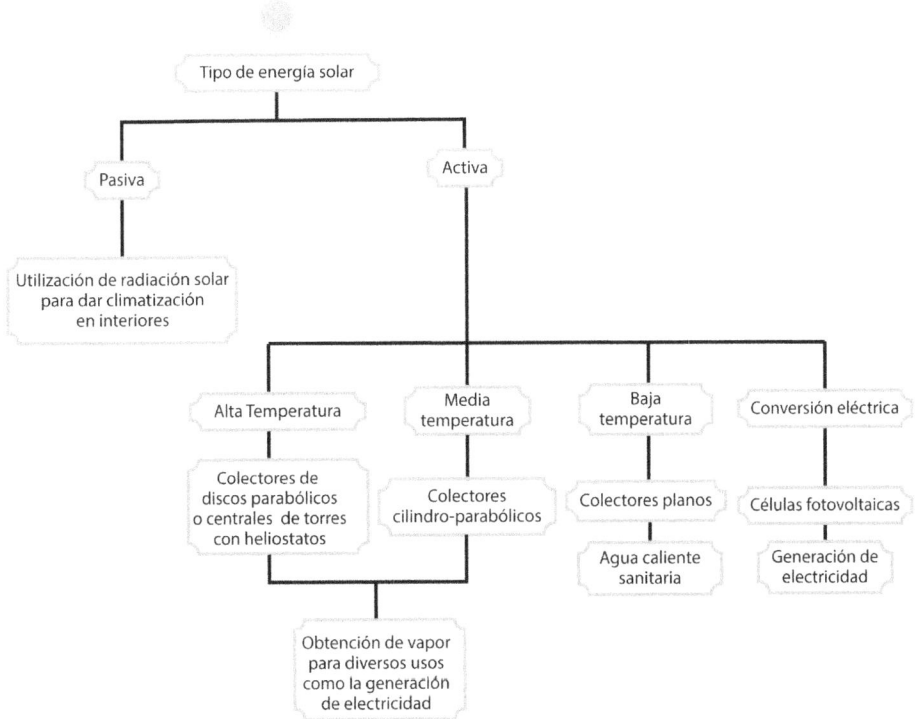

Figura 1.4 Tecnologías de la energía solar.

La energía solar tiene varias ventajas frente a otras fuentes de energía, como la reducción de las emisiones de gases de efecto invernadero, la independencia energética de los países, el bajo costo de mantenimiento y la posibilidad de generar energía en lugares remotos o aislados. También presenta inconvenientes, como la variabilidad e intermitencia de la radiación solar, la necesidad de grandes extensiones de terreno para instalar los paneles o colectores solares y el impacto ambiental que pueden causar ciertos materiales utilizados en su fabricación.

> Nota clave: La radiación solar es la fuente primaria de casi todas las formas de energía renovable, como la eólica, la hidráulica o la biomasa.

Tipo de energía solar	Tecnología	Finalidad
Energía solar fotovoltaica	Células fotovoltaicas de silicio cristalino y fósforo	Transforma la radiación solar en electricidad a través del efecto fotovoltaico.
Energía solar térmica	Colectores solares, sistemas de tubos de vacío	Suministro de agua caliente, calefacción en hogares, refrigeración mediante sistemas de absorción de calor.
Energía solar pasiva	Diseño arquitectónico, materiales térmicos adecuados	Aprovecha la radiación solar sin requerir dispositivos mecánicos o eléctricos, utilizando principios de diseño arquitectónico para maximizar la captación de calor en edificaciones.

Tabla 1.1 Tipos de energía solar.

1.6. Tipos de conversión solar térmica

La energía solar es una forma de energía renovable que se obtiene a partir de la radiación electromagnética que emite el Sol. La energía solar se puede aprovechar de dos maneras: de forma pasiva o de forma activa.

La energía solar pasiva consiste en utilizar la luz y el calor del Sol sin necesidad de dispositivos o sistemas mecánicos. Por ejemplo, la orientación de una vivienda, el uso de materiales que absorben o reflejan la radiación solar o el diseño de espacios que permitan la ventilación natural son formas de aprovechar la energía solar pasiva.

La energía solar activa implica el uso de dispositivos o sistemas mecánicos que captan, transforman y almacenan la energía solar para su posterior uso. Estos dispositivos pueden ser de dos tipos: fotovoltaicos o térmicos. Los dispositivos fotovoltaicos convierten la luz solar en electricidad mediante el efecto fotoeléctrico. Los dispositivos térmicos aprovechan el calor del Sol para calentar un fluido, que puede ser agua, aire o un líquido especial. Este fluido puede usarse directamente para calefacción, agua caliente o procesos industriales, o puede transferir su calor a un motor que genere electricidad.

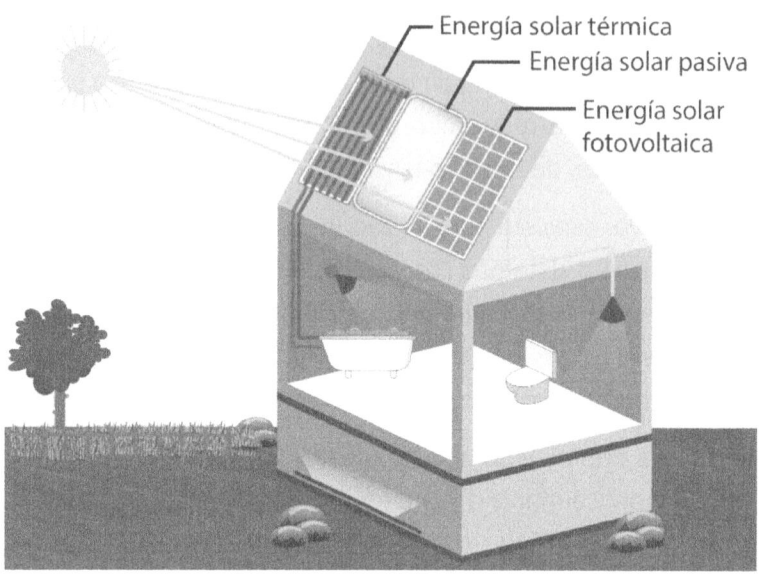

Figura 1.5 Tipos de conversión solar.

Tipo de energía solar térmica	Descripción
Energía solar térmica activa	Los sistemas activos utilizan dispositivos mecánicos o eléctricos, como bombas, ventiladores y colectores solares, para captar y distribuir el calor solar eficientemente. Se dividen en tres categorías según la concentración de radiación solar y el uso previsto del calor: baja (calefacción de agua y espacios), media (procesos industriales y refrigeración) y alta (generación de electricidad mediante turbinas de vapor o motores Stirling).
Energía solar térmica pasiva	Los sistemas pasivos prescinden de dispositivos auxiliares y confían en principios naturales como la convección o el almacenamiento térmico.

A pesar de ser más simples y duraderos, son menos eficientes y controlables. Un ejemplo es el calentador solar de agua por termosifón, donde un colector solar y un tanque de almacenamiento se conectan a través de tuberías, permitiendo que el agua se caliente y ascienda por convección hacia el tanque para su uso posterior.

Tabla 1.2 Descripción de diversas formas de energía solar térmica.

1.6.1. Energía solar pasiva

Los sistemas pasivos prescinden de dispositivos auxiliares, pues confían en principios naturales como la convección o el almacenamiento térmico. Estos sistemas, aunque más simples y duraderos, tienden a ser menos eficientes y controlables.

Figura 1.6 Aplicación de la energía solar pasiva usando ventanales.

Un ejemplo destacado es el uso de ventanas orientadas al sur (en el hemisferio norte) o al norte (en el hemisferio sur). Estas ventanas permiten que la luz solar entre en el edificio durante el invierno, proporcionando luz natural y calor como se muestra en la Figura 1.6. Durante el verano, las mismas ventanas pueden estar sombreadas para evitar el sobrecalentamiento. Este es un ejemplo de cómo el diseño arquitectónico puede aprovechar la posición del sol durante diferentes épocas del año para maximizar la eficiencia energética.

> Nota clave: Aunque los sistemas de energía solar térmica activa y pasiva son eficientes, ninguno puede cubrir el 100% del consumo de energía de una vivienda.

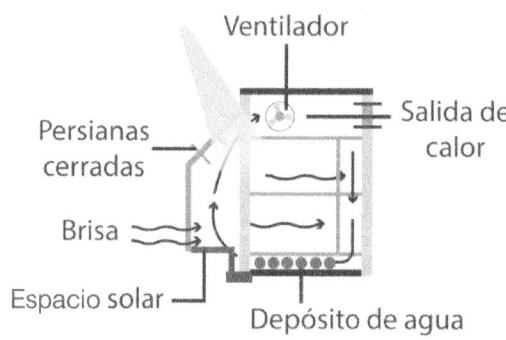

Figura 1.7 Refrigeración solar activa.

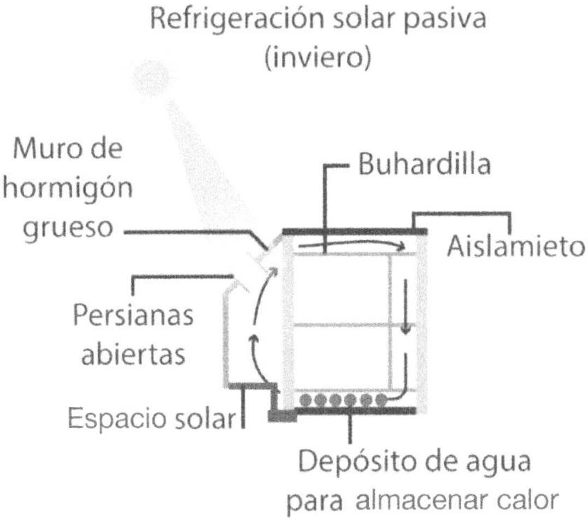

Refrigeración solar pasiva
(inviero)

Muro de
hormigón
grueso ——————— Buhardilla

————— Aislamieto

Persianas
abiertas

Espacio solar

Depósito de agua
para almacenar calor

Figura 1.8 Refrigeración solar pasiva.

1.6.2. Innovaciones pasivas en la arquitectura

Figura 1.9 Casa que aprovecha la energía solar pasiva.

CAPÍTULO 1
Introducción a la energía solar térmica

1.1. ¿Qué es la energía?

La energía, una fuerza vital en el universo, es la capacidad de un sistema físico para realizar un trabajo o inducir cambios en el estado o movimiento de otros cuerpos. Se manifiesta de diversas maneras, como el calor, la luz, la electricidad, el sonido y el movimiento. Una de las leyes fundamentales que rige la energía es el principio de conservación, que establece que la cantidad total de energía en el universo permanece constante, pudiendo transformarse de una forma a otra, pero sin ser creada ni destruida.

1.1.1. Clasificación de la energía según origen y uso

Desde una perspectiva de origen, la energía se divide en dos categorías principales: energía renovable y energía no renovable. La energía renovable proviene de fuentes naturales inagotables o de recursos que se regeneran más rápido de lo que se consumen, como la energía solar, la eólica, la hidráulica, la geotérmica y la biomasa. Por otro lado, la energía no renovable se origina en fuentes naturales limitadas o que se agotan más rápido de lo que se renuevan, incluyendo los combustibles fósiles (petróleo, gas natural o carbón) y la energía nuclear.

concentración de radiación solar y del uso previsto del calor, estos sistemas se dividen en tres categorías: baja, media y alta temperatura.

Figura 1.11 Representación de la energía solar activa.

Los sistemas de baja temperatura encuentran su utilidad en la calefacción de agua sanitaria o espacios interiores, pues aprovechan la energía solar para proporcionar confort térmico. Por otro lado, los sistemas de media temperatura se aplican en procesos industriales y de refrigeración por absorción, y ofrecen soluciones sostenibles en diversas industrias. Finalmente, los sistemas de alta temperatura se especializan en la generación de electricidad mediante turbinas de vapor o motores Stirling, brindando así una fuente renovable para la producción de energía eléctrica.

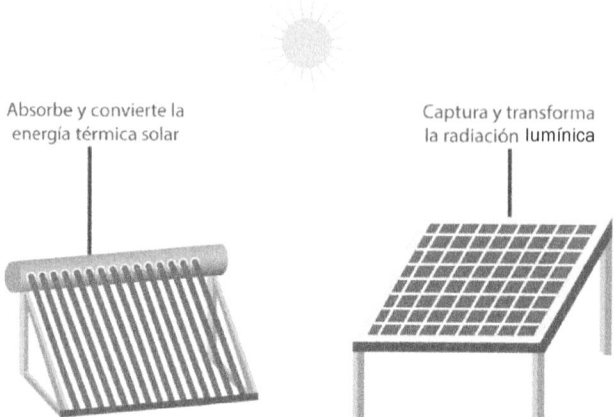

Absorbe y convierte la
energía térmica solar

Captura y transforma
la radiación **lumínica**

Figura 1.12 Diferencias entre energía solar térmica y energía solar fotovoltaica.

1.6.4. Energía solar fotovoltaica

Figura 1.13 Granja de energía solar fotovoltaica.

La energía solar fotovoltaica es una fuente de energía renovable y limpia que utiliza la radiación solar para producir electricidad. Se basa en el efecto fotoeléctrico, por el que determinados materiales pueden absorber fotones (partículas lumínicas) y liberar electrones, generando así una corriente eléctrica. Para ello, se emplea un dispositivo semiconductor denominado celda o célula fotovoltaica, que puede ser de silicio monocristalino, policristalino o amorfo, o bien de otros materiales semiconductores de capa fina.

Las células fotovoltaicas se agrupan en módulos o paneles solares, que a su vez se conectan entre sí para formar un sistema fotovoltaico. Estos sistemas pueden ser de dos tipos: conectados a la red eléctrica o aislados de ella. Los primeros vierten la electricidad producida a la red, mientras que los segundos la almacenan en baterías para su posterior uso. Los sistemas fotovoltaicos pueden instalarse tanto en edificios como en plantas solares de gran escala.

La energía solar fotovoltaica presenta numerosas ventajas frente a otras fuentes de energía convencionales, como su carácter inagotable, su bajo impacto ambiental, su reducido mantenimiento, su modularidad y su versatilidad. Sin embargo, también tiene algunos inconvenientes, como su elevado coste inicial, su dependencia de las condiciones climáticas, su variabilidad diurna y estacional y su baja eficiencia de conversión.

1.6.5. Energía solar térmica

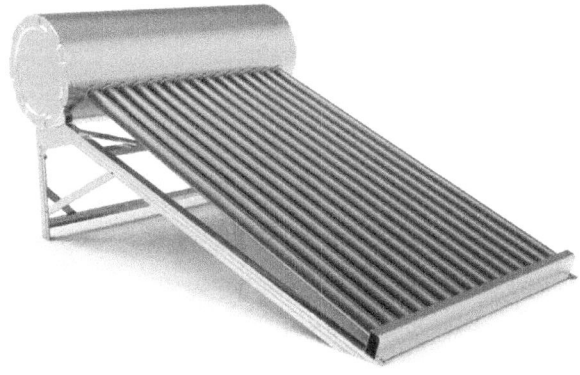

Figura 1.14 Calentador solar.

La energía solar térmica se obtiene mediante colectores solares, dispositivos diseñados para captar la radiación solar y transferir el calor a un fluido (agua o fluido térmico) que luego puede usarse para diversos fines.

Los colectores solares pueden ser de diferentes tipos, pero los más comunes son los colectores solares planos y los colectores solares de tubos de vacío. Los colectores solares planos consisten en una placa absorbente que está expuesta a la radiación solar y un sistema de tuberías por donde circula el fluido que se calienta. Los colectores solares de tubos de vacío están compuestos por tubos de vidrio con un fluido térmico y diseñados para maximizar la captación de radiación solar.

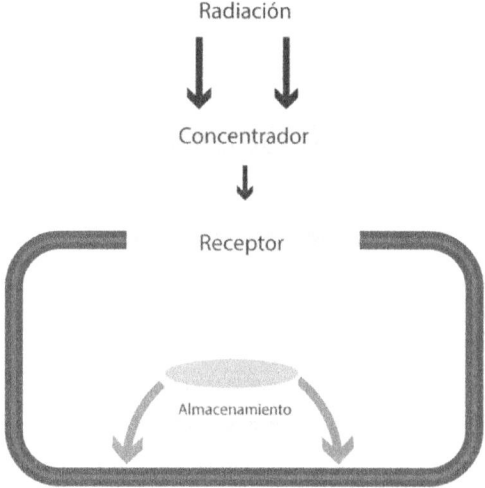

Figura 1.15 Representación básica del funcionamiento de la energía solar térmica.

El principio básico de funcionamiento de los colectores solares es la absorción de la radiación solar por parte de la superficie absorbente, recubierta con un material selectivo con alta capacidad de absorción y baja capacidad de emisión de calor. Esta radiación absorbida se convierte en calor, que luego se transfiere al fluido que circula por el colector.

Es importante destacar que la energía solar térmica es una forma de energía renovable y limpia, ya que no produce emisiones de gases de efecto invernadero ni contamina el medio ambiente durante su operación. Además, es una fuente de energía inagotable, ya que el sol es una fuente de energía abundante y disponible de forma constante.

> Nota clave: La energía solar se puede aprovechar de dos maneras, mediante la energía solar fotovoltaica y mediante la energía solar térmica.

La energía solar térmica tiene diversas aplicaciones, como la producción de agua caliente sanitaria, la calefacción de espacios, la climatización de piscinas y procesos industriales, entre otros. Una de las aplicaciones más comunes de la energía solar térmica es la producción de agua caliente sanitaria. En muchos hogares y edificios, el calentamiento del agua para uso doméstico representa una parte significativa del consumo energético. Mediante el uso de colectores solares térmicos, se puede aprovechar la radiación solar para calentar el agua de forma eficiente y sostenible.

En la calefacción de espacios, la energía solar térmica puede usarse para calentar el aire o el agua que circula por sistemas de calefacción. Esto puede ser especialmente beneficioso en regiones con climas fríos, donde la demanda de calefacción es alta. Los sistemas de calefacción solar pueden reducir la dependencia de combustibles fósiles y contribuir a la reducción de emisiones de gases de efecto invernadero.

La climatización de piscinas es otra aplicación popular de la energía solar térmica. Las piscinas requieren de un calentamiento constante del agua para mantener una temperatura agradable para los bañistas. Los colectores solares térmicos pueden captar la radiación solar y transferir el calor al agua de la piscina, permitiendo así un calentamiento eficiente y económico.

Además de estas aplicaciones, la energía solar térmica también puede ser utilizada en procesos industriales. Por ejemplo, en la industria alimentaria, se puede utilizar la energía solar térmica para calentar agua o vapor para procesos de lavado, limpieza o cocción de alimentos. En la industria química, la energía solar térmica puede ser utilizada para calentar reactores o secar productos químicos. Estos son solo algunos ejemplos de las muchas aplicaciones industriales de la energía solar térmica.

Es importante destacar que la energía solar térmica no solo ofrece beneficios ambientales, sino también económicos. A medida que la tecnología se ha desarrollado y los costes han disminuido, la energía solar térmica se ha vuelto cada vez más competitiva en comparación con otras fuentes de energía convencionales. Además, el uso de energía solar térmica puede generar ahorros significativos en los costes de energía a largo plazo. Aunque la inversión inicial puede ser mayor que la de otras fuentes de energía convencionales, los costes de operación y mantenimiento de los sistemas solares térmicos son generalmente más bajos. Esto se debe a que la radiación solar es gratuita y abundante, lo que reduce la dependencia de combustibles fósiles y los costes asociados a su adquisición y transporte.

Además, la energía solar térmica puede ayudar a reducir la dependencia energética de los países, ya que el sol es una fuente de energía local y disponible en todo el mundo. Esto puede tener un impacto positivo en la seguridad energética y en la economía de los países, al reducir la necesidad de importar combustibles fósiles.

> Nota clave: La eficiencia de un sistema solar térmico se define como la relación entre la energía útil obtenida y la energía solar incidente sobre el colector.

1.7. Ventajas y aplicaciones de la energía solar térmica

La energía solar térmica, como una de las principales fuentes de energía renovable, ofrece ventajas significativas que la hacen atractiva para su implementación en varias aplicaciones. En primer lugar, la energía solar térmica es una fuente de energía inagotable y gratuita una vez instalada la infraestructura necesaria para su captación y utilización. A diferencia de los combustibles fósiles, la energía solar no se agota con su uso y no está sujeta a fluctuaciones de precios o a problemas de suministro. Además, la energía solar térmica no produce emisiones de gases de efecto invernadero ni otros contaminantes atmosféricos durante su operación, lo que contribuye a la mitigación del cambio climático y a la mejora de la calidad del aire.

> Nota clave: La energía solar térmica es una fuente de energía limpia y renovable que no produce emisiones de gases de efecto invernadero ni otros contaminantes atmosféricos durante su operación.

En términos de eficiencia, los sistemas de energía solar térmica pueden alcanzar eficiencias de conversión de energía superiores al 70%, lo que los hace más eficientes que los sistemas de energía solar fotovoltaica, que suelen tener eficiencias de conversión de energía en el rango del 15-20%. Además, los sistemas de energía solar térmica pueden incorporar sistemas de almacenamiento térmico que permiten almacenar el calor producido durante las horas de sol para su uso durante la noche o en días nublados, lo que mejora la fiabilidad y la flexibilidad de estos sistemas.

> Nota clave: Los sistemas de energía solar térmica pueden alcanzar eficiencias de conversión de energía superiores al 70% y pueden incorporar sistemas de almacenamiento térmico para mejorar su fiabilidad y flexibilidad.

En cuanto a las aplicaciones de la energía solar térmica, estas son diversas y abarcan desde el ámbito doméstico hasta el industrial. En el ámbito doméstico, la energía solar térmica se utiliza principalmente para la producción de agua caliente sanitaria (ACS).

1.8.   Energías renovables en el contexto actual

En el contexto actual, la importancia de las energías limpias se ha vuelto cada vez más evidente. La necesidad de reducir las emisiones de gases de efecto invernadero y disminuir la dependencia de los combustibles fósiles ha llevado a un creciente interés en el desarrollo y la implementación de fuentes de energía renovable. Entre estas fuentes, la energía solar térmica se destaca como una opción prometedora y versátil. En este ensayo, exploraremos la importancia de la energía solar térmica y su papel en la transición hacia un futuro más sostenible.

La energía solar térmica se basa en la captación y utilización del calor proveniente de la radiación solar. A diferencia de la energía solar fotovoltaica, que convierte la radiación solar en electricidad, la energía solar térmica se enfoca en la generación de calor. Esta forma de energía renovable tiene diversas aplicaciones y beneficios significativos.

En primer lugar, la energía solar térmica es una alternativa limpia y sostenible para la producción de agua caliente sanitaria. Mediante el uso de colectores solares, se puede calentar el agua de manera eficiente y reducir la dependencia de combustibles fósiles. Esto no solo contribuye a la reducción de las emisiones de gases de efecto invernadero, sino que también puede generar ahorros económicos a largo plazo.

Además de la producción de agua caliente sanitaria, la energía solar térmica también se utiliza para la calefacción de espacios. Mediante sistemas de colectores solares y sistemas de almacenamiento de calor, es posible proporcionar calor a través de radiadores, suelos radiantes o sistemas de aire caliente. Esto es especialmente beneficioso en regiones con climas fríos, donde la calefacción representa una parte importante del consumo energético.

Nota clave: Una forma de energía renovable que aprovecha el calor de la radiación solar para producir agua caliente, calefacción y otras aplicaciones es la energía solar térmica, ya que es una alternativa limpia y sostenible para reducir las emisiones y la dependencia de los combustibles fósiles.

1.9. Contribución de la energía solar térmica para la mitigación del cambio climático en España

La energía solar térmica es una forma de energía renovable que se utiliza para generar calor y transferirlo a un fluido de trabajo, lo que permite elevar los niveles de temperatura y utilizar el calor en diversas aplicaciones, como la producción de vapor, los sistemas de calefacción, los sistemas de refrigeración y la generación de electricidad.

En España, la energía solar térmica ha contribuido a la mitigación del cambio climático de varias maneras.

- Reducción de emisiones de gases de efecto invernadero (GEE): La energía solar térmica es una forma de energía renovable que no emite GEE durante su generación, lo que contribuye a reducir las emisiones de gases de efecto invernadero en comparación con las energías no renovables.
- Almacenamiento de energía: La energía solar térmica puede ser almacenada y utilizada durante periodos de alta demanda de energía, cuando está nublado o incluso por la noche, lo que permite una distribución más flexible de la energía.
- En industrias cárnicas se utiliza energía solar térmica para generar calor y transferirlo a un fluido de trabajo, elevando así los niveles de temperatura y utilizando el calor en diversas aplicaciones, como la producción de vapor, los sistemas de calefacción, la refrigeración y la generación de electricidad.

- Aplicaciones en el hogar: La energía solar térmica se puede utilizar para calentar agua en hogares y piscinas, y para secar alimentos y ropa.

La contribución de la energía solar térmica a la mitigación del cambio climático en España se puede medir de varias maneras. Una de ellas es a través de la reducción de GEE que se logra al utilizar energía solar térmica en lugar de energías no renovables. Otra forma de medir su contribución es a través del almacenamiento de energía, lo que permite una distribución más flexible de la energía y reduce la necesidad de utilizar energías no renovables durante periodos de alta demanda. Además, se puede medir su contribución a través de su aplicación en la industria y en el hogar, lo que reduce la necesidad de utilizar energías no renovables en estas áreas. En general, la contribución de la energía solar térmica a la mitigación del cambio climático en España se puede medir a través de la reducción de emisiones de GEE y la reducción del consumo de energías no renovables en diversas aplicaciones y servicios.

Nota clave: En 2022, la energía solar térmica en España representó aproximadamente el 2% de la energía total generada.

CAPÍTULO 2
Antecedentes de la energía solar térmica

2.1. Introducción a los antecedentes de la energía solar térmica

La energía solar térmica tiene una larga historia, que se remonta a las antiguas civilizaciones, que utilizaban el sol para calentar agua o cocinar alimentos. Por ejemplo, los griegos y los romanos construían edificios con orientación sur y grandes ventanales para aprovechar el calor del sol. También usaban espejos cóncavos para concentrar la luz solar y generar altas temperaturas. Los chinos, los egipcios y los mayas también desarrollaron técnicas para utilizar la energía solar térmica.

Para generar electricidad a partir de la energía solar térmica, se emplean sistemas de concentración solar, que usan espejos o lentes para enfocar la luz solar sobre un receptor, donde se calienta un fluido que acciona un ciclo termodinámico. Estos sistemas pueden alcanzar temperaturas de hasta 1000 °C y tienen una mayor eficiencia que los sistemas fotovoltaicos, que convierten directamente la luz en electricidad. Sin embargo, los sistemas de concentración solar requieren una alta radiación directa y ocupan una gran superficie.

La energía solar térmica tiene numerosas ventajas, como ser una fuente renovable, limpia e inagotable de energía, que reduce las emisiones de gases de efecto invernadero y la dependencia de los combustibles fósiles. Además, la energía solar térmica tiene un bajo coste operativo y de mantenimiento, y puede generar empleo y desarrollo local. No obstante, la energía solar térmica también presenta algunas limitaciones, como su variabilidad e intermitencia, su baja densidad energética y su necesidad de almacenamiento o respaldo.

En este capítulo se explicarán los conceptos básicos de la energía solar térmica y sus aplicaciones industriales, con especial énfasis en la energía solar térmica de media y alta temperatura. Se abordarán aspectos como la disponibilidad de la radiación solar, las coordenadas solares, la estimación y medición de la radiación solar, el cálculo de la irradiancia directa sobre una superficie, la conversión a hora local a hora solar, la medición de radiación solar y los principios de transferencia de calor en sistemas solares térmicos.

2.2.   ¿Qué es la energía solar térmica y cómo funciona?

La energía solar térmica es un tipo de energía renovable que genera calor y lo transfiere a un fluido de trabajo, elevando así los niveles de temperatura y utilizando el calor en varias aplicaciones, como la producción de vapor, los sistemas de calefacción, los sistemas de refrigeración y la generación de electricidad.

La energía solar térmica funciona captando la energía solar mediante paneles termosolares, que pueden ser fijos o concentradores, y mediante la transferencia de ese calor a un fluido de trabajo, que puede ser agua o disolvente.

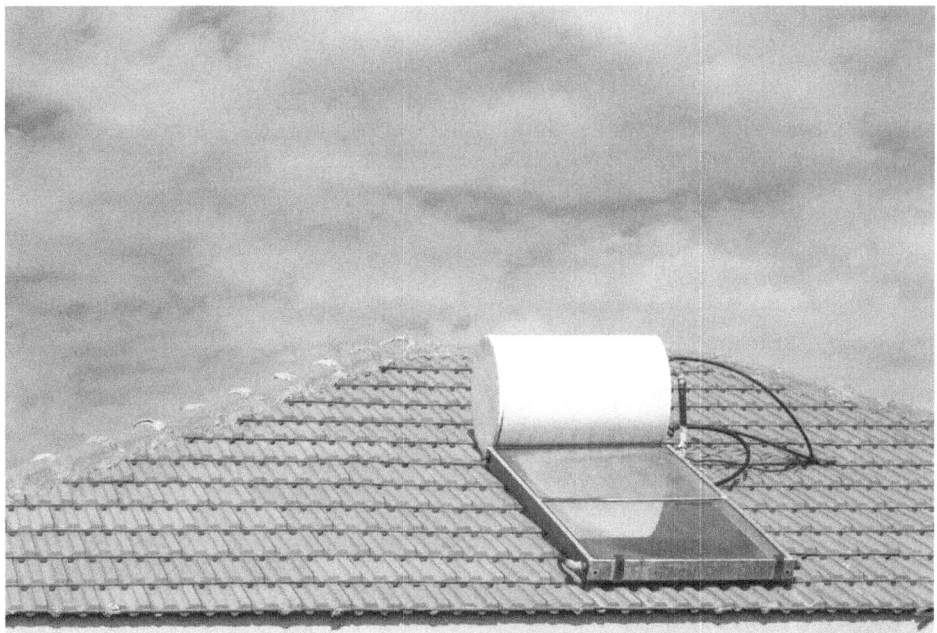

Figura 2.1 Sistema de energía solar térmica con colectores planos.

Los paneles termosolares se utilizan para captar la energía solar y convertirla en calor. Los paneles fijos son los más comunes y se utilizan en sistemas de calefacción y refrigeración. Los paneles concentradores, por otro lado, se utilizan en sistemas de generación de vapor y electricidad. La energía solar térmica se puede utilizar en diversas aplicaciones y servicios, como la producción de agua caliente en hogares y piscinas, la generación de vapor en industrias cárnicas y la refrigeración por absorción.

La energía solar térmica se puede almacenar y utilizarse después durante periodos de alta demanda de energía, cuando está nublado o incluso por la noche, lo que permite una distribución más flexible de la energía. Además, la energía solar térmica puede ser utilizada en la industria y en el hogar, lo que reduce la necesidad de utilizar energías no renovables en estas áreas.

2.3. Historia de la energía solar térmica

La historia del desarrollo tecnológico de la energía solar térmica es fascinante y está marcada por avances significativos a lo largo del tiempo. Desde las primeras aplicaciones rudimentarias hasta las sofisticadas tecnologías actuales, la energía solar térmica ha recorrido un largo camino en su evolución. A continuación, se presentarán los hitos más relevantes en este desarrollo, junto con los aspectos técnicos y científicos que los hicieron posibles.

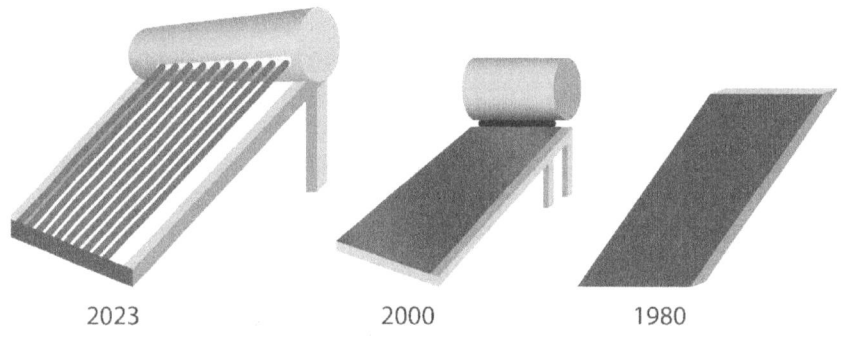

2023   2000   1980

Figura 2.2 Transformación de la energía solar térmica en el transcurso del tiempo.

2.3.1. Los inicios: aplicaciones tempranas

La utilización de la energía solar para generar calor se remonta a la antigüedad, con ejemplos de su aplicación en la arquitectura de edificaciones, como las casas solares romanas. Estas estructuras estaban diseñadas para aprovechar al máximo la radiación solar, lo que demuestra un conocimiento temprano de los principios de la energía solar térmica. A lo largo de los siglos, diversas culturas han empleado de manera ingeniosa la energía solar para usos térmicos, como la calefacción de agua y espacios interiores.

2.3.2. Avances en la era contemporánea

El desarrollo tecnológico de la energía solar térmica experimentó un renacimiento en la era contemporánea, con la invención de colectores solares más eficientes y sistemas de almacenamiento de calor. Uno de los hitos más significativos fue la creación de los primeros colectores solares de placa plana a principios del siglo XX, los cuales sentaron las bases para las tecnologías posteriores. Estos avances, a la larga, posibilitaron la creación de sistemas de calefacción solar de agua y, posteriormente, las aplicaciones de mayor escala en la generación de electricidad.

2.3.3. Tecnologías actuales: sistemas de concentración

Hoy en día, la energía solar térmica ha alcanzado un alto nivel de sofisticación, con el desarrollo de sistemas de concentración que permiten generar temperaturas muy elevadas. Estos sistemas, como las plantas de torre solar y los de canal parabólico, concentran la radiación solar en un punto focal, lo que les permite alcanzar temperaturas adecuadas para aplicaciones industriales y de generación de electricidad a gran escala. El desarrollo de materiales y recubrimientos selectivos también ha contribuido a mejorar la eficiencia de los colectores solares, ampliando su aplicabilidad en distintos contextos.

2.3.4. Perspectivas futuras: innovación y desafíos

El desarrollo tecnológico de la energía solar térmica continúa en la actualidad, con un enfoque creciente en la innovación y la superación de desafíos técnicos. Entre los avances más prometedores se encuentran el desarrollo de materiales avanzados para los colectores solares, la integración de sistemas de almacenamiento de energía térmica y la mejora de la eficiencia de los sistemas de concentración. Sin embargo, también persisten algunos desafíos, como la necesidad de reducir los costes y aumentar la fiabilidad de las tecnologías, así como de desarrollar marcos regulatorios y de financiamiento que impulsen su adopción a gran escala.

2.4. Ventajas y limitaciones de la energía solar térmica

La energía solar térmica presenta varias ventajas en comparación con otras fuentes de energía renovable. Una de las mayores ventajas es su capacidad para proporcionar una distribución más flexible de la energía, ya que puede ser almacenada y utilizada después durante periodos de alta demanda, cuando está nublado o incluso por la noche.

Esta capacidad de almacenamiento la hace una opción atractiva para garantizar un suministro constante de energía. Además, la energía solar térmica es una fuente de energía limpia y renovable, lo que significa que no produce emisiones de gases de efecto invernadero ni otros contaminantes atmosféricos

Esto contribuye a la mitigación del cambio climático y a la reducción de la contaminación del aire. Otra ventaja es su amplia disponibilidad en todo el mundo, lo que la hace una opción viable para muchas regiones, especialmente aquellas con altos niveles de radiación solar.

Además, la energía solar térmica se puede utilizar en una variedad de aplicaciones, como la producción de agua caliente, la generación de vapor y los sistemas de calefacción y refrigeración, lo que la hace una fuente versátil de energía. Estas ventajas hacen que la energía solar térmica sea una opción atractiva y prometedora en el panorama de las energías renovables.

2.5. Disponibilidad de la energía solar

La disponibilidad de la energía solar es un aspecto fundamental al considerar su viabilidad como fuente de energía renovable. Esta sección se enfocará en analizar la disponibilidad de la energía solar, abordando aspectos como la variabilidad espacial y temporal, los factores que influyen en la disponibilidad y su importancia en el diseño de sistemas de energía solar térmica.

2.5.1. Variabilidad geográfica, espacial y temporal

La cantidad de energía solar que llega a la superficie de la Tierra varía según la latitud. Las regiones ecuatoriales reciben la mayor cantidad de radiación solar debido a su posición perpendicular al sol durante la mayor parte del año. Por otro lado, las regiones polares reciben menos radiación solar debido a su ángulo oblicuo con respecto al sol.

La disponibilidad de la energía solar varía significativamente a lo largo del día, en función de la ubicación geográfica y las condiciones climáticas. La radiación solar incidente experimenta fluctuaciones durante el día debido al ángulo de incidencia de los rayos solares, y alcanza su máximo al mediodía solar. Además, factores como la nubosidad y la presencia de partículas en la atmósfera afectan a la cantidad de radiación que alcanza la superficie terrestre. Esta variabilidad espacial y temporal debe ser cuidadosamente considerada al evaluar la viabilidad de un sistema de energía solar térmica.

2.5.2. Factores que influyen en la disponibilidad

La disponibilidad de la energía solar está influenciada por diversos factores, entre ellos la latitud, la altitud, la orientación y la inclinación de las superficies colectoras, así como la estación del año. La latitud determina la cantidad de radiación solar que recibe una ubicación (es mayor en regiones ecuatoriales). La altitud afecta a la densidad del aire y, por ende, a la atenuación de la radiación solar. La orientación y la inclinación de los colectores solares impactan en la cantidad de radiación capturada, que es óptima cuando estos se alinean con la trayectoria aparente del sol. Estos factores son cruciales al diseñar e instalar sistemas de energía solar térmica para maximizar su eficiencia.

2.5.3. Importancia en el diseño de sistemas de energía solar térmica

La comprensión de la disponibilidad de la energía solar es esencial para el diseño y la operación eficiente de los sistemas de energía solar térmica.

El cálculo de la radiación solar incidente en un emplazamiento específico es fundamental para dimensionar adecuadamente los colectores solares y predecir la producción de calor o electricidad. Además, el análisis de la variabilidad temporal permite planificar el almacenamiento de energía térmica para su uso en momentos de menor disponibilidad solar. Estas consideraciones son críticas para garantizar la fiabilidad y rentabilidad de los sistemas de energía solar térmica.

2.6. Conceptos básicos de la radiación solar

La radiación solar, proveniente del Sol, es esencial para la vida en la Tierra y desempeña un papel fundamental en los procesos biológicos y en la formación del clima terrestre. Esta radiación se desglosa en tres componentes principales:

- Radiación directa: Llega sin desviarse del Sol y proyecta sombras definidas en la superficie terrestre.
- Radiación difusa: Se dispersa en la atmósfera.
- Radiación reflejada: Rebota en la superficie terrestre.

La radiación solar está compuesta por diversas ondas electromagnéticas con distintas frecuencias. Algunas de estas ondas son visibles para el ojo humano y forman la luz visible, mientras que otras, aunque invisibles, aún transmiten su energía a los objetos que tocan.

La radiación solar, en principio, puede preverse gracias al sistema astronómico Sol-Tierra. No obstante, su disponibilidad también depende del comportamiento de las ondas electromagnéticas al atravesar la atmósfera terrestre, lo que hace que su aprovechamiento sea predecible pero complejo.

La radiación solar se caracteriza por su intensidad, su espectro y su ángulo de incidencia. La intensidad es la cantidad de energía que llega por unidad de superficie y de tiempo, y se mide en watts por metro cuadrado (W/m^2). El espectro es la distribución de la energía según la longitud de onda de la radiación, y se divide en tres bandas: ultravioleta (UV), visible (VIS) e infrarroja (IR). El ángulo de incidencia es el ángulo que forma la radiación con la normal a la superficie receptora, y depende de la posición del Sol en el cielo y de la orientación e inclinación de la superficie.

Nota clave: La radiación solar que llega a la superficie terrestre en tan solo una hora y media contiene una cantidad de energía suficiente para cubrir todo el consumo energético de la humanidad durante un año completo. Este fenómeno se debe a que la energía solar es la fuente de energía más abundante en nuestro planeta. A pesar de que estamos en constante desarrollo de tecnologías para capturar y transformar esta energía, la tierra ya la recibe en grandes cantidades de manera natural. Imagine el potencial que podríamos alcanzar si pudiéramos aprovechar al máximo esta inagotable fuente de energía.

2.6.1. Tiempo solar y su influencia en la radiación

El tiempo solar es un concepto fundamental en la captación de energía solar térmica, ya que influye directamente en la cantidad de radiación solar recibida en un lugar específico. Este tiempo se relaciona con los solsticios de junio y diciembre, el movimiento de traslación de la Tierra y el ángulo de inclinación, aspectos que inciden en la cantidad de radiación que alcanza la superficie terrestre.

El ángulo de inclinación de la Tierra con respecto al plano de su órbita alrededor del Sol es el factor determinante del cambio estacional y, por ende, de la cantidad de radiación solar que recibe una región. Durante los solsticios de junio y diciembre, el ángulo de incidencia de los rayos solares varía, lo que afecta a la cantidad de energía solar que se recibe. En los solsticios, el hemisferio norte y el hemisferio sur reciben la máxima y mínima radiación solar, respectivamente, lo que influye en la cantidad de energía que puede ser captada por los sistemas de energía solar térmica.

> Nota clave: La cantidad de luz solar que llega a la tierra varía según el lugar, la hora del día, la época del año y las condiciones climáticas, lo que influye en la eficiencia de la energía solar térmica.

El movimiento de traslación de la Tierra alrededor del Sol también incide en la cantidad de radiación solar que recibe un punto específico de la Tierra. Este movimiento determina la duración del día y la noche, así como la cantidad de radiación solar que incide en la superficie terrestre a lo largo del día. A su vez, el ángulo de incidencia de los rayos solares varía a lo largo del día, lo que influye en la cantidad de energía solar que puede ser captada por los sistemas de energía solar térmica.

Es importante destacar que el conocimiento detallado de estos conceptos es fundamental para el diseño eficiente de sistemas de energía solar térmica, ya que permite maximizar la captación de energía solar y, por ende, la eficiencia de estos sistemas. Además, comprender la influencia del tiempo solar en la radiación es esencial para la toma de decisiones informadas en la implementación de tecnologías de energía solar térmica en aplicaciones industriales.

> Nota clave: El tiempo solar, que sigue el movimiento aparente del sol, influye directamente en la radiación solar recibida en la tierra. Esta variabilidad diurna y estacional es crucial para optimizar el rendimiento de las tecnologías solares.

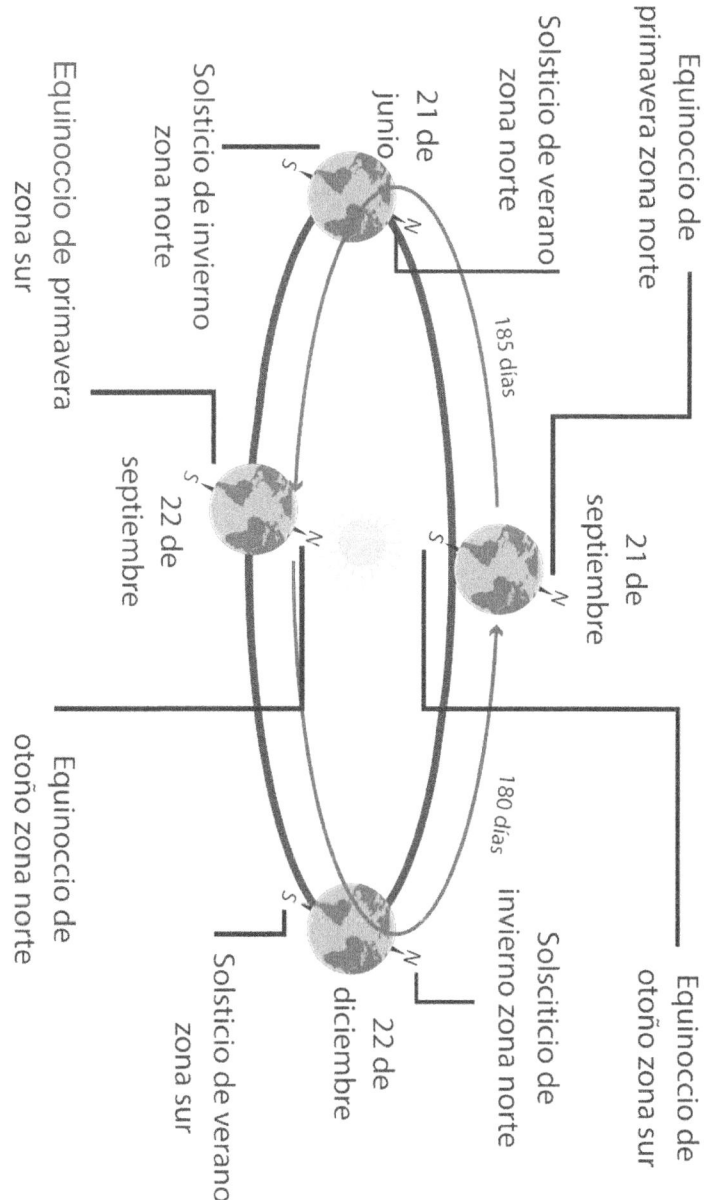

Equinoccio de
primavera zona norte

Solsticio de verano
zona norte

21 de
junio

Solsticio de invierno
zona norte

Equinoccio de primavera
zona sur

Equinoccio de primavera
zona sur

22 de
septiembre

185 días

21 de
septiembre

180 días

Equinoccio de
otoño zona sur

Equinoccio de
otoño zona norte

Solsticio de verano
zona sur

22 de
diciembre

Solsticio de invierno zona norte

Figura 2.3 Representación de la traslación de la Tierra sin escalas.

2.6.2. Influencia de los solsticios

La radiación solar es un factor clave en la captación de energía solar térmica, y su cantidad está influenciada por el tiempo solar y los solsticios de junio y diciembre. Durante los solsticios, el ángulo de incidencia de los rayos solares varía, lo que afecta a la cantidad de energía solar que se recibe. En los solsticios, el hemisferio norte y el hemisferio sur reciben la máxima y mínima radiación solar, respectivamente. Además, el movimiento de traslación de la Tierra alrededor del Sol también incide en la cantidad de radiación solar que recibe un punto específico de la Tierra. Este movimiento determina la duración del día y la noche, así como la cantidad de radiación solar que incide en la superficie terrestre a lo largo del día. A su vez, el ángulo de incidencia de los rayos solares varía a lo largo del día, lo que influye en la cantidad de energía solar que puede ser captada por los sistemas de energía solar térmica. El conocimiento detallado de estos conceptos es fundamental para el diseño eficiente de sistemas de energía solar térmica, ya que permite maximizar la captación de energía solar y, por ende, la eficiencia de estos sistemas.

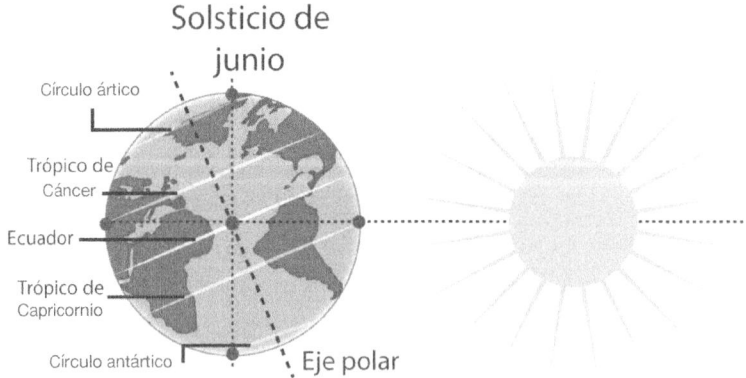

Figura 2.4 Representación del solsticio de junio sin escalas.

Los solsticios son los momentos en los que el eje de rotación de la Tierra está más inclinado hacia o desde el sol, lo que hace que el día sea más largo o más corto según el hemisferio. El solsticio de junio ocurre alrededor del 21 de junio y marca el inicio del verano en el hemisferio norte y del invierno en el hemisferio sur. En este solsticio, el Sol alcanza su máxima altura sobre el horizonte en el hemisferio norte y su mínima altura en el hemisferio sur, como se muestra en la Figura 2.4. El solsticio de diciembre ocurre alrededor del 21 de diciembre y marca el inicio del invierno en el hemisferio norte y del verano en el hemisferio sur. En este solsticio, ocurre lo contrario: el Sol alcanza su mínima altura sobre el horizonte en el hemisferio norte y su máxima altura en el hemisferio sur, como se muestra en la Figura 2.5.

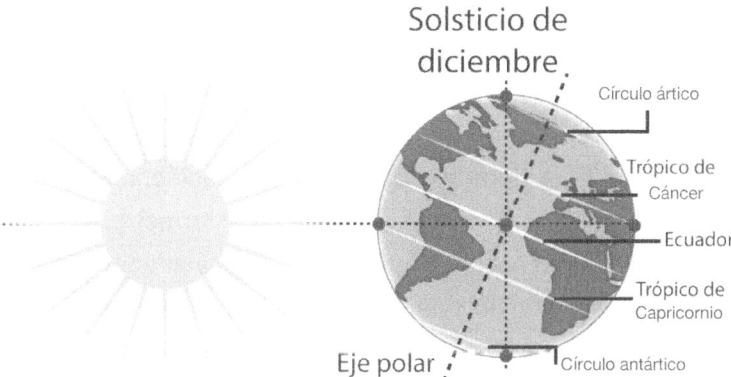

Figura 2.5 Representación del solsticio de diciembre sin escalas.

> Nota clave: La relación entre el sol y la tierra influye en la radiación solar debido al ángulo de incidencia de los rayos solares sobre superficies horizontales o inclinadas. A mayor ángulo de incidencia, mayor es la radiación que recibe la superficie.

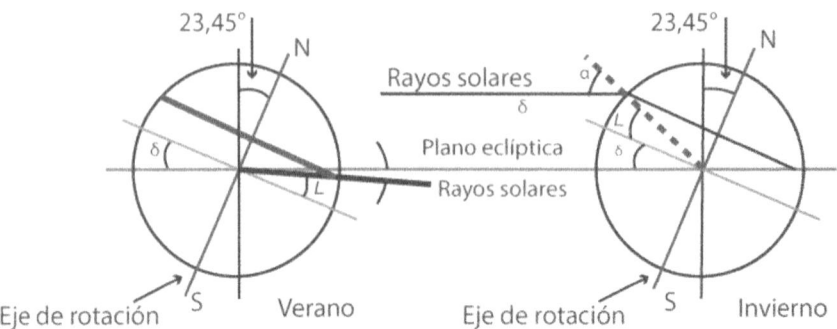

Figura 2.6 Impacto de la radiación solar durante las estaciones invernal y estival.

2.6.3. Dinámica solar

El tiempo solar es esencial para la captación de energía solar térmica, ya que determina la cantidad de radiación recibida en un lugar específico. Este concepto se relaciona con los solsticios de junio y diciembre, así como con el movimiento de traslación de la Tierra y el ángulo de inclinación, factores que afectan la cantidad de radiación que llega a la superficie terrestre. El ángulo de inclinación de la Tierra con respecto al plano de su órbita alrededor del Sol es el factor determinante del cambio estacional y, por ende, de la cantidad de radiación solar que recibe una región. Durante los solsticios mencionados, el ángulo de incidencia de los rayos solares varía, lo que impacta en la cantidad de energía solar recibida. En los solsticios, el hemisferio norte y el hemisferio sur experimentan la máxima y mínima radiación solar, respectivamente.

El movimiento de traslación de la Tierra alrededor del Sol también incide en la cantidad de radiación solar que recibe un punto específico de la Tierra. Este movimiento determina la duración del día y la noche, así como la cantidad de radiación solar que incide en la superficie terrestre a lo largo del día. A su vez, el ángulo de incidencia de los rayos solares varía a lo largo del día, lo que influye en la cantidad de energía solar que puede ser captada por los sistemas de energía solar térmica.

Para calcular la radiación solar que llega a una superficie, es necesario conocer el ángulo de incidencia de los rayos solares sobre dicha superficie. Este ángulo se puede determinar mediante ecuaciones trigonométricas que relacionan el tiempo solar, la latitud, la declinación solar y la orientación e inclinación de la superficie.

La radiación solar se mide en watts por metro cuadrado (W/m^2), que representan la potencia por unidad de área. Para conocer la energía solar recibida en un período específico, la radiación solar debe integrarse en ese intervalo. La unidad de energía solar comúnmente utilizada es el kilowatt-hora por metro cuadrado (kWh/m^2), equivalente a recibir 1000 W/m^2 durante una hora.

2.6.4. Radiación solar terrestre y su variabilidad

La irradiación solar terrestre, que representa la energía solar que llega a la superficie terrestre por unidad de área y tiempo, es un factor crucial en la comprensión y aplicación de la energía solar térmica. Esta cantidad de energía está influenciada por varios factores, incluyendo la posición del Sol en el cielo, la latitud, la estación del año, la hora del día, la nubosidad y las características de la atmósfera. La variabilidad de la irradiación solar terrestre juega un papel fundamental en el diseño y el rendimiento de los sistemas solares térmicos, ya que afecta a la disponibilidad y calidad de esta fuente energética.

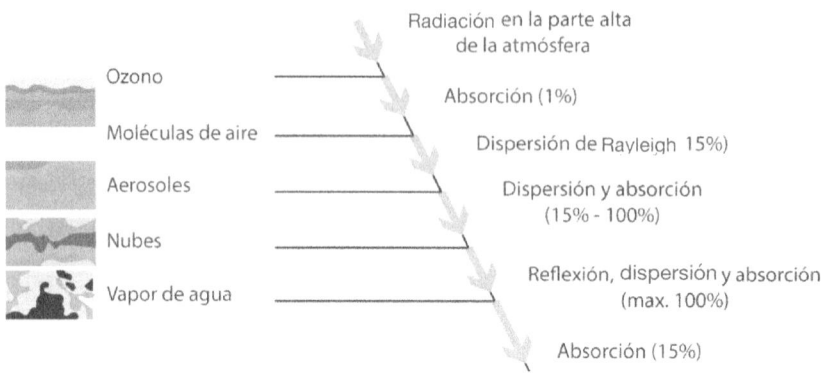

Figura 2.7 Comportamiento de la radiación.

Nota clave: La irradiación solar terrestre es la energía solar que llega a la superficie de la tierra y depende de varios factores, como la posición del sol, la latitud, la estación, la hora, la nubosidad y la atmósfera.

La posición del Sol en el cielo se describe a través de dos ángulos: el ángulo cenital y el ángulo acimutal. El ángulo cenital refleja la inclinación del rayo solar respecto a la vertical del lugar y varía de 0° (cuando el Sol está en el cenit) a 90° (cuando está en el horizonte). Por otro lado, el ángulo acimutal mide la posición del Sol con respecto al sur geográfico y oscila entre 0° (hacia el sur) y 360°. Estos ángulos dependen de la latitud, la declinación y la hora solares.

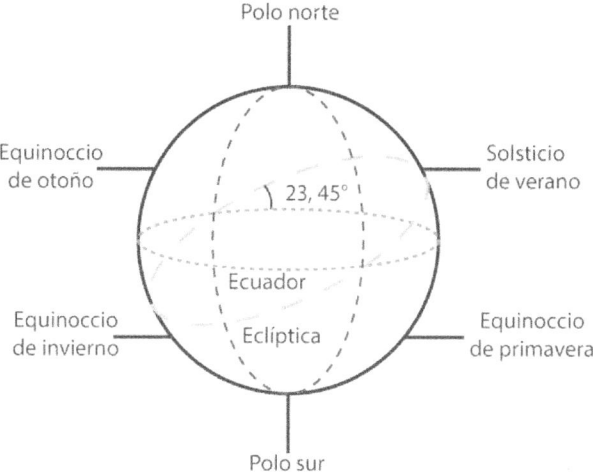

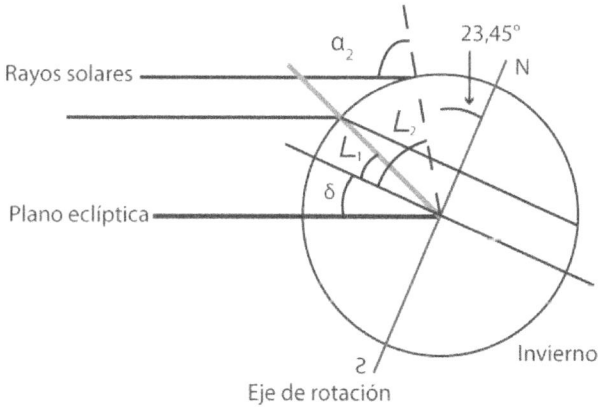

Figura 2.8 Efecto de la radiación solar en relación con la posición geográfica medida por la latitud.

La latitud, que representa el ángulo entre el plano del ecuador y la normal a la superficie terrestre en un punto dado, varía entre 0° (en el ecuador) y 90° (en los polos). La declinación solar, que marca el ángulo entre el plano del ecuador y la dirección del Sol, varía entre -23.45° (en el solsticio de invierno) y +23.45° (en el solsticio de verano). Por su parte, la hora solar mide el tiempo desde que el Sol cruza el meridiano local, y oscila entre -12 h (al amanecer) y +12 h (al atardecer).

La nubosidad, indicada en octavos, refleja la cobertura del cielo por nubes, lo que afecta a la irradiación solar terrestre al dispersar, absorber y reflejar parte de la radiación solar. La atmósfera, compuesta principalmente de nitrógeno, oxígeno, vapor de agua y otros gases, también influye al reflejar, dispersar y absorber parte de la radiación solar.

2.7. Coordenadas solares

Con el fin de determinar con precisión la posición del Sol en relación con un observador en la Tierra, se adoptará, para facilitar la comprensión del sistema previamente descrito, la suposición de que es el Sol el que se desplaza alrededor de la Tierra, como se muestra en la Figura 2.9.

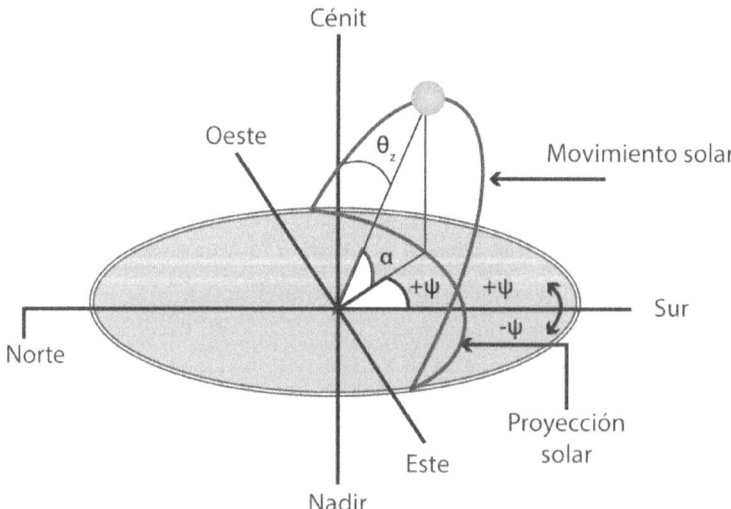

Figura 2.9 Ubicación trigonométrica del Sol.

La correcta ubicación de una instalación solar requiere el conocimiento de los ángulos más significativos que definen la posición del Sol y de los captadores.

Con el objetivo de familiarizarse con este tema, se presentan a continuación algunas definiciones esenciales para la correcta determinación de las coordenadas que serán utilizadas posteriormente:

- Ángulo acimutal o acimut (ψ,A): Representa el ángulo formado por la proyección sobre la superficie horizontal del lugar de la línea Sol-Tierra en relación con la línea Norte-Sur terrestre. En el hemisferio norte, se mide hacia el sur y tiene un valor positivo hacia el oeste, mientras que, en el hemisferio sur, estas direcciones son opuestas.

- Ángulo cenital o distancia cenital (θ_z,θ): Este ángulo es la medida de la inclinación de la línea Sol-Tierra respecto a la vertical del lugar, siendo su complementario la altura solar (a, h).

- Altura solar (α, h): Se refiere al ángulo formado por la línea Sol-Tierra en relación con el plano que contiene la superficie del lugar. La altura se determina trazando un cuarto de círculo entre el cénit y el punto de salida del Sol, y pasando por este último.

- Ángulo de inclinación de la superficie captadora (β): Define el ángulo entre el plano que contiene la superficie captadora y el plano horizontal. En la Figura 2.10 se ilustran algunos de los términos que describen la posición de la superficie captadora:

  - Acimut del panel (γ): Es el ángulo de desviación del plano que contiene la superficie del captador con respecto a la línea Norte-Sur terrestre. Sigue las mismas reglas que el ángulo acimutal.

  - Cénit: Punto del hemisferio celeste ubicado directamente sobre el horizonte, correspondiente al punto de la vertical del observador en la superficie.

  - Nadir: Punto opuesto en la esfera celeste al cénit. Al unir el punto sur del lugar de observación con el cénit, se obtiene el meridiano celeste.

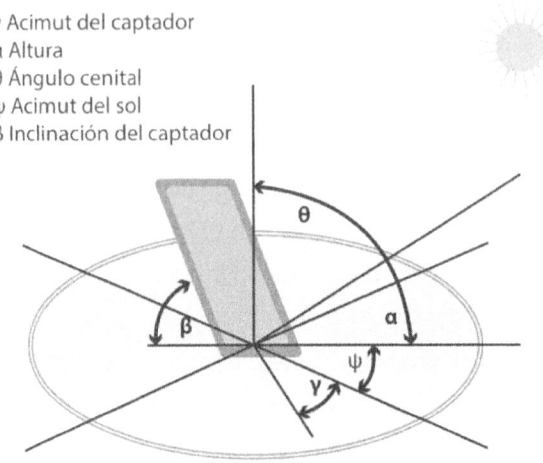

γ Acimut del captador
α Altura
θ Ángulo cenital
ψ Acimut del sol
β Inclinación del captador

Figura 2.10 Ángulos relevantes.

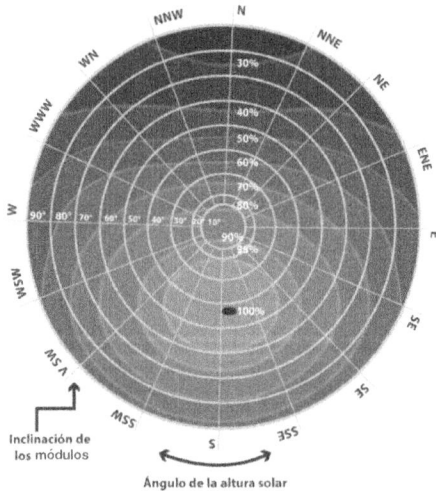

Figura 2.11 Reducción de la radiación anual al modificar la orientación e inclinación del panel captador en comparación con la orientación e inclinación óptimas.

Las variaciones en la orientación e inclinación del plano captador con respecto a las orientaciones e inclinaciones óptimas provocarán una disminución en la radiación anual. En la Figura 2.11, se puede observar cómo varía la radiación solar en una superficie inclinada en comparación con el punto óptimo del 100% cuando se realizan modificaciones en su orientación e inclinación.

2.8. Radiación solar en España

España es uno de los países europeos con mayor potencial para aprovechar la energía solar térmica, debido a su privilegiada situación geográfica y climática. La radiación solar es la energía electromagnética que emite el Sol y que llega a la superficie terrestre, tanto de forma directa como difusa. La radiación solar directa es la que proviene de la dirección del disco solar, mientras que la radiación solar difusa es la que se dispersa por la atmósfera y llega desde todas las direcciones. La suma de ambas se denomina radiación solar global.

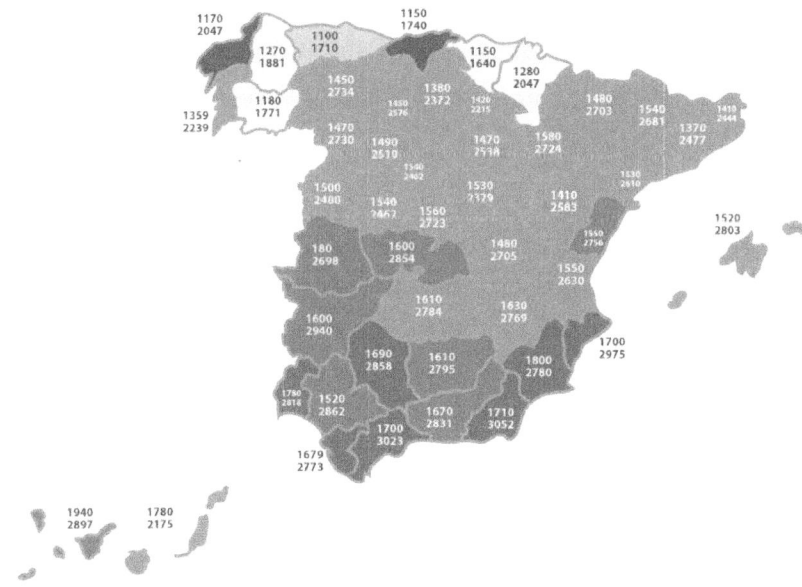

Figura 2.12 Radiación solar en España.

2.8.1. Desafíos y oportunidades en el sector solar español

España se enfrenta a diversos desafíos para el desarrollo de esta fuente renovable, tanto técnicos como económicos, sociales y ambientales.

Entre los desafíos técnicos, se encuentran la necesidad de mejorar la eficiencia y la fiabilidad de los sistemas solares térmicos, así como de reducir sus costes de instalación y mantenimiento. Además, se requiere una adecuada integración de estos sistemas con la red eléctrica y con otros sistemas de calefacción y refrigeración, lo que implica una coordinación entre los diferentes agentes del sector energético. También se debe garantizar la calidad y la seguridad de los equipos y de las instalaciones, así como el cumplimiento de las normativas vigentes.

Entre los desafíos económicos, se destaca la competencia con otras fuentes de energía, tanto convencionales como renovables, que pueden ofrecer precios más bajos o mayores incentivos. Asimismo, se debe fomentar la inversión privada y pública en el sector solar térmico, mediante el diseño de políticas y mecanismos de apoyo que sean estables y predecibles. Además, se debe promover la concienciación y la formación de los consumidores y de los profesionales sobre los beneficios y las ventajas de la energía solar térmica.

Entre los desafíos sociales, se resalta la necesidad de incrementar la aceptación social y la participación ciudadana en el desarrollo del sector solar térmico, lo que implica una mayor difusión y divulgación de la información sobre esta fuente renovable. También se debe favorecer la creación de empleo y el desarrollo local asociados a la energía solar térmica, así como la cooperación entre los diferentes actores sociales implicados en el sector.

Entre los desafíos ambientales, se subraya la importancia de minimizar el impacto ambiental de la energía solar térmica, tanto en su fase de producción como en su fase de uso. Esto supone una adecuada gestión de los recursos naturales y de los residuos generados por los sistemas solares térmicos, así como una evaluación de su huella ecológica y de su contribución a la mitigación del cambio climático.

A pesar de estos desafíos, el sector solar térmico también ofrece numerosas oportunidades para España, tanto desde el punto de vista energético como desde el punto de vista socioeconómico. Entre las oportunidades energéticas, se destaca el potencial para aumentar la contribución de la energía solar térmica al mix energético nacional, lo que permitiría reducir la dependencia energética del exterior y mejorar la seguridad del suministro. Además, se podrían incrementar el ahorro y la eficiencia energética en los sectores residencial, comercial e industrial, lo que redundaría en una menor demanda y un menor consumo de energía primaria.

Entre las oportunidades socioeconómicas, se destaca el potencial para generar valor añadido y riqueza en el territorio nacional, lo que implicaría un aumento del producto interior bruto (PIB) y un impulso a la competitividad del país. Asimismo, se podría crear empleo cualificado y sostenible en el sector solar térmico, así como fomentar la innovación y el desarrollo tecnológico asociados a esta fuente renovable. Además, se podría mejorar la calidad de vida y el bienestar social de la población, así como proteger el medio ambiente y combatir el cambio climático.

2.9. Estimación de sombras

La energía solar térmica aprovecha el calor del sol para generar agua caliente, calefacción o refrigeración. Sin embargo, la radiación solar no es constante ni uniforme a lo largo del día y del año, sino que depende de factores como la posición geográfica, la estación, la hora y la presencia de obstáculos que puedan proyectar sombras sobre los colectores solares. Estas sombras pueden reducir el rendimiento y la vida útil de los sistemas solares térmicos, por lo que es importante estimar su impacto y evitarlas en la medida de lo posible.

Figura 2.13 Instalación de energía solar activa afectada por sombra.

> Nota clave: A los sistemas solares fotovoltaicos, como los sistemas solares térmicos, les afectan las sombras negativamente en su rendimiento.

Para estimar las sombras que pueden afectar a un sistema solar térmico, se deben considerar dos tipos de fuentes: las externas y las internas.

2.9.1. Sombras externas

Las sombras externas son aquellas que provienen de elementos ajenos al sistema, como edificios, árboles, montañas u otros objetos que puedan interponerse entre el sol y los colectores.

La estimación de las sombras externas se puede realizar mediante métodos gráficos, analíticos o informáticos. Los métodos gráficos consisten en dibujar la silueta del horizonte y la trayectoria del sol sobre un plano cartesiano, y determinar después los ángulos de incidencia y los períodos de sombra para cada colector. Los métodos analíticos consisten en aplicar fórmulas matemáticas que relacionan las coordenadas solares con las coordenadas del obstáculo y del colector, y calcular los ángulos y los tiempos de sombra. Los métodos informáticos consisten en utilizar programas o aplicaciones que simulan el comportamiento de la radiación solar y las sombras sobre una superficie determinada.

2.9.2. Sombras internas

Las sombras internas son aquellas que provienen del propio sistema, como las estructuras de soporte, los marcos o las separaciones entre los colectores.

La estimación de las sombras internas se puede realizar mediante el factor de sombra, que es la relación entre el área efectiva de captación y el área total del campo de colectores.

2.9.3. Cálculo de estimación de sombras

La estimación de sombras en instalaciones de energía solar térmica es un aspecto crucial para evaluar su rendimiento. Se puede utilizar la fórmula 2.1 para calcular la longitud de la sombra proyectada por un objeto vertical, la cual se expresa de la siguiente manera:

$$L = \frac{H}{\tan \alpha} \quad (2.1)$$

donde:

- L es la longitud de la sombra proyectada en el suelo.
- H es la altura del objeto que proyecta la sombra.
- α es el ángulo de elevación del Sol.

Esta fórmula permite estimar el impacto de las sombras en la eficiencia de los colectores solares y el rendimiento general de un sistema de energía solar térmica. El cálculo preciso de las sombras es fundamental para el diseño e instalación adecuados de los sistemas de energía solar térmica, ya que incluso pequeñas sombras pueden reducir significativamente la producción de energía.

Ejemplo:

Si se tiene un objeto con una altura de 2 metros y el ángulo de elevación del Sol es de 45 grados, la longitud de la sombra proyectada sería:

$$L = \frac{2}{\tan(45°)} \quad (2.1.1)$$

$$L \approx 2 \; metros \; (2.1.2)$$

2.10. Estimación y medición de la radiación solar

La energía solar térmica es un método de generación de energía que utiliza la radiación solar para calentar fluidos, como agua o aire, que luego se utilizan para proporcionar calor a los espacios o procesos industriales. Para estimar y medir la energía solar térmica, es fundamental tener en cuenta diversos factores que afectan a su rendimiento y eficiencia.

Los factores de influencia en la energía solar térmica incluyen:

- **Radiación solar:** La radiación solar es el principal factor que afecta al rendimiento de los sistemas de energía solar térmica. La irradiación solar varía según la latitud, la estación del año y las condiciones meteorológicas.
- **Distancia:** La distancia entre el captador solar y la superficie que se calienta también influye en el rendimiento del sistema. Cuanto mayor sea la distancia, menor será el rendimiento, debido a la pérdida de energía en el camino.
- **Temperatura:** La temperatura del fluido caloportador (agua o aire) también afecta al rendimiento del sistema. Una temperatura más alta permitirá un mayor intercambio de calor entre el fluido y la superficie que se calienta.

- **Velocidad del viento:** La velocidad del viento puede afectar al rendimiento del sistema de energía solar térmica, especialmente en sistemas de deshidratación solar térmica.

2.10.1. Variación del flujo de la energía con la distancia

La variación del flujo de energía con la distancia se puede estimar utilizando la ley de la inversa del cuadrado. Esta ley establece que la intensidad de la radiación solar disminuye cuadráticamente con la distancia. Por lo tanto, si se aumenta la distancia entre el captador solar y la superficie que se calienta, la intensidad de la radiación solar disminuirá y, por lo tanto, el rendimiento del sistema también disminuirá.

Ejemplo:

Supongamos que tenemos un sistema de energía solar térmica que utiliza agua como fluido caloportador. La temperatura del agua en el captador solar es de 60°C y la temperatura ambiente es de 20°C. La distancia entre el captador solar y la superficie que se calienta es de 5 metros y la superficie del captador solar es de 10 m² Para estimar el rendimiento del sistema, podemos utilizar la ecuación 2.2:

$$Q = A \cdot \frac{T_f - T_a}{d} \qquad (2.2)$$

donde:

- Q es el flujo de energía (W).
- A es la superficie del captador solar (m²).
- T_f es la temperatura final del fluido caloportador (60°C).
- T_a es la temperatura ambiente (20°C).
- d es la distancia entre el captador solar y la superficie que se calienta (5 m).

Si sustituimos los valores con la ecuación 2.2:

$$Q = 10 \, m^2 \cdot \frac{(60\,°\text{C} - 20\,°\text{C})}{5\,m} \qquad (2.2.1)$$

$$Q = 10\ m^2 \cdot \frac{40\ ^\circ C}{5\ m} \quad (2.2.2)$$

$$Q = 80\ W \quad (2.2.3)$$

Calculando el valor de Q, obtenemos un flujo de energía de aproximadamente 120 W. Esto significa que el sistema de energía solar térmica está generando 120 W de energía utilizando la radiación solar.

2.10.2. Tipos de radiación solar

La radiación solar es la energía electromagnética que emite el Sol y que llega a la superficie terrestre. Esta energía se puede aprovechar para generar calor o electricidad mediante diferentes tecnologías, como la energía solar térmica. Sin embargo, no toda la radiación solar que sale del Sol llega a la Tierra de la misma forma, sino que se clasifica en tres tipos según su origen y sus características: radiación solar directa, radiación solar difusa y radiación solar reflejada.

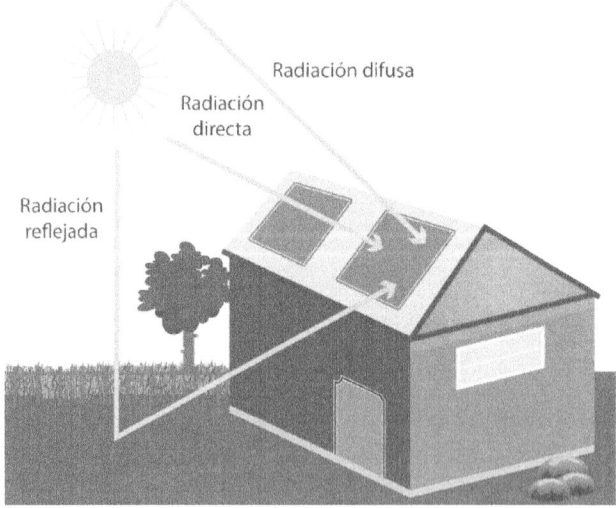

Figura 2.14 Esquema de diferencias de radiación.

2.10.2.1. Radiación solar directa

La radiación solar directa es la que llega a la superficie terrestre sin sufrir ningún tipo de dispersión por las partículas atmosféricas. Es la responsable de las sombras definidas que se proyectan sobre los objetos iluminados por el sol. La radiación solar directa depende de la posición del Sol en el cielo, que varía según la hora del día, la estación del año y la latitud del lugar. La radiación solar directa se puede aprovechar para generar energía térmica mediante sistemas que concentran los rayos solares en un punto o una línea, como los colectores cilindro-parabólicos, los discos Stirling o las torres solares.

Esta radiación se puede modelar mediante la ecuación 2.3 de la ley de Lambert-Beer:

$$I_d = I_0 e^{-\tau} \quad (2.3)$$

donde:

- I_d es la intensidad de la radiación solar directa en la superficie terrestre.
- I_0 es la intensidad de la radiación solar directa en la parte superior de la atmósfera.
- $e^{(-\tau)}$ es la profundidad óptica, que depende de la distancia que la radiación solar directa debe recorrer a través de la atmósfera antes de llegar a la superficie terrestre.

Nota clave: El valor máximo teórico de la radiación solar directa en el exterior de la atmósfera es de unos 1367 W/m², pero debido a las pérdidas por reflexión y absorción atmosférica, su valor medio en la superficie terrestre es de unos 1000 W/m². Además, la radiación solar directa varía según el ángulo de incidencia de los rayos solares, siendo mayor cuando el Sol está más alto en el cielo.

2.10.2.2. Radiación solar difusa

La radiación solar difusa es aquella que llega a la superficie terrestre después de ser dispersada por moléculas o partículas en la atmósfera. Esta dispersión depende de la longitud de onda de la radiación y del tamaño y composición de las partículas que la dispersan.

La dispersión puede ser de dos tipos, Rayleigh y Mie, como se muestra en la Figura 2.15.

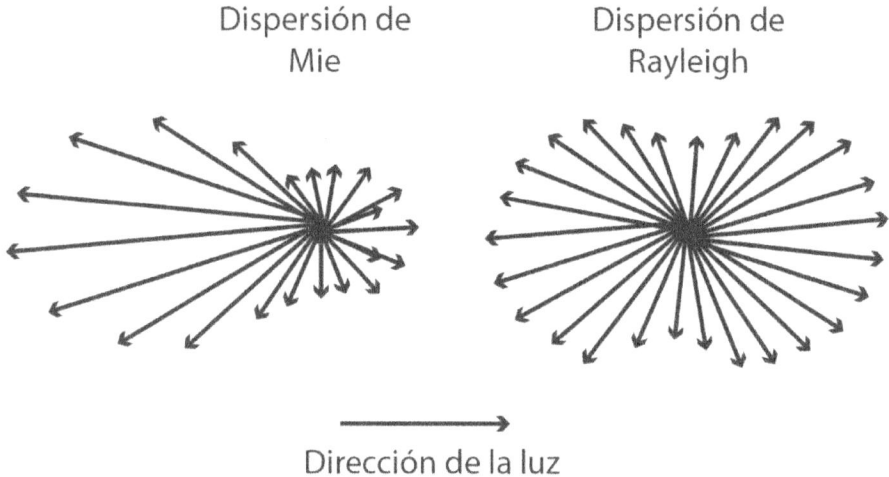

Figura 2.15 Dispersión de partículas Rayleigh y Mie.

La dispersión de Rayleigh ocurre cuando el tamaño de las partículas es mucho menor que la longitud de onda de la radiación. En este caso, la dispersión es inversamente proporcional a la cuarta potencia de la longitud de onda, es decir, las longitudes de onda más cortas se dispersan más que las más largas. Esto explica por qué el cielo se ve azul, ya que el azul tiene una longitud de onda menor que el rojo y se dispersa más por las moléculas de aire.

La dispersión de Mie ocurre cuando el tamaño de las partículas es comparable o mayor que la longitud de onda de la radiación. En este caso, la dispersión es casi independiente de la longitud de onda, es decir, todas las longitudes de onda se dispersan por igual. Esto ocurre cuando hay nubes, polvo, humo o contaminación en la atmósfera.

La radiación solar difusa tiene una importancia considerable para el aprovechamiento de la energía solar, ya que representa una fracción significativa de la radiación global. La radiación difusa puede suponer aproximadamente un 15% de la radiación global en los días soleados, pero en los días nublados, en los cuales la radiación directa es muy baja, la radiación difusa supone un porcentaje mucho mayor.

La radiación difusa se mide con un piranómetro, que es un instrumento que capta la radiación proveniente de todo el cielo excepto del disco solar. El piranómetro se coloca sobre una superficie horizontal y se sombrea con un disco opaco para evitar que reciba la radiación directa. La diferencia entre la lectura del piranómetro sombreado y la del piranómetro expuesto da como resultado la radiación difusa.

Esta radiación se puede modelar mediante la ecuación 2.4 de la ley de isotropía:

$$I_d = I_0 \frac{1 + \cos\theta}{2} \quad (2.4)$$

donde:

- I_d es la intensidad de la radiación solar difusa en la superficie terrestre.
- I_0 es la intensidad de la radiación solar directa en la parte superior de la atmósfera.
- θ es el ángulo óptimo entre la incidencia y radiación solar.

2.10.2.3. Radiación solar reflejada

La radiación solar reflejada es aquella que proviene de la interacción de la radiación solar incidente con la superficie terrestre o con las nubes. La cantidad de radiación reflejada depende del ángulo de incidencia y del tipo de superficie o nube que la recibe. Por ejemplo, una superficie blanca o brillante refleja más radiación que una superficie oscura o mate. Así, la nieve puede reflejar hasta el 90% de la radiación que recibe, mientras que el agua o el suelo pueden reflejar entre el 5% y el 20%.

La radiación reflejada tiene una importancia especial para el aprovechamiento de la energía solar térmica, ya que puede aumentar la cantidad de energía disponible para los sistemas de captación. Por ejemplo, si se instala un colector solar térmico en una zona con nieve, este recibirá no solo la radiación directa y difusa del sol, sino también la radiación reflejada por la nieve. Esto puede mejorar el rendimiento del colector y reducir los costes de operación.

Para calcular la radiación reflejada se utiliza el concepto de albedo, que es el cociente entre la radiación reflejada y la radiación incidente sobre una superficie. El albedo varía entre 0 y 1, siendo 0 el caso de una superficie totalmente absorbente y 1 el caso de una superficie totalmente reflectante. El albedo medio de la Tierra es de aproximadamente 0.3, lo que significa que el 30% de la radiación solar incidente se refleja al espacio.

La Tabla 2.1 muestra algunos valores típicos de albedo para distintos tipos de superficie:

Tipo de superficie	Albedo
Nieve	0.8 - 0.9
Nubes	0.4 - 0.8
Arena	0.2 - 0.4
Vegetación	0.1 - 0.3
Agua	0.02 - 0.1

Tabla 2.1 Valor de albedo por tipo de superficie.

Esta radiación se puede modelar mediante la ecuación 2.5 de la ley de reflexión:

$$I_r = I_d R_s \ (2.5)$$

donde:

- I_r es la intensidad de la radiación solar reflejada en la superficie terrestre.
- I_d es la intensidad de la radiación solar difusa en la superficie terrestre.
- R_s es el coeficiente de reflexión de la superficie terrestre.

Esta variabilidad en la radiación solar terrestre puede analizarse a diferentes escalas temporales: diaria, mensual, estacional o anual. En escalas diarias, la variación se debe al movimiento aparente del Sol y a los cambios meteorológicos. En escalas mensuales, estacionales o anuales, los cambios en la declinación solar y los ciclos climáticos son los principales impulsores de esta variabilidad.

Esta variabilidad impacta en el diseño y funcionamiento de los sistemas solares térmicos, pues afecta al rendimiento térmico, el dimensionamiento óptimo y la necesidad de sistemas auxiliares o almacenamiento térmico, así como a la integración con otras fuentes energéticas. Se presenta en la tabla 2.2 una comparación de los tipos de radiación solar:

Tipo	Origen	Intensidad	Aplicación
Directa	Sol	Alta	Concentración
Difusa	Atmósfera	Baja	Calentamiento
Reflejada	Superficies	Variable	Complementaria

Tabla 2.2 Comparación de los tipos de radiación solar.

Nota clave: A pesar de la variabilidad diaria y estacional, la radiación solar global anual es sorprendentemente constante de año en año.

2.11. Cálculo de la irradiancia directa sobre una superficie

Para calcular la radiación directa solar sobre una superficie, se pueden utilizar diferentes ecuaciones y métodos dependiendo de la aplicación y las condiciones específicas. Algunas ecuaciones y conceptos clave en la medida de la radiación directa solar incluyen:

- Irradiancia solar: La irradiancia solar es la cantidad de energía solar que llega a la superficie de la Tierra. Se mide en watts por metro cuadrado (W/m²).

- Ángulo de incidencia: El ángulo de incidencia es el ángulo entre el haz de radiación solar y la superficie sobre la cual se mide la radiación. Se mide en grados.

- Eficiencia de conversión de energía solar: La eficiencia de conversión de energía solar se refiere a la cantidad de energía solar que se convierte en energía térmica utilizable. Se mide como un porcentaje.

- Potencia calórica: La potencia calórica es la cantidad de energía térmica que se absorbe por unidad de tiempo. Se mide en watts (W).

- Temperatura: La temperatura es un parámetro clave en la medida de la radiación directa solar, ya que indica el nivel de calor que se ha logrado alcanzar en el sistema. Se mide en grados Celsius (°C).

- Calor específico: El calor específico es la cantidad de energía térmica necesaria para aumentar la temperatura de un kilogramo de unidad de masa en un grado Celsius. Se mide en kilojulios por kilogramo y grados Celsius (kJ/kg°C).

El cálculo de la radiación directa solar sobre una superficie es fundamental en el diseño y la optimización de los sistemas de energía solar. Para este cálculo, se utilizan diversas ecuaciones y métodos que consideran factores como la irradiancia solar, el ángulo de incidencia y la eficiencia de conversión de energía solar. A continuación, se presentan algunas ecuaciones relevantes y un ejemplo de cálculo de radiación directa solar sobre una superficie.

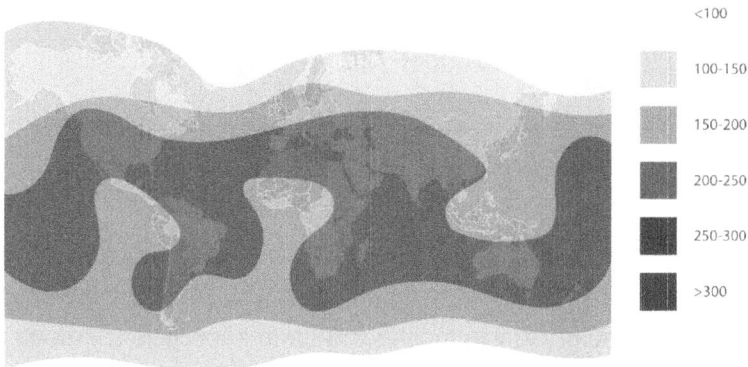

	<100
▨	100-150
▨	150-200
▨	200-250
▨	250-300
▨	>300

Figura 2.16 Promedio estimado anual de radiación solar.

2.11.1.   Ley de Lambert-Beer

Esta ley describe la atenuación de la radiación solar al atravesar la atmósfera y se expresa como la ecuación 2.6:

$$I = I_0 \cdot e^{-\beta \cdot m} \ (2.6)$$

donde:

- I es la irradiancia solar a través de la atmósfera.
- I_0 es la irradiancia solar incidente en la parte superior de la atmósfera.
- B es el coeficiente de atenuación.
- M es la masa de aire.

Ejemplo 1:

Supongamos que se desea calcular la radiación directa solar sobre una superficie con una inclinación de 30° durante el solsticio de verano en una ubicación específica. Para simplificar, consideremos que la radiación extraterrestre es de 1400 W/m² y el coeficiente de atenuación es de 0.15.

Utilizando la ley de Lambert-Beer, con una masa de aire (m) de 1.2, el cálculo sería el siguiente:

$$I = 1400 \cdot e^{-0.15 \cdot 1.2} \quad (2.6.1)$$

$$I \approx 1000\, W/m^2 \quad (2.6.2)$$

Por lo tanto, la irradiancia solar sería aproximadamente 1000.8 W/m² en la ubicación y momento especificados.

2.11.2. Ángulo de incidencia (θ)

El ángulo de incidencia de la radiación solar sobre una superficie se calcula en función de la altura solar (α) y la inclinación de la superficie (β) mediante la ecuación 2.7:

$$\cos(\theta) = \sin(\alpha) \cdot \sin(\beta) + \cos(\alpha) \cdot \cos(\beta) \cdot \cos(\gamma) \quad (2.7)$$

donde:

- α es la altura solar.
- β es la inclinación de la superficie.
- γ es el ángulo de azimut de la superficie.

Ejemplo:

Supongamos que queremos determinar el ángulo de incidencia de la radiación solar en una superficie con una inclinación de 40° y un ángulo de azimut de 30° durante un día específico. Dado que estamos interesados en un momento específico, tomemos una altura solar (α) de 60°.

Si sustituimos los valores según la ecuación de ángulo de incidencia:

$$\cos(\theta) = \sin(60°) \cdot \sin(40°) + \cos(60°) \cdot \cos(40°) \cdot \cos(30°) \quad (2.7.1)$$

$$\cos(\theta) = 0.866 \cdot 0.6428 + 0.5 \cdot 0.766 \cdot 0.866 \quad (2.7.2)$$

$$\cos(\theta) = 0.55644 + 0.4204 \quad (2.7.3)$$

$$\cos(\theta) = 0.97684 \quad (2.7.4)$$

Ahora, para encontrar el ángulo de incidencia (θ), tomamos el arco coseno de este valor:

$$\theta = \cos^{-1}(0.97684) \quad (2.7.5)$$

$$\cos(\theta) = 12.7° \quad (2.7.6)$$

Por lo tanto, el ángulo de incidencia de la radiación solar en la superficie especificada es aproximadamente 12.7°. Este ejemplo muestra cómo calcular el ángulo de incidencia utilizando la altura solar, la inclinación de la superficie y el ángulo de azimut.

2.11.3. Radiación directa sobre una superficie inclinada

La radiación directa (I_β) sobre una superficie inclinada se calcula a partir de la radiación extraterrestre (I_0) y el ángulo de incidencia (θ) mediante la ecuación de corrección de ángulo de incidencia:

$$I_\beta = I_0 \cdot \cos(\theta) \quad (2.8)$$

Ejemplo:

Supongamos que estamos interesados en determinar la radiación directa sobre una superficie inclinada con un ángulo de inclinación (β) de 35°. Utilizaremos la ecuación de corrección de ángulo de incidencia, considerando que la radiación extraterrestre (I_0) es de 1500 W/m² y el ángulo de incidencia (θ) es de 25°.

Sustituimos los valores dados en el ejemplo:

$$I_\beta = 1500 \cdot \cos(25°) \quad (2.8.1)$$

$$I_\beta = 1500 \cdot 0.9063 \quad (2.8.2)$$

$$I_\beta \approx 1359.45 \, W/m^2 \quad (2.8.3)$$

2.12. Medición de la radiación solar

2.12.1. Medición de la radiación solar: instrumentos y técnicas

La precisión en la medición de la radiación solar es fundamental para garantizar el diseño y el funcionamiento óptimo de los sistemas de energía solar térmica. En este sentido, se emplean diversas herramientas y técnicas, cada una con sus particularidades y limitaciones específicas.

2.12.1.1. Piranómetros: dispositivos que miden la irradiancia solar global en una superficie plana

Los piranómetros son dispositivos fundamentales para medir la radiación solar que llega a la Tierra desde el Sol. Esta radiación, compuesta por diversas longitudes de onda, desde la ultravioleta hasta la infrarroja, tiene un impacto significativo en el clima, la vida y las actividades humanas. Estos instrumentos se basan en el principio de que la radiación solar genera un efecto térmico o eléctrico en un material sensible.

Figura 2.17 Piranómetro.

Existen varios tipos de piranómetros, cada uno con sus propias características y aplicaciones específicas:

- **Piranómetro térmico**

Este tipo de piranómetro es uno de los más comunes y precisos. Consiste en una placa metálica negra que absorbe toda la radiación solar y se calienta. La diferencia de temperatura se mide con un termopar, que genera una corriente eléctrica proporcional a la radiación solar global, incluyendo tanto la radiación directa como la difusa.

- **Piranómetro fotovoltaico**

Utiliza celdas solares como material sensible. Estas celdas convierten la radiación solar en electricidad, que se mide con un amperímetro o un voltímetro. Este tipo de piranómetro mide la radiación solar en el espectro visible, entre 400 y 700 nanómetros.

- **Piranómetro de radiación solar global**

Mide con mayor precisión la radiación solar global. Está protegido por un domo transparente que resguarda el material sensible de influencias externas. El material sensible puede ser térmico o fotovoltaico, dependiendo del rango espectral que se desee medir.

- **Piranómetro de radiación solar reflejada**

Se enfoca en medir la radiación solar reflejada por superficies como el suelo o el agua. Está equipado con un domo transparente orientado hacia abajo. Al igual que el piranómetro de radiación solar global, puede utilizar material sensible térmico o fotovoltaico según el rango espectral de interés.

- **Piranómetro químico**

Emplea una reacción química como material sensible. La intensidad del color resultante de la reacción se mide con un espectrofotómetro, que genera una señal eléctrica proporcional a la radiación solar ultravioleta, entre 200 y 400 nanómetros.

Estos piranómetros son esenciales para diversas aplicaciones, desde el diseño y la operación eficiente de sistemas de energía solar térmica hasta la investigación meteorológica y climática, pues permiten mediciones precisas y fiables de la radiación solar en diferentes contextos y condiciones.

Tipo de piranómetro	Principio de funcionamiento	Rango espectral	Aplicaciones
Piranómetro térmico	Placa metálica negra que se calienta por la radiación solar. La diferencia de temperatura se mide con un termopar.	Infrarrojo a ultravioleta	Medición de radiación solar global, directa y difusa en diversas aplicaciones.
Piranómetro fotovoltaico	Celdas solares convierten la radiación solar en electricidad. Se mide con un amperímetro o voltímetro.	Visible (400-700 nm)	Medición precisa de radiación solar en el espectro visible para aplicaciones fotovoltaicas.
Piranómetro de radiación solar global	Mide la radiación solar global con mayor precisión. Protegido por un domo transparente. Puede ser térmico o fotovoltaico.	Infrarrojo a ultravioleta	Diseño y operación eficiente de sistemas de energía solar térmica, investigación meteorológica y climática.
Piranómetro de radiación	Mide la radiación solar reflejada por superficies. Equipado con un domo	Infrarrojo a ultravioleta	Estudios sobre reflexión solar en diversas

solar reflejada	transparente orientado hacia abajo. Puede ser térmico o fotovoltaico.		superficies y entornos.
Piranómetro químico	Emplea una reacción química para medir la radiación solar ultravioleta (200-400 nm). La intensidad del color se mide con un espectrofotómetro.	Ultravioleta	Investigación en radiación solar ultravioleta y estudios de efectos químicos.

Tabla 2.3 Comparación de los tipos de piranómetros.

2.12.1.2. Actinómetros: dispositivos que miden la energía solar recibida por unidad de área en un intervalo de tiempo determinado

Los actinómetros son instrumentos que sirven para medir la intensidad de la radiación solar o actínica. Esta radiación es la que provoca efectos químicos, como la fotosíntesis o la descomposición del agua oxigenada. Existen diferentes tIpos de actinómetros según el principio físico o químico que utilizan para detectar y cuantificar la radiación. En este ensayo se describirán los actinómetros químicos, eléctricos y mecánicos, así como sus características y aplicaciones.

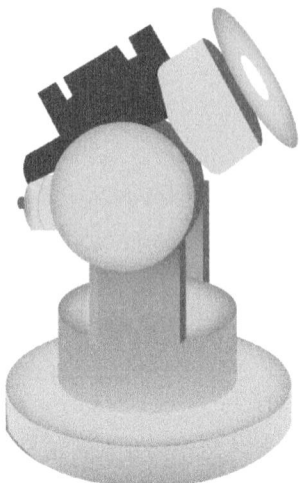

Figura 2.18 Actinómetro.

• Actinómetro químico

El actinómetro químico se basa en la reacción de alguna sustancia con la radiación solar, que produce un cambio de color, de volumen o de masa. Por ejemplo, el actinómetro de Bunsen-Roscoe consiste en una solución de cloruro de plata que se oscurece al exponerse a la luz. La cantidad de plata precipitada es proporcional a la energía radiante absorbida. Otro ejemplo es el actinómetro de Regnault, que usa una mezcla de cloro e hidrógeno que se combina para formar ácido clorhídrico al recibir la radiación. El volumen de gas disminuye y se puede medir con un manómetro.

> Nota clave: El primer actinómetro químico fue inventado por Antoine Lavoisier en 1774, que usó una mezcla de fósforo y aire que se inflamaba con la luz solar.

• Actinómetro eléctrico

El actinómetro eléctrico se basa en el efecto fotoeléctrico o fotovoltaico, que consiste en la emisión o generación de electrones por parte de un material al ser iluminado. Por ejemplo, el actinómetro de Crookes es un tubo de vidrio con dos electrodos metálicos conectados a un galvanómetro. Al incidir la luz sobre uno de los electrodos, se produce una corriente eléctrica que se puede medir con el galvanómetro. Otro ejemplo es el actinómetro de silicio, que usa una celda fotovoltaica de este material para convertir la radiación solar en electricidad. La tensión o la potencia eléctrica son proporcionales a la intensidad de la radiación. Un ejemplo de aplicación de los actinómetros eléctricos es el control automático del encendido y apagado de las luces públicas.

- **Actinómetro mecánico**

El actinómetro mecánico se basa en el efecto térmico o dilatador, que consiste en el aumento de temperatura o de longitud de un cuerpo al absorber la radiación solar. Por ejemplo, el actinómetro de Pouillet es una esfera hueca de metal negro que contiene aire o mercurio. Al calentarse por la luz solar, el gas o el líquido se expanden y salen por un tubo capilar. La cantidad de fluido expulsado es proporcional a la energía radiante recibida. Otro ejemplo es el actinómetro de Violle, que usa un disco de platino que se calienta hasta alcanzar la misma temperatura que el Sol. La potencia necesaria para mantener esa temperatura es igual a la irradiancia solar. Una nota importante es que los actinómetros mecánicos deben estar calibrados con otros tipos de actinómetros más precisos.

Tipo de actinómetro	Principio de funcionamiento	Aplicaciones
Actinómetro químico	Reacción de una sustancia con la radiación solar; cambia color, volumen o masa.	Medición de la energía radiante absorbida para efectos químicos como fotosíntesis y descomposición.

Actinómetro eléctrico	Emisión o generación de electrones por un material al ser iluminado.	Control automático del encendido y apagado de luces públicas.
Actinómetro mecánico	Aumento de temperatura o longitud de un cuerpo al absorber radiación solar.	Necesitan calibración, se utilizan para medir la energía radiante y deben calibrarse con actinómetros más precisos.

Tabla 2.4 Comparación de los tipos de actinómetros.

2.12.1.3. Otros instrumentos de medición de la radiación solar: radiómetros, espectrorradiómetros, heliógrafos y satélites

Existen diferentes instrumentos para medir la radiación solar, según el tipo, el rango y la resolución de los datos que se quieren obtener. En este ensayo se describen algunos de estos instrumentos, que no son los más comunes ni los más simples, pero que tienen ventajas y aplicaciones específicas que los hacen relevantes para el conocimiento y el aprovechamiento de la radiación solar. Estos instrumentos son: los radiómetros, los espectrorradiómetros, los heliógrafos y los satélites.

- **Radiómetros**

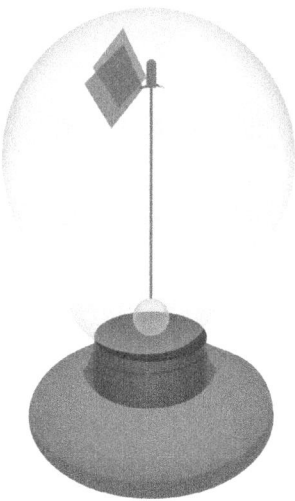

Figura 2.19 Radiómetro.

Los radiómetros son instrumentos que miden la intensidad de la radiación electromagnética en un determinado rango de longitudes de onda. Los hay de varios tipos, según el diseño y el principio de funcionamiento, pero en general se basan en la conversión de la energía radiante en una señal eléctrica proporcional. Los radiómetros pueden clasificarse en dos grupos: los piranómetros y los pirheliómetros. Los piranómetros miden la radiación solar global, es decir, la suma de la radiación directa y la difusa. Los pirheliómetros miden solo la radiación solar directa, es decir, la que proviene directamente del disco solar. Estos instrumentos se usan ampliamente para medir la irradiancia solar, que es la potencia por unidad de área que incide sobre una superficie horizontal.

DAVID PÉREZ GRANADOS

- **Espectrorradiómetros**

Figura 2.20 Espectrorradiómetro.

Los espectrorradiómetros son instrumentos que miden la intensidad de la radiación electromagnética en función de la longitud de onda. Es decir, permiten obtener el espectro de la radiación solar, que es la distribución de la energía radiante en cada intervalo de longitud de onda. Los espectrorradiómetros se componen de un sistema óptico que dispersa la luz en sus componentes espectrales, un detector que mide la intensidad de cada componente y un sistema electrónico que procesa y almacena los datos. Los espectrorradiómetros se usan para estudiar las propiedades físicas y químicas de la atmósfera, como la composición, la temperatura, la humedad y la turbidez, que afectan a la transmisión y a la absorción de la radiación solar.

- **Heliógrafos**

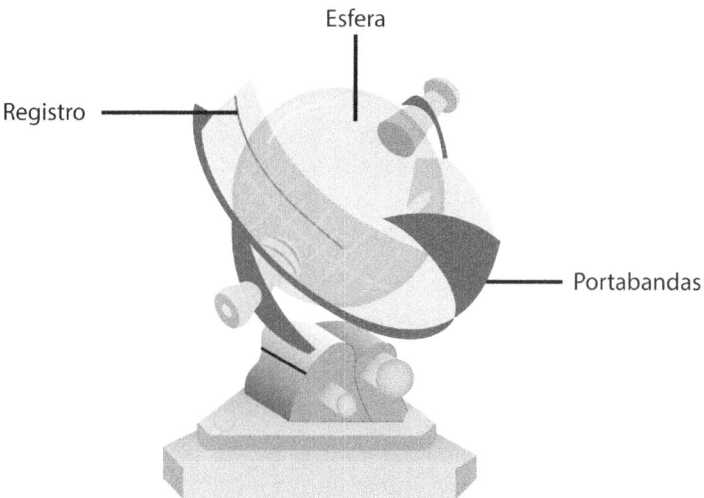

Figura 2.21 Heliógrafo.

Los heliógrafos son instrumentos que registran el brillo del Sol a lo largo del tiempo. Consisten en un espejo móvil que refleja la luz solar sobre una superficie sensible, como una placa fotográfica o un papel termosensible. El espejo se orienta automáticamente para seguir al Sol durante su recorrido diurno. De esta forma, se obtiene una traza continua que indica los momentos en que el Sol está visible o no. Los heliógrafos se usan para determinar el número de horas de sol o insolación, que es un indicador del clima y del potencial solar de una región.

- **Satélites**

Los satélites son vehículos espaciales que orbitan alrededor de la Tierra y que llevan a bordo instrumentos para medir la radiación solar desde el espacio exterior. Estos instrumentos pueden ser radiómetros o espectrorradiómetros, pero con características especiales para operar en condiciones extremas de temperatura, presión y radiación. Los satélites permiten obtener datos globales y continuos de la radiación solar incidente sobre el planeta, así como de su distribución espacial y temporal. Los satélites se usan para estimar el balance energético terrestre, que es la diferencia entre la energía que entra y la que sale del sistema climático, así como para monitorear los cambios climáticos a escala global.

Tipo	Principio de funcionamiento	Aplicaciones
Radiómetros	Miden la intensidad de la radiación electromagnética en un rango específico de longitudes de onda.	Estimar la radiación difusa, importante para el clima, la fotosíntesis y sistemas fotovoltaicos.
Espectrorradiómetros	Miden la intensidad de la radiación electromagnética en función de la longitud de onda, lo que permite obtener el espectro de la radiación solar.	Analizar el espectro de la radiación solar para estudiar implicaciones en la salud humana, la biología, la química, la física atmosférica y el diseño de dispositivos solares.
Heliógrafos	Registran el brillo del Sol a lo largo del tiempo mediante un espejo móvil que refleja la luz solar sobre una	Registrar el histórico de la radiación solar, lo que refleja variaciones naturales y antropogénicas del clima y del ciclo solar.

	superficie sensible.	
Satélites	Llevan a bordo instrumentos especiales para medir la radiación solar desde el espacio exterior.	Obtener cobertura espacial de la radiación solar para aplicaciones en planeamiento territorial, ordenamiento ambiental, desarrollo rural y dimensionamiento de sistemas solares.

Tabla 2.5 Comparación de diversos equipos para medir la radiación solar.

Los instrumentos descritos tienen ventajas y aplicaciones específicas para medir la radiación solar. Algunas de estas ventajas son:

- Estimar la radiación difusa, que es aquella que llega a una superficie después de haber sido dispersada por las moléculas y partículas atmosféricas. La radiación difusa representa una parte importante de la radiación global y tiene efectos sobre el clima, la fotosíntesis y el rendimiento de los sistemas fotovoltaicos. Los radiómetros permiten estimar la radiación difusa mediante la diferencia entre la radiación global y la directa, o mediante el uso de un sombreador que bloquee la radiación directa.

- Analizar el espectro de la radiación solar, que es la distribución de la energía radiante en cada intervalo de longitud de onda. El espectro de la radiación solar depende de la temperatura y la composición del Sol, así como de la interacción con la atmósfera terrestre. El espectro de la radiación solar tiene implicaciones sobre la salud humana, la biología, la química, la física atmosférica y el diseño y la eficiencia de los dispositivos solares. Los espectrorradiómetros permiten analizar el espectro de la radiación solar con alta resolución y precisión.

- Registrar el histórico de la radiación solar, que es la evolución temporal de la intensidad y el brillo del Sol. El histórico de la radiación solar refleja las variaciones naturales y antropogénicas del clima y del ciclo solar, que son fenómenos que afectan a la dinámica y al equilibrio del sistema terrestre. El histórico de la radiación solar también permite evaluar el recurso y el potencial solar de una zona a largo plazo. Los heliógrafos permiten registrar el histórico de la radiación solar con una alta frecuencia y fiabilidad.

- Obtener una cobertura espacial de la radiación solar, que es la distribución geográfica de la intensidad y el espectro del Sol. La cobertura espacial de la radiación solar depende de factores como la latitud, la altitud, la estación, el ángulo cenital, la nubosidad y el albedo. La cobertura espacial de la radiación solar tiene aplicaciones en el planeamiento territorial, el ordenamiento ambiental, el desarrollo rural y el dimensionamiento de los sistemas solares. Los satélites permiten obtener una cobertura espacial de la radiación solar con una alta resolución y actualización.

Sin embargo, estos instrumentos también tienen limitaciones y presentan desafíos a la hora de medir la radiación solar. Algunas de estas limitaciones son:

- La calibración, que es el proceso de ajustar y verificar el funcionamiento y la exactitud de los instrumentos. La calibración es necesaria para asegurar la calidad y la comparabilidad de los datos obtenidos por diferentes instrumentos o en diferentes momentos. La calibración requiere de equipos, procedimientos y estándares adecuados, que no siempre están disponibles o son accesibles para todos los usuarios.

- El mantenimiento, que es el conjunto de acciones preventivas y correctivas para conservar y reparar los instrumentos. El mantenimiento es indispensable para evitar o solucionar los problemas técnicos que puedan afectar al rendimiento o a la vida útil de los instrumentos. El mantenimiento implica un coste económico y logístico, que puede ser elevado o difícil de asumir para algunos usuarios.

- El coste, que es el valor monetario que implica adquirir y operar los instrumentos. El coste depende del tipo, la calidad y la complejidad de los instrumentos, así como del mercado y la demanda existentes. El coste puede ser un factor limitante o excluyente para acceder a los instrumentos o a los datos que proporcionan.

- La disponibilidad de datos, que es el grado y la facilidad con que se puede acceder a los datos generados por los instrumentos. La disponibilidad de datos depende de aspectos como el formato, el almacenamiento, el procesamiento, la transmisión, la difusión y el uso de los datos.

2.13. Principios de transferencia de calor en sistemas solares térmicos

La transferencia de calor representa un aspecto esencial en los sistemas de energía solar térmica, siendo fundamental para el funcionamiento adecuado de estos sistemas. Este proceso se define como la transmisión de energía térmica desde áreas de alta temperatura hacia regiones de temperatura más baja. En el contexto de los sistemas solares térmicos, esta transferencia de calor se efectúa principalmente mediante tres mecanismos clave: conducción, convección y radiación.

> Nota clave: La conducción en los colectores solares ocurre principalmente en los materiales que los componen, como el vidrio, el metal y el aislante.

La conducción, uno de los mecanismos principales, se refiere a la transferencia de calor a través de un medio sólido o estacionario. En el contexto específico de los sistemas solares térmicos, la conducción tiene lugar principalmente en los materiales que componen los colectores solares, tales como el vidrio, el metal y el aislante. Esta transferencia se produce a través de estos sólidos, permitiendo así el flujo eficaz de energía térmica en el sistema. La ley de Fourier es utilizada para calcular la tasa de transferencia de calor por conducción, considerando factores como la conductividad térmica del material y el gradiente de temperatura en la dirección de la transferencia de calor, que se expresa en la ecuación 2.9:

$$q = -k \cdot \frac{dx}{dT} \ (2.9)$$

donde:

- q es la tasa de transferencia de calor por conducción.
- k es el coeficiente de conducción térmica.
- dT es la diferencia de temperatura.
- dx es la diferencia de distancia.

Además, la convección desempeña un papel esencial al facilitar la transferencia de calor en los sistemas solares térmicos. Este mecanismo entra en juego cuando el calor se transmite a través de un fluido en movimiento, como el aire o el agua, que circula dentro de los colectores solares. La ley de Newton del enfriamiento se utiliza para calcular la tasa de transferencia de calor por convección, teniendo en cuenta el coeficiente de transferencia de calor por convección y las diferencias de temperatura entre el fluido y la superficie del colector solar. La convección asegura la transferencia eficiente de energía térmica a través del movimiento del fluido en el sistema.

Finalmente, la radiación solar constituye el mecanismo primario de transferencia de calor en los sistemas solares térmicos. La radiación solar incidente es absorbida por los colectores solares, elevando así su temperatura. Posteriormente, esta energía térmica se transfiere al fluido de trabajo del sistema solar térmico. La ley de Stefan-Boltzmann es empleada para calcular la tasa de transferencia de calor por radiación, considerando factores como la emisividad de la superficie y las temperaturas absolutas de la superficie y el entorno. Este proceso garantiza una transferencia de energía térmica eficiente a través de ondas electromagnéticas.

La convección, en el contexto de los sistemas solares térmicos, se define como el mecanismo mediante el cual el calor se transfiere a través de un fluido en movimiento, como el aire o el agua. Esta convección juega un papel fundamental en los sistemas solares térmicos, ya que se manifiesta principalmente en el fluido de trabajo que circula dentro de los colectores solares. En estos sistemas, el flujo constante del fluido de trabajo es esencial para asegurar una transferencia eficaz de energía térmica. En el proceso de convección, el calor se desplaza a través del movimiento del fluido, lo que garantiza la distribución uniforme de la energía térmica captada por los colectores solares. Este fenómeno es esencial para optimizar el rendimiento y la eficiencia de los sistemas solares térmicos, permitiendo así la utilización efectiva de la energía solar en aplicaciones diversas.

La tasa de transferencia de calor por convección se puede calcular utilizando la ley de Newton del enfriamiento, que se expresa en la ecuación 2.10:

$$q = h \cdot A \cdot (T_1 - T_2) \quad (2.10)$$

donde:

- h es el coeficiente de transferencia de calor por convección.
- A es la superficie de transferencia.
- T_1 es la temperatura del fluido en un punto 1.
- T_2 es la temperatura del fluido en un punto 2.

Nota clave: En la convección, el fluido de trabajo en movimiento dentro de los colectores solares juega un papel fundamental en la transferencia eficaz de energía térmica.

La radiación representa el método mediante el cual el calor se transmite por medio de ondas electromagnéticas, como la luz solar. En el contexto de los sistemas solares térmicos, la radiación se erige como el principal proceso de transferencia de calor. La energía solar incidente, en forma de radiación electromagnética, es captada por los colectores solares, lo que conlleva el aumento de su temperatura. Posteriormente, esta energía térmica es transferida al fluido de trabajo que se encuentra dentro del sistema solar térmico. Este fenómeno demuestra la importancia fundamental de la radiación en la captura y aprovechamiento de la energía solar para aplicaciones térmicas.

La tasa de transferencia de calor por radiación se puede calcular utilizando la ley de Stefan-Boltzmann, que se expresa en la ecuación 2.11:

$$q = \epsilon \cdot \sigma \cdot A \cdot T^4 \quad (2.11)$$

donde:

- ϵ es el coeficiente de emisividad.
- σ es la constante de Stefan-Boltzmann (5.67×10^{-8} W/ (m^2·K^4)).
- A es la superficie de transferencia (en metros cuadrados, m^2).
- T es la temperatura del cuerpo negro.

Ejemplo:

Supongamos que tienes un colector solar térmico que se utiliza para calentar agua. El colector tiene una superficie de 2 metros cuadrados (m^2) y está a una temperatura de 350 K. La emisividad del material del colector es de 0.9.

Usando la ley de Stefan-Boltzmann, podemos calcular la cantidad total de energía térmica que el colector puede emitir:

$$q = 0.9 \cdot 5.67 \times 10^{-8} \cdot 2 \cdot (350)^4 = 873.2\,W \quad (2.11.1)$$

Esto significa que el colector solar puede emitir 873.2 watts de energía térmica. Esta energía puede ser utilizada para calentar el agua.

Es fundamental resaltar que la efectividad de los sistemas solares térmicos está estrechamente ligada a la eficacia con la que se lleva a cabo la transferencia de calor. Por ende, al diseñar estos sistemas, se deben considerar meticulosamente los principios fundamentales de transferencia de calor, junto con las características térmicas específicas de los materiales empleados. La comprensión profunda de estos factores y su aplicación adecuada son esenciales para garantizar un funcionamiento óptimo y eficiente de los sistemas solares térmicos, lo que a su vez contribuye significativamente a la utilización efectiva de la energía solar en diversas aplicaciones.

2.13.1. Cuerpo negro y absorción de radiación solar

En el ámbito de la energía solar térmica, el concepto del cuerpo negro se presenta como un modelo teórico ideal que absorbe completamente toda la radiación electromagnética que incide sobre él, sin reflejar ni transmitir ninguna porción de esta energía. Este modelo se caracteriza por emitir radiación únicamente en función de su temperatura, sin que su forma, tamaño o composición influyan en este proceso. Este fenómeno es de suma utilidad en la investigación sobre radiación solar, ya que nos permite considerar que el Sol se comporta de manera análoga a un cuerpo negro aproximado.

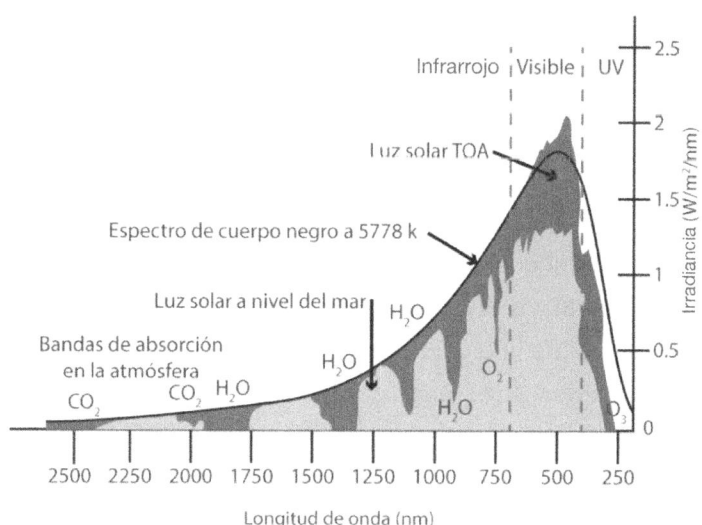

Figura 2.22 Espectro de radiación solar en la tierra.

Los principios del cuerpo negro y la absorción de radiación solar aplicables a la energía solar térmica se basan en la radiación electromagnética y la conversión de esta en calor. La radiación solar es absorbida por colectores solares, donde se convierte en calor. Estos principios se rigen por la ley de Stefan-Boltzmann, que describe la relación entre la temperatura de un cuerpo negro y la energía que emite, y la ley de Planck, que describe la distribución espectral de la radiación electromagnética emitida por un cuerpo negro a una temperatura dada. La radiación solar incidente sobre un colector solar puede ser modelada mediante la ecuación de balance de energía, que tiene en cuenta la radiación solar absorbida, la radiación emitida por el colector y la pérdida de calor por convección y radiación. La eficiencia de un colector solar se expresa a menudo en términos de la eficiencia óptica, térmica y energética del colector. La ecuación de balance de energía para un colector solar se expresa de la siguiente manera:

$$\dot{E}_{in} = \dot{E}_{abs} - \dot{E}_{rad} - \dot{E}_{conv} \quad (2.12)$$

donde:

$\dot{E}_{in}$ es la radiación solar incidente.

$\dot{E}_{abs}$ es la radiación solar absorbida.

$\dot{E}_{rad}$ es la radiación emitida por el colector.

$\dot{E}_{conv}$ es la pérdida de calor por convección.

La ley de Planck nos permite calcular el espectro de radiación del Sol, asumiendo que su temperatura efectiva es de aproximadamente 5778 K. Este cálculo da como resultado una curva que muestra que la mayor parte de la radiación solar se encuentra en el rango del visible y del infrarrojo cercano, con un pico alrededor de 0.5 micrómetros. Esto concuerda con la percepción humana del color amarillo del Sol.

2.13.2. Emitancia y su relación con la radiación térmica

La emitancia, también conocida como emisividad, es un concepto fundamental en la física de la radiación. Desempeña un papel crucial en la eficiencia de los sistemas de energía solar térmica. En esencia, la emitancia se refiere a la capacidad de una superficie para emitir energía radiante en comparación con un cuerpo negro ideal a la misma temperatura.

La emitancia se expresa en una escala de 0 a 1, donde 0 indica una superficie que no emite radiación, mientras que 1 representa un cuerpo negro, es decir, un emisor perfecto. En la práctica, la mayoría de las superficies tienen una emitancia inferior a 1, lo que indica que emiten menos radiación que un cuerpo negro a la misma temperatura.

> Nota clave: Algunos animales, como las serpientes pitón, tienen sensores infrarrojos en sus cabezas que les permiten detectar las diferencias de temperatura entre sus presas y el entorno. Estos sensores funcionan como termómetros infrarrojos que miden la radiación térmica emitida por los cuerpos calientes.

La relación entre la emitancia y la radiación térmica se puede describir mediante la ley de Stefan-Boltzmann, una ecuación fundamental en este contexto. Según esta ley:

$$E = \epsilon \cdot \sigma \cdot T^4 \quad (2.13)$$

donde:

- E es la energía radiada por unidad de superficie (en watts por metro cuadrado, W/m²).
- ϵ es la emisividad.
- σ es la constante de Stefan-Boltzmann (5.67×10^{-8} W/ (m²·K⁴)).
- T es la temperatura absoluta del objeto en kélvins (K).

Por lo tanto, la emitancia (o emisividad) juega un papel crucial en la cantidad de energía térmica que un objeto puede emitir. Un objeto con una emisividad alta emitirá más energía térmica que un objeto con una emisividad baja a la misma temperatura.

Ejemplo:

Imagina que tienes dos placas solares térmicas, una con una emisividad de 0.9 (placa A) y otra con una emisividad de 0.5 (placa B). Ambas placas están a la misma temperatura de 350 K.

Usando la ley de Stefan-Boltzmann, podemos calcular la energía radiada por cada placa.

Para la placa A:

$$E_A = 0.9 \cdot 5.67 \times 10^{-8} \cdot (350)^4 = 436.6 \, \text{W/m}^2 \quad (2.13.1)$$

Para la placa B:

$$E_B = 0.5 \cdot 5.67 \times 10^{-8} \cdot (350)^4 = 243.7 \, \text{W/m}^2 \quad (2.13.2)$$

Como puede ver, la placa A, que tiene una mayor emisividad, emite más energía térmica que la placa B a la misma temperatura. Esto significa que la placa A será más eficiente para convertir la energía solar en energía térmica.

2.13.3. Superficies selectivas en colectores solares

Las superficies selectivas en los colectores solares térmicos juegan un papel esencial al captar la energía de la radiación solar y transferirla a un fluido caloportador, como agua o aire. Estos colectores buscan maximizar la eficiencia al absorber selectivamente la radiación solar en el espectro visible e infrarrojo cercano, mientras minimizan las pérdidas de calor por radiación, convección y conducción. Para lograrlo, se utilizan diversos tipos de superficies selectivas en los absorbedores de los colectores, las partes que reciben directamente la radiación solar.

Las superficies selectivas se dividen en diferentes categorías según su método de fabricación, estructura o composición. Algunos ejemplos notables incluyen las superficies selectivas por textura, que presentan una microestructura que modifica las propiedades ópticas del material para aumentar la absorción y reducir la emisión térmica. Otro tipo son las superficies selectivas por interferencia, que se basan en el fenómeno de interferencia óptica y utilizan películas delgadas de óxidos metálicos para reflejar selectivamente la radiación solar e infrarroja. También existen las superficies selectivas por difracción, que emplean estructuras periódicas o aperiódicas para difractar de forma selectiva la radiación solar e infrarroja.

La eficacia de una superficie selectiva se evalúa mediante su absorbancia solar y emitancia térmica. La absorbancia solar representa la fracción de la radiación solar incidente que la superficie absorbe, mientras que la emitancia térmica indica la fracción de energía térmica que emite la superficie. Una superficie selectiva ideal tendría una alta absorbancia solar y una baja emitancia térmica, permitiendo así la máxima absorción de radiación solar y retención de energía térmica.

En la práctica, estas superficies se logran mediante recubrimientos especiales con propiedades ópticas específicas. Un ejemplo común es el recubrimiento de óxido de níquel negro, que tiene alta absorbancia solar y baja emitancia térmica y se utiliza en colectores solares de placa plana. Es crucial mencionar que el diseño de superficies selectivas es un campo de investigación activo, donde científicos e ingenieros trabajan constantemente para desarrollar nuevos materiales y técnicas que mejoren la eficiencia de los colectores solares. Además, es esencial considerar factores como la estabilidad térmica, la resistencia a la corrosión y la adherencia al sustrato para garantizar el rendimiento a largo plazo de estos sistemas.

Tipo de superficie selectiva	Descripción
Superficies selectivas por textura	Presentan una microestructura que modifica las propiedades ópticas del material para aumentar la absorción y reducir la emisión térmica.
Superficies selectivas por interferencia	Utilizan películas delgadas de óxidos metálicos para reflejar selectivamente la radiación solar e infrarroja.
Superficies selectivas por difracción	Emplean estructuras periódicas o aperiódicas para difractar de forma selectiva la radiación solar e infrarroja.

Tabla 2.6 Descripción de las superficies selectivas de colectores solares.

Nota clave: El récord mundial de eficiencia en colectores solares térmicos planos se logró en 2019 con un valor del 85%, utilizando una superficie selectiva basada en nanotubos de carbono.

2.14. Autoevaluación del capítulo 2

2.14.1. ¿Cuál es el principal objetivo de la energía solar térmica?

a) Generar electricidad.

b) Producir calor.

c) Capturar radiación solar.

d) Almacenar energía térmica.

2.14.2. ¿Cuáles son los dos tipos de paneles termosolares mencionados y en qué aplicaciones se utilizan comúnmente?

a) Paneles fijos y paneles reflectantes, utilizados en la generación de vapor.

b) Paneles reflectantes y paneles móviles, utilizados en sistemas de refrigeración.

c) Paneles fijos y paneles concentradores, utilizados en sistemas de calefacción y refrigeración respectivamente.

d) Paneles móviles y paneles fijos, utilizados en la generación de electricidad.

2.14.3. ¿Cuál fue uno de los hitos más significativos en el desarrollo de la energía solar térmica en la era contemporánea?

a) La invención de colectores solares de placa plana.

b) La creación de sistemas de almacenamiento de calor.

c) El desarrollo de tecnologías de concentración.

d) Las aplicaciones tempranas en la arquitectura romana.

2.14.4. ¿Cuáles son los sistemas de concentración mencionados en la sección de tecnologías actuales de la energía solar térmica?

a) Plantas de torre solar y colectores de placa plana.

b) Sistemas de refrigeración y colectores móviles.

c) Colectores solares de placa plana y sistemas de calefacción.

d) Plantas de torre solar y colectores de canal parabólico.

2.14.5. ¿Cuál es una ventaja clave de la energía solar térmica en comparación con otras fuentes de energía renovable?

a) Producción de gases de efecto invernadero.

b) Alta dependencia de las condiciones climáticas.

c) Capacidad de almacenamiento y uso flexible.

d) Limitada disponibilidad geográfica.

2.14.6. ¿Cómo influye la variabilidad espacial y temporal en la disponibilidad de la energía solar?

a) No tiene impacto en la radiación solar.

b) Afecta a la cantidad de radiación recibida en la superficie terrestre.

c) Incrementa la eficiencia de los colectores solares.

d) Mejora la disponibilidad de energía durante la noche.

2.14.7. ¿Por qué es fundamental comprender el tiempo solar en la captación de energía solar térmica?

a) Para predecir eventos climáticos.

b) Para maximizar la eficiencia de los sistemas.

c) Para influir en la latitud de una región.

d) Para determinar la duración del día y la noche.

2.14.8. ¿Qué marca el inicio del verano en el hemisferio norte y del invierno en el hemisferio sur?

a) El solsticio de diciembre.

b) El solsticio de junio.

c) El movimiento de traslación de la Tierra.

d) El ángulo de incidencia de los rayos solares.

2.14.9. Durante los solsticios, ¿cuál es la relación entre el hemisferio norte y el hemisferio sur en cuanto a la radiación solar recibida?

a) Ambos reciben la misma cantidad de radiación solar.

b) El hemisferio norte recibe la mínima radiación y el hemisferio sur, la máxima.

c) El hemisferio norte recibe la máxima radiación y el hemisferio sur, la mínima.

d) No hay relación entre los solsticios y la radiación solar.

2.14.10. ¿Cómo se relacionan el ángulo cenital y la altura solar en la captación de energía solar térmica?

a) Son inversamente proporcionales.

b) No tienen relación.

c) Son complementarios.

d) Varían de manera independiente.

2.14.11. ¿Qué ángulo define la inclinación del plano captador con respecto al plano horizontal?

a) El ángulo acimutal.

b) La altura solar.

c) El ángulo de inclinación de la superficie captadora (β).

d) El ángulo cenital.

2.14.12. ¿Qué factores afectan a la radiación solar en un sistema de energía solar térmica?

a) La posición geográfica y la presencia de obstáculos.

b) La velocidad del viento y la temperatura ambiente.

c) La variación del flujo de energía con la distancia y la radiación solar difusa.

d) La radiación solar directa y la dispersión de partículas Mie.

2.14.13. ¿Cómo se pueden estimar las sombras externas en un sistema solar térmico?

a) Mediante la ley de Lambert-Beer.

b) Utilizando un piranómetro.

c) A través de métodos gráficos, analíticos o informáticos.

d) Aplicando la ley de reflexión.

2.14.14. ¿Cuál es la importancia de la radiación solar difusa en la generación de energía solar térmica?

a) Representa una fracción significativa de la radiación global.

b) Tiene poca relevancia en comparación con la radiación directa.

c) No afecta al rendimiento de los sistemas solares térmicos.

d) Es únicamente relevante en días nublados.

2.14.15. ¿Qué instrumento se utiliza para medir la radiación difusa en un sistema de energía solar térmica?

a) Piranómetro.

b) Colector solar térmico.

c) Disco Stirling.

d) Torre solar.

2.14.16. ¿Qué influye en la radiación solar reflejada en la superficie terrestre?

a) La posición del Sol en el cielo.

b) El albedo y el ángulo de incidencia.

c) La ley de la inversa del cuadrado.

d) La temperatura del fluido caloportador.

2.14.17. ¿Cuál es el objetivo de calcular la radiación reflejada en un sistema de energía solar térmica?

a) Aumentar la temperatura del fluido caloportador.

b) Reducir los costes de operación.

c) Evaluar el rendimiento del colector solar térmico.

d) Medir la temperatura ambiente.

2.14.18. ¿Cómo se clasifica la radiación solar según su origen y características?

a) En radiación solar directa, difusa y reflectiva.

b) En radiación primaria, secundaria y terciaria.

c) En radiación Rayleigh, Mie y Lambert-Beer.

d) En radiación solar, térmica y eléctrica.

2.14.19. ¿Cuáles son los tres mecanismos clave de transferencia de calor en los sistemas solares térmicos?

a) Conducción, convección y radiación.

b) Conducción, reflexión y convección.

c) Absorción, emisión y conducción.

d) Evaporación, condensación y radiación.

2.14.20. ¿En qué consiste la convección en los sistemas solares térmicos?

a) Transferencia de calor a través de un medio sólido.

b) Transferencia de calor por radiación electromagnética.

c) Transferencia de calor a través de un fluido en movimiento.

d) Transferencia de calor por interferencia óptica.

CAPÍTULO 3
Colectores de sistemas solares térmicos (SST)

3.1. Introducción a los colectores de sistemas solares térmicos (SST)

Los sistemas solares térmicos (SST) representan una tecnología trascendental en la transición hacia una economía basada en energía limpia. Estos sistemas desempeñan un papel fundamental al capturar la energía solar y convertirla eficientemente en calor, destinado a la calefacción de agua, aire o incluso a la generación de electricidad. Dentro de la estructura de los SST, los colectores, clasificados en colectores planos, colectores de concentración y colectores de tubos de vacío, ocupan una posición central y determinante en su funcionalidad.

La explotación de la energía solar se ha erigido como una prioridad ineludible en la búsqueda incesante de fuentes de energía sostenibles y renovables. En este contexto, los colectores solares emergen como protagonistas insustituibles, pues desempeñan un papel crucial en la transformación de la radiación solar en calor utilizable para una variedad de aplicaciones, desde el calentamiento de agua hasta la generación directa de electricidad.

3.2. Colectores solares planos

Los colectores solares planos son dispositivos ampliamente utilizados para aprovechar la energía solar. Estos colectores consisten en una placa plana que absorbe la radiación solar y la convierte en calor. Este calor se transfiere a un fluido de trabajo, como agua o aire, que circula a través de tubos en contacto con la placa absorbente.

El diseño de los colectores solares planos es sencillo y eficaz. La placa absorbente suele ser de color oscuro para maximizar la absorción solar y está recubierta con un material transparente para minimizar las pérdidas de calor. Además, el colector está aislado en la parte posterior y los lados para reducir las pérdidas de calor.

Estos colectores se emplean comúnmente en sistemas de calefacción de agua y aire, así como en sistemas para calentar piscinas. Aunque su eficiencia es menor en comparación con otros tipos de colectores, como los de tubos de vacío, su simplicidad y coste reducido los convierten en una opción atractiva para diversas aplicaciones.

Figura 3.1 Sistema de energía solar térmica con colector plano

3.2.1. Estructura y funcionamiento de colectores solares planos

Los colectores solares planos son dispositivos esenciales en los sistemas de energía solar térmica, diseñados para captar la radiación solar y convertirla en calor útil para diversas aplicaciones, como calentar agua o calefaccionar espacios. Estos colectores constan de una estructura compleja, compuesta por una placa absorbente, un sistema de tuberías, una cubierta transparente y un aislante térmico, y cada uno desempeña un papel crucial en el proceso de captura y transferencia de calor.

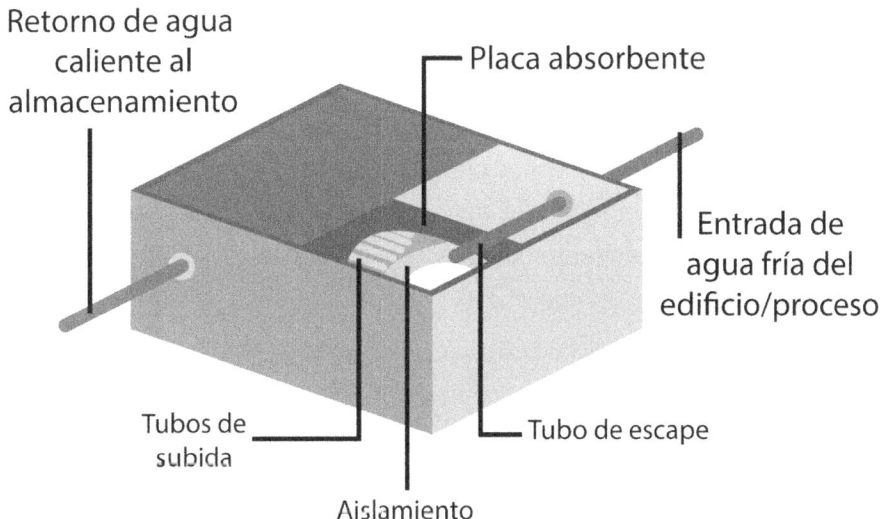

Figura 3.2 Representación de la estructura de un colector plano.

La placa absorbente, por ejemplo, fabricada generalmente en cobre o aluminio, posee propiedades selectivas para absorber eficientemente la radiación solar mientras minimiza la emisión de calor. Su forma puede variar, desde plana hasta corrugada, para aumentar la superficie de contacto con el fluido caloportador. Por otro lado, el sistema de tuberías, interconectado con la placa absorbente, facilita el flujo del fluido caloportador, que puede ser agua o una mezcla con anticongelante, para transportar el calor generado hacia un depósito o intercambiador de calor. La cubierta transparente, generalmente de vidrio o plástico, desempeña un papel crucial al permitir la entrada de radiación solar mientras reduce las pérdidas de calor por convección y radiación. Simultáneamente, el aislante térmico, que rodea el colector, minimiza las pérdidas de calor por conducción hacia el exterior.

3.3. Colectores solares de concentración

Los colectores solares de concentración son dispositivos que capturan y concentran la radiación solar para su aprovechamiento. Estos colectores utilizan reflectores para enfocar la radiación solar en un punto o una línea específicos, lo que provoca el calentamiento de un medio térmico, como vapor o aceite.

La energía solar concentrada se puede utilizar para alcanzar altas temperaturas, a menudo de varios cientos o miles de grados Celsius. Esto los hace útiles para una variedad de aplicaciones, incluyendo la generación de electricidad y el calentamiento de agua.

Figura 3.3 Colector solar parabólico o de concentración.

Existen varios tipos de colectores solares de concentración, incluyendo los colectores cilindro-parabólicos, los discos parabólicos y los helióstatos, como se muestra en la Figura 3.3. Cada uno de estos tiene sus propias ventajas y desventajas, y la elección del tipo de colector a utilizar depende de la aplicación específica.

Es importante mencionar que estos colectores solo utilizan la radiación directa y no la difusa, y requieren un sistema de seguimiento solar para mantenerse orientados hacia el sol. Además, la superficie reflectante del colector puede perder sus propiedades con el tiempo y requiere mantenimiento periódico.

3.3.1. Sistemas de seguimiento solar

Los colectores solares de concentración, dispositivos avanzados que emplean sistemas ópticos para focalizar la radiación solar en un área pequeña, han revolucionado la generación de energía al aumentar significativamente la intensidad de la energía solar. Estos colectores tienen la extraordinaria capacidad de concentrar la radiación solar hasta 1000 veces su intensidad normal, lo que posibilita la generación de altas temperaturas, alcanzando incluso varios cientos o miles de grados centígrados. Esta característica los convierte en herramientas invaluablemente útiles para diversas aplicaciones industriales y para la generación de electricidad.

Para asegurar su óptimo rendimiento, los colectores solares de concentración dependen de sistemas de seguimiento solar, esenciales para mantener la orientación ideal hacia el sol durante todo el día. Estos sistemas pueden ser de un solo eje, que sigue el movimiento del Sol de este a oeste, o de doble eje, que se adaptan también a las variaciones en la altura del Sol en el cielo. La precisión y confiabilidad de estos sistemas de seguimiento son cruciales, ya que incluso un ligero error puede resultar en una disminución significativa de la eficiencia del colector.

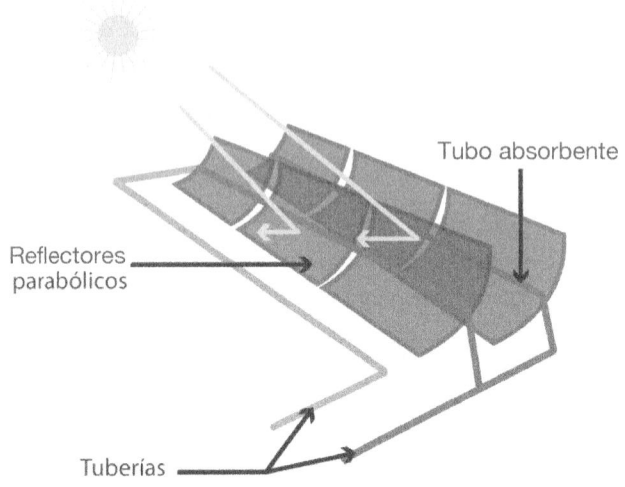

Figura 3.4 Funcionamiento de un colector solar parabólico.

3.3.2. Aplicaciones industriales de los colectores solares de concentración

Los colectores solares de concentración tienen aplicaciones industriales diversificadas, que abarcan desde la generación de electricidad hasta la producción de calor de proceso, la desalinización de agua y la fabricación de hidrógeno. En las plantas termosolares de generación eléctrica, por ejemplo, una matriz de reflectores controlados por computadora refleja y concentra los rayos solares sobre una caldera de agua situada en una torre. El vapor generado se utiliza en ciclos convencionales de las plantas de energía para producir electricidad.

A pesar de su inversión inicial relativamente alta, los colectores solares de concentración tienen un impacto significativo en el ahorro de energía a largo plazo y en la reducción de emisiones de gases de efecto invernadero. Además, su aplicación se extiende a sectores industriales vitales, incluyendo la química, la metalurgia y la producción de alimentos. También se utilizan en la desalinización de agua, donde el calor generado se emplea para evaporar el agua y luego condensarla, eliminando así las sales y otros contaminantes.

Un tipo específico de colectores solares son los colectores de tubos de vacío, que aprovechan el efecto invernadero y el vacío para reducir las pérdidas de calor por convección y radiación, permitiendo así alcanzar temperaturas superiores a los colectores solares planos. Estos colectores constan de tubos cilíndricos sellados al vacío, dentro de los cuales se encuentra un absorbedor metálico con una capa selectiva y un tubo interno por donde circula el fluido de trabajo. La tecnología de tubos de vacío se basa en dos principios físicos: el efecto termosifón y el efecto *heat pipe*.

3.4. Colectores solares de tubos de vacío

Figura 3.5 Sistema de energía solar térmica con colectores de tubos de vacío.

Los colectores solares de tubos de vacío se presentan como una alternativa avanzada y eficiente en el campo de la energía solar térmica que supera las limitaciones de los colectores planos y de concentración tradicionales. Estos dispositivos, compuestos por tubos de vidrio sellados al vacío, han transformado el panorama energético al ofrecer una mayor eficiencia y, al mismo tiempo, reducir los costes asociados con la instalación y el mantenimiento. La clave de su rendimiento excepcional radica en el vacío presente entre el tubo exterior y el interior, lo que elimina las pérdidas de calor por convección y radiación, permitiendo así alcanzar temperaturas significativamente más elevadas en comparación con otros tipos de colectores.

3.4.1. Tecnología de tubos de vacío

Los colectores solares de tubos de vacío se componen de una serie de tubos de vidrio herméticamente sellados al vacío. Cada uno de estos tubos contiene un absorbedor metálico y un fluido de trabajo, que puede ser agua, aceite o un fluido especializado de transferencia de calor. El principio fundamental que impulsa su eficacia es el efecto termosifón, un proceso natural donde el fluido de trabajo se calienta al absorber la radiación solar en el absorbedor metálico y asciende por el tubo debido a las diferencias de densidad causadas por las variaciones de temperatura. Al llegar al depósito o intercambiador de calor, el fluido cede su energía térmica al agua o al circuito secundario. Luego, el fluido se enfría y retorna al tubo, completando el ciclo.

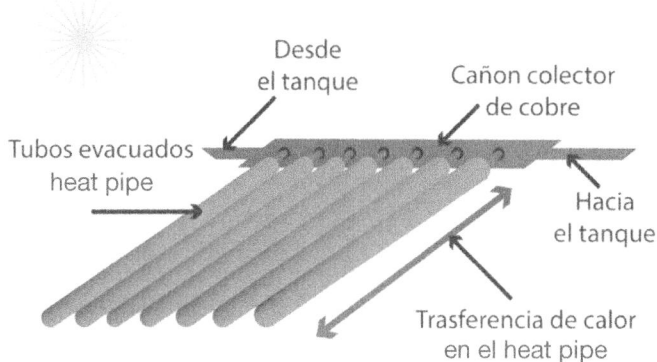

Desde el tanque

Cañon colector de cobre

Tubos evacuados heat pipe

Hacia el tanque

Trasferencia de calor en el heat pipe

Figura 3.6 Funcionamiento de un colector solar de tubos de vacío.

Existen dos tipos principales de colectores solares de tubos de vacío: los colectores de tubo directo y los colectores de tubo indirecto. Los primeros tienen el fluido de trabajo circulando directamente por el interior del tubo, mientras que los últimos emplean un fluido intermedio que transfiere el calor al fluido de trabajo mediante un intercambiador de calor situado en la parte superior del tubo.

3.4.2. Ventajas y limitaciones en el uso de tubos de vacío

Estos colectores destacan por una serie de ventajas que los convierten en una opción sumamente atractiva en diversas aplicaciones. En primer lugar, su alta eficiencia térmica se debe al aislamiento al vacío y a la menor superficie expuesta al ambiente, lo que se traduce en un rendimiento superior. Además, su menor dependencia del ángulo de incidencia de la radiación solar permite una captación continua durante todo el año, independientemente de la posición del Sol en el cielo.

Otra ventaja significativa es su menor sensibilidad a condiciones climáticas adversas como el viento, la nieve o las heladas. Además, su durabilidad y resistencia a la corrosión y al impacto garantizan una vida útil prolongada, lo que reduce los costes de mantenimiento a largo plazo. La flexibilidad de instalación es otra característica notable, ya que se pueden adaptar a diversas superficies y orientaciones, lo que facilita su integración en diferentes entornos.

No obstante, es importante considerar algunas limitaciones asociadas con estos colectores. Su coste inicial es mayor debido a la complejidad del proceso de fabricación y al número superior de componentes involucrados. La necesidad de mantener el vacío en los tubos implica un riesgo de rotura o fuga, lo que puede afectar a la eficiencia del sistema y requerir la sustitución del tubo afectado. Además, la capacidad térmica se ve ligeramente comprometida debido al menor volumen del fluido y al área más reducida del absorbedor. Además, la limpieza de los tubos representa un desafío adicional, ya que tienden a acumular polvo y suciedad en la superficie exterior.

3.4.2.1.   Caso de estudio: Proyecto Solar Two

Un ejemplo de la efectividad de los colectores solares de tubos de vacío es el proyecto Solar Two, llevado a cabo en California entre 1995 y 1999. En este proyecto pionero, se implementaron 1926 colectores solares de tubos de vacío para calentar un fluido salino a una temperatura impresionante de 565 °C. Este fluido salino se almacenaba en un tanque térmico y se utilizaba posteriormente para generar vapor, que alimentaba una turbina que producía electricidad. La planta tenía una capacidad nominal de 10 MW y lograba una eficiencia global del 13%, marcando así un hito en la generación de energía solar térmica a gran escala.

3.4.3. Consideraciones finales y perspectivas futuras

A pesar de las desventajas mencionadas, los colectores solares de tubos de vacío se perfilan como una elección excepcional en aplicaciones que demandan altas temperaturas, como la producción de agua caliente sanitaria, la calefacción por suelo radiante o incluso la refrigeración por absorción. Además, pueden ser empleados para generar electricidad mediante turbinas o motores Stirling. La elección entre los diferentes tipos de colectores dependerá en última instancia de las necesidades específicas de la aplicación y de los recursos disponibles.

Tipo de colector solar	Características	Aplicaciones
Colectores solares planos	Placa plana absorbente, simple y eficaz diseño, aislamiento térmico en la parte posterior y los lados.	Sistemas de calefacción de agua y aire, calefacción de piscinas.
Colectores solares de concentración	Utilizan sistemas ópticos para concentrar la radiación solar, generan altas temperaturas (cientos o miles de grados centígrados).	Generación de electricidad, calor de proceso industrial, desalinización de agua, producción de hidrógeno.
Colectores solares de tubos de vacío	Tubos de vidrio sellados al vacío, eliminan pérdidas de calor por convección y radiación, alta eficiencia térmica.	Diversas aplicaciones industriales, como la fabricación de productos cosméticos y otras plantas industriales.

Tabla 3.1 Comparación de los diversos tipos de colectores solares.

3.5. Eficiencia y diseño de colectores

La eficiencia de un colector solar para la energía solar térmica se determina por la relación entre la totalidad de radiación recibida y el aprovechamiento efectivo transmitido al absorbedor del captador solar. La conversión de energía radiante del Sol en energía térmica lleva asociada unas pérdidas por radiación, convección y conducción que determinan el rendimiento del sistema de captación.

El rendimiento (η) se determina por la ecuación 3.1:

$$\eta = \eta_0 - k_1 \cdot \frac{(T_m - T_a)}{I} \quad (3.1)$$

donde:

- η_0 es el rendimiento óptico, también conocido como factor de eficiencia.
- T_m es la temperatura interior del colector.
- T_a es la temperatura exterior (ambiental).
- I es la radiación incidente total sobre el colector (W/m²).
- k_1 es el factor de corrección por pérdidas térmicas.

Esta ecuación subraya cómo la eficiencia del colector depende de factores como la temperatura del fluido y la radiación solar. A mayor temperatura del fluido, las pérdidas de calor aumentan, reduciendo la eficiencia del sistema. Asimismo, a mayor radiación solar, el colector captura más energía, lo que aumenta su eficiencia.

En el diseño de estos colectores, se consideran varios aspectos, como la selección adecuada de materiales, la determinación del área óptima, la orientación e inclinación para maximizar la captación solar y la elección del fluido caloportador. Además, se incorporan dispositivos de control y seguridad para regular el sistema y protegerlo contra sobrecalentamientos o sobrepresiones, asegurando así su funcionamiento óptimo a lo largo del tiempo.

Ejemplo:

Si consideramos un captador con un rendimiento óptico (η_0) de 0.80 y un coeficiente de pérdidas (k_1) de 8.9, y si la temperatura ambiente (T_a) es de 18 ºC, la temperatura deseada (T_m) es de 50 ºC y la radiación solar (I) es de 700 W/m², entonces el rendimiento del captador sería:

$$\eta = 0.80 - 8.9 \cdot \frac{(50 - 18)}{700} = 0.39 \ \ (3.1.1)$$

3.6. Autoevaluación del capítulo 3

3.6.1. ¿Cuál es la función principal de los colectores solares planos?

a) Capturar radiación solar y convertirla en calor útil.

b) Generar electricidad a partir de la radiación solar.

c) Enfriar el ambiente utilizando radiación solar.

d) Filtrar la radiación solar para usos médicos.

3.6.2. ¿Qué material se utiliza comúnmente para fabricar la placa absorbente de los colectores solares planos?

a) Plástico.

b) Cobre o aluminio.

c) Vidrio.

d) Acero inoxidable.

3.6.3. ¿Qué función desempeña la cubierta transparente en los colectores solares planos?

a) Reducir las pérdidas de calor por convección y radiación.

b) Absorber la radiación solar.

c) Evitar la entrada de radiación solar.

d) Minimizar las pérdidas de calor por conducción.

3.6.4. ¿Cómo se mide la eficiencia de un colector solar plano?

a) Por la cantidad de radiación solar absorbida.

b) Por la temperatura del fluido caloportador y la radiación solar.

c) Por la forma de la placa absorbente.

d) Por la cantidad de agua que puede calentarse.

3.6.5. ¿Qué tipo de colectores solares tienen la capacidad de concentrar la radiación solar hasta 1000 veces su intensidad normal?

a) Los colectores solares planos.

b) Los colectores solares de tubos de vacío.

c) Los colectores solares de concentración.

d) Los colectores solares de película delgada.

3.6.6. ¿Qué función cumplen los sistemas de seguimiento solar en los colectores solares de concentración?

a) Reducir la intensidad de la radiación solar.

b) Concentrar la radiación solar en un área pequeña.

c) Mantener la orientación ideal hacia el Sol durante todo el día.

d) Regular la temperatura del fluido caloportador.

3.6.7. ¿En qué aplicación industrial se utilizan los colectores solares de concentración para generar electricidad?

a) Desalinización de agua.

b) Producción de calor de proceso.

c) Fabricación de hidrógeno.

d) Plantas termosolares de generación eléctrica.

3.6.8. ¿Qué principio físico impulsa la eficacia de los colectores solares de tubos de vacío?

a) El efecto termosifón.

b) El efecto invernadero.

c) El efecto *heat pipe*.

d) El efecto fotoeléctrico.

3.6.9. ¿Qué ventaja tienen los colectores solares de tubos de vacío en términos de sensibilidad a condiciones climáticas adversas?

a) Son altamente sensibles al viento y las heladas.

b) Son resistentes al viento, la nieve y las heladas.

c) No se ven afectados por condiciones climáticas adversas.

d) Son sensibles solo a las heladas.

3.6.10. ¿Qué factor determina la elección entre los diferentes tipos de colectores solares para una aplicación específica?

a) El coste inicial.

b) La forma de la placa absorbente.

c) Las necesidades específicas de la aplicación y los recursos disponibles.

d) La cantidad de radiación solar en la región.

CAPÍTULO 4

Sistemas de almacenamiento térmico

4.1. Introducción a los sistemas de almacenamiento térmico

En el contexto de la energía solar térmica, los tanques de almacenamiento desempeñan un papel crucial al permitir la conservación y utilización eficiente del calor captado por los colectores solares. Este capítulo examina detalladamente los diversos tipos de tanques de almacenamiento, desde los horizontales situados sobre los colectores solares hasta los verticales empleados en aplicaciones industriales. Además, se exploran las técnicas de almacenamiento térmico, como el almacenamiento de calor sensible y el innovador almacenamiento de calor latente mediante materiales de cambio de fase (PCM). También se analiza la aplicación de las sales fundidas en sistemas solares de alta temperatura y se abordan los métodos de dimensionamiento y las consideraciones sobre la capacidad de almacenamiento en sistemas solares térmicos.

4.2. Categorización de los métodos de almacenamiento térmico

El almacenamiento térmico desempeña un papel crucial en la eficiencia y confiabilidad de los sistemas energéticos, especialmente en el contexto de fuentes de energía renovables intermitentes como la solar térmica. Para comprender mejor estos sistemas, es esencial clasificar los métodos de almacenamiento térmico según los principios físicos que subyacen en su funcionamiento.

A continuación, se presentan las principales categorías de almacenamiento térmico:

- **Almacenamiento de calor sensible:** En este método, la energía térmica se acumula en un material que experimenta un cambio de temperatura sin alterar su fase. Este calor sensible se recupera al reducir la temperatura del material. Ejemplos de materiales para este proceso son el agua, las rocas, el aceite y el aire. La simplicidad y economía son sus ventajas, aunque la capacidad de almacenamiento es limitada.

- **Almacenamiento de calor latente:** El calor latente se almacena en un material que experimenta un cambio de fase a una temperatura constante. Durante este proceso, el material absorbe o libera una cantidad significativa de energía térmica sin cambiar su temperatura. Las sales fundidas, las parafinas y los eutécticos son ejemplos de materiales utilizados en este método. Aunque más complejo y costoso que el almacenamiento sensible, tiene una capacidad de almacenamiento sustancialmente mayor.

- **Almacenamiento de calor químico:** En este método, la energía se almacena en un material que reacciona químicamente con otro, liberando o absorbiendo calor en el proceso. Al revertir esta reacción química, es posible recuperar el calor almacenado. Ejemplos de materiales incluyen los hidruros metálicos, carbonatos e hidróxidos.

La capacidad, densidad, estabilidad y velocidad de estos procesos varían según la naturaleza de las reacciones químicas involucradas.

La elección del método adecuado depende de una serie de factores, como los requisitos específicos de la aplicación y las condiciones operativas, así como las consideraciones técnicas y económicas. La capacidad de almacenamiento, la densidad energética, la estabilidad y el coste son aspectos cruciales que considerar al seleccionar el método de almacenamiento térmico más apropiado para cada caso. Estas categorías proporcionan un marco sólido para comprender las complejidades de los sistemas de almacenamiento térmico y guiar la toma de decisiones en el diseño y la implementación de sistemas energéticos eficientes y sostenibles.

4.3. Almacenamiento de calor sensible (Sensible Heat Storange, SHS)

El almacenamiento de calor sensible, una técnica ampliamente empleada en sistemas de energía solar térmica, se basa en un principio simple: la energía térmica puede ser almacenada en un material mediante el aumento de su temperatura, sin cambiar su estado físico. Esto se logra utilizando materiales de almacenamiento de calor sensible (TESM), que pueden ser sólidos, líquidos o gaseosos. Entre ellos, los líquidos, especialmente el agua, son preferidos debido a su alta capacidad calorífica específica, su bajo coste y su disponibilidad.

La ventaja principal del almacenamiento de calor sensible radica en su simplicidad y accesibilidad económica. Los tanques de almacenamiento de agua, por ejemplo, son comunes en estos sistemas y varían en forma y tamaño según el diseño del sistema solar térmico y el espacio disponible. Pueden ser horizontales o verticales, presurizados o atmosféricos, aislados o no aislados y contener serpentinas internas para intercambiar calor con el fluido caloportador del sistema.

La cantidad de energía almacenada en un material mediante SHS se puede calcular utilizando la ecuación 4.1:

$$E = m \cdot c \cdot \Delta T \quad (4.1)$$

donde:

- E es la energía almacenada (en julios).
- M es la masa del material (en kilogramos).
- C es la capacidad calorífica del material (en julios por kilogramo por grado Celsius).
- ΔT es el cambio de temperatura del material (en grados Celsius).

El calor sensible se refiere a la cantidad de energía que un material absorbe o libera al cambiar su temperatura sin experimentar un cambio de fase. Este enfoque se utiliza en aplicaciones de energía solar térmica para almacenar energía de forma eficiente.

Ejemplo,

Si se desea calcular la energía almacenada en un material con una masa de 5 kg, una capacidad calorífica de 2000 J/kg°C y un cambio de temperatura de 50°C, la fórmula se aplicaría de la siguiente manera:

$$E = 5 \, kg \cdot 2000 \, J \, kg \, C \cdot 50 \, ^\circ\text{C} \quad (4.1.1)$$

$$E = 500\,000 \, J \quad (4.1.2)$$

Esto significa que el material almacenaría 500 000 julios de energía.

Es importante tener en cuenta que la capacidad calorífica varía según el material, por lo que se debe conocer este valor específico para el material en cuestión.

A pesar de su simplicidad, el almacenamiento de calor sensible tiene desafíos a considerar, como la baja densidad energética y las pérdidas de calor por conducción, convección y radiación. Además, mantener la temperatura constante es crucial para evitar problemas como la estratificación térmica, que puede afectar a la eficiencia del sistema.

Para mitigar la estratificación, se emplean diversas estrategias, como deflectores internos, inyección controlada del fluido caloportador, agitación mecánica y el uso de materiales con baja conductividad térmica. A pesar de sus desafíos, el almacenamiento de calor sensible sigue siendo una opción valiosa debido a su simplicidad y bajo coste, por lo que es un pilar esencial en la eficacia de los sistemas de energía solar térmica.

4.3.1. Sistemas de almacenamiento en forma sólida

Los sistemas de almacenamiento de calor sensible en forma sólida emplean materiales sólidos, como ladrillos, piedras, hormigón y otros, para retener la energía térmica. Aunque estos sistemas son simples y económicos, tienen limitaciones debido a su capacidad térmica específica y conductividad térmica relativamente bajas. A pesar de estas limitaciones, son fáciles de construir y operar. La transferencia de calor en estos sistemas ocurre a través de procesos de convección y conducción.

4.3.2. Sistemas de almacenamiento en forma líquida

En contraste, los sistemas de almacenamiento de calor sensible en forma líquida utilizan líquidos como su medio principal. Estos líquidos, que pueden ser agua, aceites, sales fundidas o nanofluidos, ofrecen una alta capacidad térmica específica y una conductividad térmica superior. Esto permite una rápida respuesta dinámica y una alta eficiencia energética en comparación con los sistemas sólidos. Sin embargo, estos sistemas tienden a requerir más espacio debido a la baja densidad y alta viscosidad de los líquidos.

Tipo de almacenamiento de calor sensible	Descripción	Ejemplos de materiales
Forma sólida	Emplea materiales sólidos como ladrillos, piedras y hormigón para retener la energía térmica. La transferencia de calor ocurre	Ladrillos, piedras, hormigón.

	principalmente por convección y conducción.	
Forma líquida	Utiliza líquidos como agua, aceites, sales fundidas o nanofluidos para almacenar energía térmica. Ofrece alta capacidad calorífica específica y conductividad térmica, lo que permite una rápida respuesta dinámica y alta eficiencia energética.	Agua, aceites, sales fundidas, nanofluidos.

Tabla 4.1 Comparación de tipos de almacenamiento de calor sensible.

4.4. Almacenamiento de calor latente (Latent Heat Storage, LHS)

El Latent Heat Storage (LHS) es un método de almacenamiento de energía que implica el uso de materiales que pueden absorber o liberar grandes cantidades de energía térmica durante un cambio de fase, como la fusión o la solidificación. Este enfoque se utiliza en aplicaciones de energía solar térmica para almacenar energía de forma eficiente. El calor latente se refiere a la cantidad de energía que un material absorbe o libera durante un cambio de fase.

El LHS representa una avanzada técnica de almacenamiento de energía térmica utilizada en sistemas de energía solar térmica. A diferencia del almacenamiento de calor sensible (SHS), donde la energía se almacena mediante el aumento de temperatura del material, en el LHS, la energía se almacena durante el cambio de fase del material, es decir, durante la transición entre estados sólido y líquido, o viceversa.

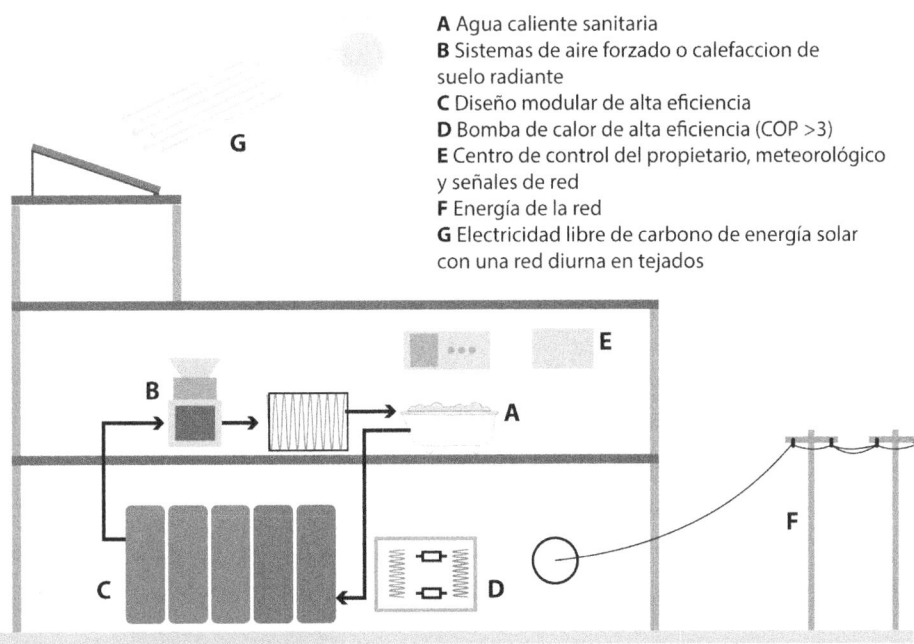

A Agua caliente sanitaria
B Sistemas de aire forzado o calefaccion de suelo radiante
C Diseño modular de alta eficiencia
D Bomba de calor de alta eficiencia (COP >3)
E Centro de control del propietario, meteorológico y señales de red
F Energía de la red
G Electricidad libre de carbono de energía solar con una red diurna en tejados

Figura 4.1 Esquema de almacenamiento de calor latente.

Para calcular la cantidad de energía almacenada en un material mediante el Latent Heat Storage (LHS) en el contexto de la energía solar térmica, se puede utilizar la ecuación 4.2:

$$E = m \cdot L \ (4.2)$$

donde:

- E es la energía almacenada (en julios).
- M es la masa del material (en kilogramos).
- L es el calor latente del material (en julios por kilogramo).

El calor latente es la cantidad de energía que un material absorbe o libera durante un cambio de fase, como la fusión o la solidificación. En materiales utilizados en colectores de energía solar térmica, el calor latente es un parámetro importante que considerar para el almacenamiento de energía.

Por ejemplo, si se desea calcular la energía almacenada en un material con una masa de 5 kg y un calor latente de 200 kJ/kg, la fórmula se aplicaría de la siguiente manera:

$$E = 5 \ kg \ \cdot 200 \ J \ kg = 1000 \ kJ \quad (4.2.1)$$

Esto significa que el material almacenaría 1000 kJ de energía.

Es importante tener en cuenta que el calor latente varía según el material, por lo que se debe conocer este valor específico para el material en cuestión.

A pesar de sus ventajas, el LHS presenta desafíos, como la baja conductividad térmica de los PCM, lo que puede ralentizar la transferencia de calor. Además, los PCM pueden requerir encapsulamiento para evitar la degradación del material y la pérdida de energía. A pesar de estos desafíos, el LHS se muestra prometedor para diversas aplicaciones, desde sistemas de calefacción y refrigeración residenciales hasta soluciones industriales avanzadas.

Los PCM se clasifican según el tipo de cambio de fase que experimentan, como fusión, solidificación, vaporización, condensación, sublimación y deposición. La elección del PCM adecuado para cada aplicación depende de factores como la temperatura de operación del sistema, la compatibilidad química y térmica con otros componentes, la estabilidad frente a ciclos térmicos, la conductividad térmica, la densidad, el coste y la disponibilidad. Ejemplos de PCM incluyen parafinas, sales inorgánicas, eutécticos y materiales orgánicos.

Proyectos como el TESSe2b, financiado por la Unión Europea, ilustran cómo los PCM encapsulados en esferas se utilizan en sistemas innovadores de calefacción y refrigeración para edificios residenciales. Este enfoque permite almacenar el calor solar durante el día y liberarlo durante la noche, reduciendo así el consumo de energía y las emisiones de CO_2. Estas innovaciones destacan el potencial del LHS en la creación de soluciones energéticas sostenibles y eficientes.

4.4.1. Almacenamiento de calor latente en fase sólida-sólida (SSPCM)

El almacenamiento de calor latente en fase sólida-sólida (SSPCM) es un método innovador en el que la energía térmica se almacena en materiales que experimentan un cambio de fase sólida-sólida, sin variaciones significativas de temperatura. Esto se logra mediante materiales como hidratos de clatrato e hidratos de metano, que absorben o liberan grandes cantidades de energía sin alterar su estado sólido. A pesar de su complejidad y coste, el SSPCM ofrece una capacidad de almacenamiento considerablemente mayor que el almacenamiento de calor sensible.

4.4.2. Almacenamiento de calor latente en fase sólida-líquida

En el almacenamiento de calor latente en fase sólida-líquida, ciertos materiales cambian de fase sólida a líquida y viceversa, absorbiendo o liberando calor sin experimentar cambios significativos de temperatura. Este método emplea materiales de cambio de fase (PCM) como parafinas y sales eutécticas, que ofrecen una alta capacidad de almacenamiento de calor con mínimas fluctuaciones de temperatura. Aunque más complejo que el SSPCM, el almacenamiento sólido-líquido permite una rápida absorción o liberación de energía.

4.4.3. Almacenamiento de calor latente en fase líquida-gas

El almacenamiento de calor latente en fase líquida-gas involucra el cambio de fase de un material de líquido a gas y viceversa, sin alteraciones de temperatura significativas. Este método utiliza materiales con altas entalpías de vaporización, como el agua y el amoníaco. A pesar de su alta capacidad de almacenamiento, este método presenta desafíos, incluyendo la necesidad de sistemas de almacenamiento aislados para minimizar las pérdidas de calor y la lenta transferencia de calor debido a la baja conductividad térmica del vapor.

Tipo de almacenamiento de calor latente	Descripción	Ejemplos de materiales
Fase sólida-sólida (SSPCM)	Almacena energía en materiales que experimentan un cambio de fase sólida-sólida sin variaciones significativas de temperatura.	Hidratos de clatrato, hidratos de metano.
Fase sólida-líquida	Cambio de fase sólida a líquida y viceversa sin cambios significativos de temperatura.	Parafinas, sales eutécticas.
Fase líquida-gas	Cambio de fase de líquido a gas y viceversa sin alteraciones de temperatura significativas.	Agua, amoníaco.

Tabla 4.2 Comparación de tipos de almacenamiento de calor latente.

4.5. Almacenamiento termoquímico

El almacenamiento termoquímico, una técnica innovadora en la gestión de la energía térmica, ha destacado en sistemas de energía solar térmica. Se basa en la capacidad de almacenar y liberar energía térmica a través de reacciones químicas reversibles, que absorben calor durante las reacciones endotérmicas y lo liberan durante las exotérmicas. Un ejemplo ilustrativo es el ciclo de azufre-iodo, donde el agua se descompone en hidrógeno y oxígeno mediante calor. El hidrógeno se almacena como ácido sulfúrico y se libera durante la etapa de descarga, generando energía eléctrica.

Este método ofrece diversas ventajas, como alta densidad de almacenamiento energético, estabilidad a largo plazo y control preciso de la temperatura durante la liberación de energía. Además, permite almacenar energía en forma de calor o electricidad, lo que amplía su utilidad en diversas aplicaciones.

A pesar de sus beneficios, el almacenamiento termoquímico enfrenta desafíos significativos, como la lentitud y, en algunos casos, la irreversibilidad de las reacciones químicas. Además, las condiciones específicas, como altas temperaturas y presiones, pueden complicar el proceso y aumentar los costes del sistema.

A pesar de estos obstáculos, el almacenamiento termoquímico tiene un potencial inmenso. Con la continua innovación en materiales y tecnologías, es plausible imaginar un futuro donde esta técnica se convierta en un pilar fundamental de nuestras soluciones energéticas. No solo ofrece una forma eficiente y rentable de almacenar energía térmica, sino que también allana el camino hacia un futuro más sostenible y energéticamente eficiente.

4.6. Materiales de cambio de fase (Phase Change Materials, PCM)

Los materiales de cambio de fase (PCM) son sustancias que pueden almacenar o liberar grandes cantidades de energía térmica al cambiar de estado, por ejemplo, de sólido a líquido o viceversa. Estos materiales tienen la ventaja de mantener una temperatura constante durante el proceso de cambio de fase, lo que los hace adecuados para aplicaciones que requieren un control térmico preciso.

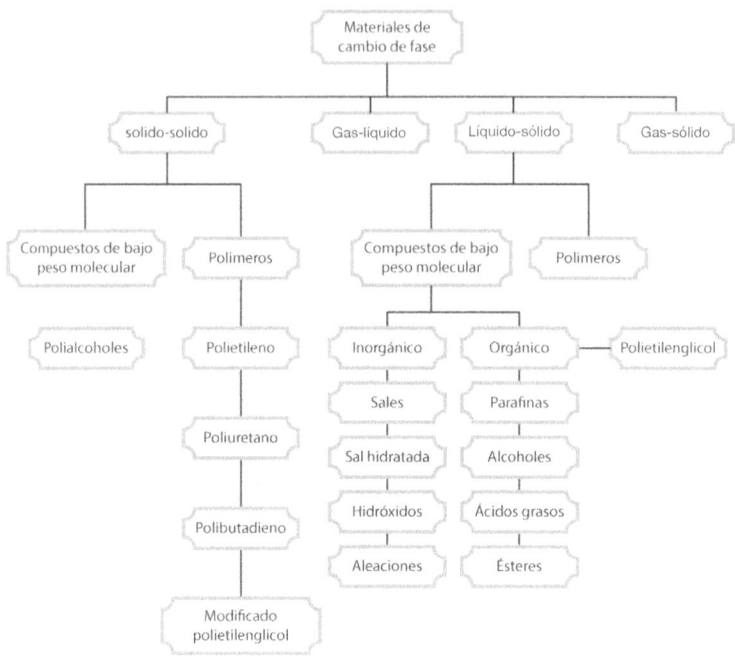

Figura 4.2 Materiales de cambio de fase.

Los tanques de almacenamiento de PCM se utilizan para aprovechar las propiedades de estos materiales y mejorar el rendimiento de los sistemas solares térmicos. Los tanques de almacenamiento de PCM pueden clasificarse según el tipo de material, el tipo de encapsulación y el tipo de configuración.

El tipo de material se refiere a la composición química del PCM, que determina sus características termodinámicas, como la temperatura y el calor latente de cambio de fase, la densidad, la conductividad térmica y la estabilidad. Los materiales más comunes son las sales inorgánicas, los hidratos, los eutécticos, las parafinas y los polímeros.

El tipo de encapsulación se refiere a la forma en que el PCM se contiene dentro del tanque. Los métodos más habituales son el encapsulamiento macroscópico, el micro-encapsulamiento y el encapsulamiento en forma de matriz. El encapsulamiento macroscópico consiste en alojar el PCM en recipientes de gran tamaño, como tubos, esferas o placas. El micro-encapsulamiento consiste en recubrir el PCM con una capa delgada y resistente que lo aísla del medio exterior. El encapsulamiento en forma de matriz consiste en impregnar el PCM en un material poroso o fibroso que actúa como soporte.

El tipo de configuración se refiere a la disposición espacial del PCM dentro del tanque. Las configuraciones más frecuentes son el relleno directo, el intercambio indirecto y el intercambio directo. El relleno directo consiste en llenar el tanque con PCM puro o encapsulado y hacer circular el fluido caloportador por él. El intercambio indirecto consiste en separar el PCM del fluido caloportador mediante una pared metálica que facilita la transferencia de calor. El intercambio directo consiste en mezclar el PCM con el fluido caloportador y bombearlo por el tanque.

La relación entre los tanques de almacenamiento de PCM y la energía solar térmica es que estos tanques permiten aumentar la capacidad y la eficiencia de los sistemas solares térmicos al reducir las pérdidas térmicas, alargar el período de disponibilidad de calor y adaptarse a las variaciones de la demanda y la oferta. Los tanques de almacenamiento de PCM se pueden integrar en diferentes tipos de sistemas solares térmicos, como los colectores planos, los colectores cilindro-parabólicos, las torres solares o los discos Stirling.

4.7. Clasificación en función del estado de la sustancia almacenadora

Los materiales de cambio de fase (PCM) han revolucionado el campo del almacenamiento térmico al ofrecer soluciones innovadoras para aprovechar la energía solar y reducir la dependencia de combustibles fósiles. La clave para entender su aplicación radica en la clasificación según el estado de la sustancia almacenadora, que se puede dividir en tres categorías principales: sólido, líquido y gaseoso. Cada una de estas categorías presenta sus propias complejidades y posibilidades, ofreciendo un amplio espectro de opciones para diseñar sistemas de almacenamiento térmico adaptados a diversas necesidades.

4.7.1. Sistemas sólidos

Los sistemas de almacenamiento térmico sólidos se basan en el calor sensible o el calor latente de fusión de materiales sólidos. Estos materiales, que van desde metales hasta polímeros y cerámicas, ofrecen una base sólida para el almacenamiento de calor. Los cambios de fase sólido-sólido, como el almacenamiento de calor en ladrillos refractarios en las plantas de energía solar térmica, son ejemplos notables de esta categoría. Aunque estos sistemas son simples y económicos, requieren grandes volúmenes de material y altas temperaturas para almacenar cantidades significativas de calor.

4.7.2. Sistemas líquidos

Los sistemas de almacenamiento térmico líquidos emplean sustancias líquidas, como agua o sales fundidas, para almacenar calor. Estos líquidos, con su capacidad para almacenar calor tanto en forma sensible como latente, ofrecen versatilidad en una variedad de aplicaciones. El agua caliente utilizada en sistemas de calefacción solar doméstica es un ejemplo destacado de esta categoría. Aunque estos sistemas son relativamente simples y eficientes, ocupan un espacio considerable y pueden perder calor a través de las paredes del tanque.

4.7.3. Sistemas gaseosos

Los sistemas de almacenamiento térmico gaseosos se basan únicamente en el calor sensible de gases como el aire comprimido o el hidrógeno. Estos sistemas, aunque complejos, permiten almacenar grandes cantidades de energía en volúmenes reducidos. La compresión del gas durante el almacenamiento implica una pérdida de energía, que se puede mitigar utilizando intercambiadores de calor externos o materiales sólidos como acumuladores térmicos. A pesar de su baja eficiencia, estos sistemas encuentran aplicaciones en situaciones donde el espacio es limitado y la necesidad de almacenar grandes cantidades de energía es fundamental.

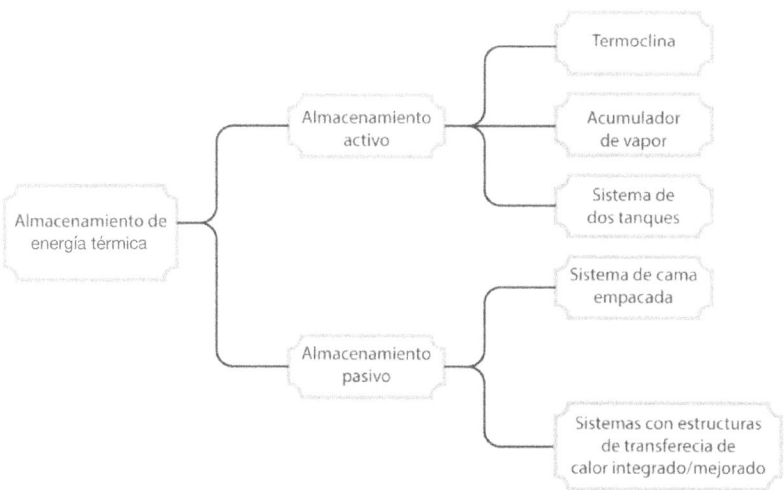

Figura 4.3 Almacenamiento de energía térmica.

4.7.4. Almacenamiento activo

Los sistemas de almacenamiento activo implican el uso de energía externa para transferir calor. Dentro de esta categoría, destacan los sistemas termoclinos y los acumuladores de vapor, cada uno con su propia singularidad.

4.7.4.1.   Sistemas termoclinos

Los sistemas termoclinos capitalizan la estratificación natural del agua en un tanque vertical. El agua caliente se sitúa en la parte superior del tanque, mientras que el agua fría se encuentra en la parte inferior, separadas por una termoclina, una zona de transición donde la temperatura varía rápidamente.

Para cargar el sistema, se inyecta agua caliente de forma controlada para evitar turbulencias, manteniendo la termoclina estrecha. La descarga del sistema se realiza desde la parte superior, asegurando una eficiente recuperación de calor.

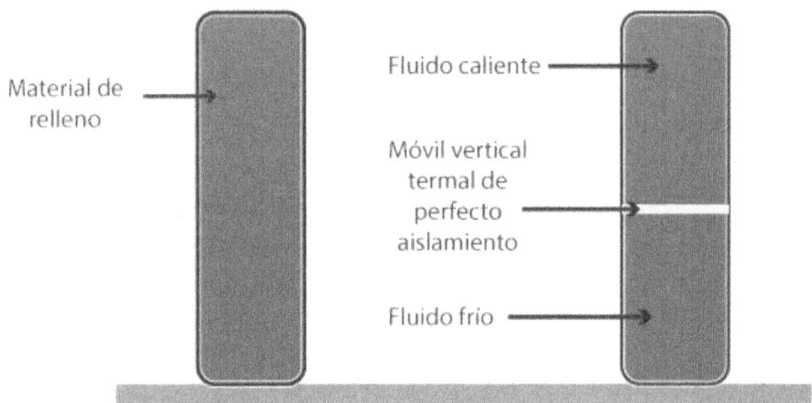

Figura 4.4 Termoclino pasivo con material de relleno (izquierda) y termoclino activo (derecha).

4.7.4.2. Acumuladores de vapor

Los acumuladores de vapor utilizan vapor de agua a alta presión como fluido portador. Durante la carga, el vapor se inyecta en un tanque presurizado y aislado térmicamente, allí se condensa parcialmente y libera calor latente que se acumula en el agua líquida. En la descarga, el vapor se extrae y se expande para generar energía eléctrica o para otros usos industriales.

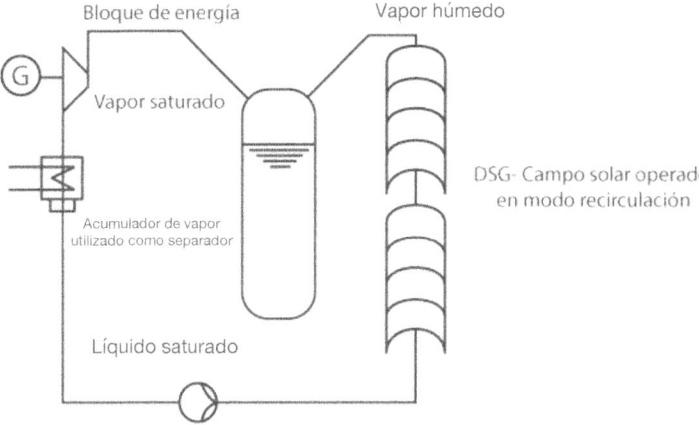

Figura 4.5 Incorporación de un acumulador de almacenamiento de vapor en una instalación destinada a la generación directa de energía.

4.7.5. Almacenamiento pasivo

El almacenamiento pasivo prescinde de sistemas mecánicos y utiliza materiales sólidos para almacenar calor por conducción. Los sistemas de almacenamiento en forma de lecho de material son ejemplos notables de esta categoría.

4.7.5.1. Sistemas de almacenamiento en forma de lecho de material

Estos sistemas aprovechan la capacidad térmica y la baja conductividad de materiales como la roca o el ladrillo. Durante la carga, el aire caliente se hace circular a través del lecho de material, calentando las partículas por convección y conducción. Durante la descarga, el aire frío se hace pasar en sentido inverso, extrayendo el calor almacenado para su uso en aplicaciones diversas, desde procesos industriales hasta generación de energía eléctrica.

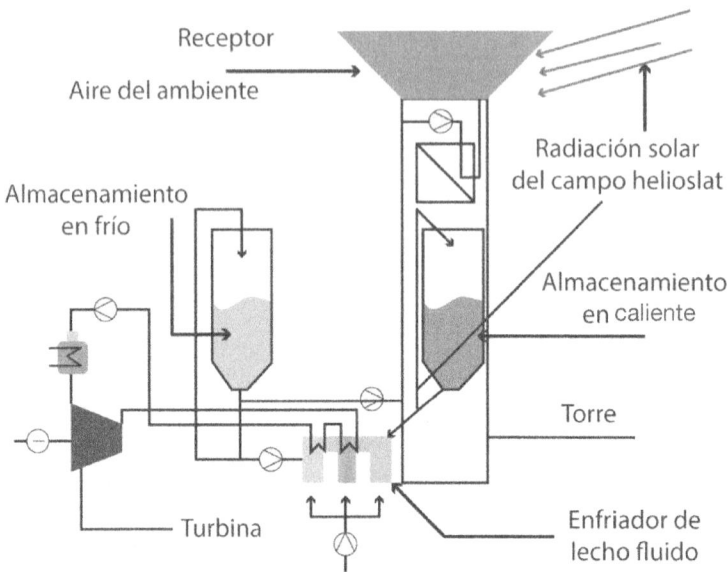

Figura 4.6 Almacenamiento de sales sólidas para planta solar de torre.

4.7.6. Sistemas combinados

Los sistemas combinados son la culminación de la innovación, pues fusionan métodos activos y pasivos para maximizar la eficiencia del almacenamiento térmico. Un ejemplo brillante es la conjunción de tanques de almacenamiento de agua caliente (almacenamiento activo) con lechos de roca (almacenamiento pasivo) en sistemas de calefacción solar doméstica. Esta amalgama permite optimizar la eficiencia y la capacidad del sistema, ya que se adapta a las cambiantes condiciones y necesidades específicas de cada aplicación.

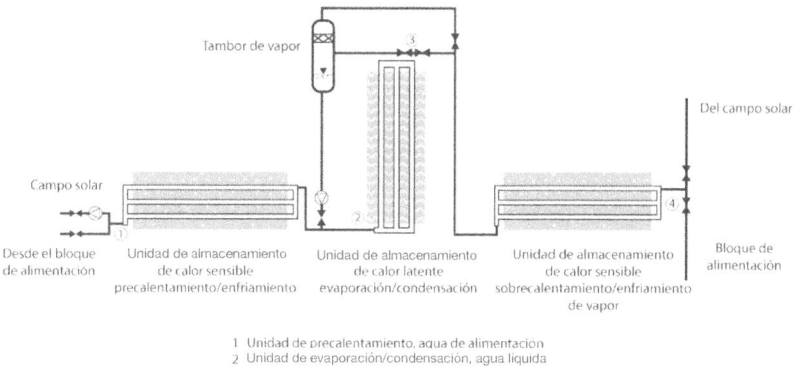

1 Unidad de precalentamiento, agua de alimentacion
2 Unidad de evaporación/condensación, agua líquida
3 **Unidad de evaporación/condensación, vapor**
4 Unidad de sobrecalentamiento, vapor vivo

Figura 4.7 Esquema de un sistema de almacenamiento combinado por calor sensible y calor latente.

4.8. Materiales utilizados en sistemas de almacenamiento térmico

4.8.1. Sales fundidas

Las sales fundidas se han convertido en una opción crucial para el almacenamiento de energía térmica en sistemas solares de alta temperatura. Estos compuestos, que incluyen nitratos y carbonatos, destacan por su capacidad para retener grandes cantidades de calor y operar a elevadas temperaturas sin degradarse.

4.8.2. Funcionamiento y ventajas del almacenamiento con sales fundidas

El proceso que subyace en el sistema de almacenamiento con sales fundidas es ingenioso: durante el día, los rayos solares son concentrados por un dispositivo hacia un intercambiador que calienta una mezcla de sales fundidas circulantes en un circuito cerrado. La sal fundida caliente se almacena en un tanque a una temperatura superior a su punto de fusión, alcanzando incluso los 600 °C. Durante la noche o en picos de demanda energética, esta sal se utiliza para transferir calor a un fluido de trabajo en otro intercambiador. Este calor es luego aprovechado para generar electricidad mediante una turbina.

Las ventajas de las sales fundidas son notables:

- **Optimización del potencial solar:** Al prolongar el funcionamiento de la planta durante la noche, se maximiza la utilización de la energía solar disponible, reduciendo así la dependencia de fuentes no renovables.
- **Eficiencia térmica:** Minimizan las pérdidas de calor por conducción y radiación, asegurando una alta eficiencia en el proceso de almacenamiento y liberación de energía.
- **Economía y seguridad:** Son más asequibles y seguras en comparación con otros materiales, como el aceite térmico o el vapor sobrecalentado.
- **Compatibilidad tecnológica:** Se integran fácilmente con diversas tecnologías solares, desde colectores cilindro-parabólicos hasta torres centrales y discos Stirling.

4.8.3. Desafíos técnicos y ambientales

A pesar de sus beneficios, las sales fundidas también plantean desafíos:

- **Control riguroso:** Es fundamental mantener un estricto control de la temperatura y la presión para evitar problemas como la cristalización o la corrosión de las sales y los materiales del sistema.
- **Manejo de residuos:** La generación de residuos sólidos requiere un tratamiento adecuado para mitigar su impacto ambiental, lo que añade una capa de complejidad al proceso.
- **Requisitos espaciales:** La necesidad de grandes superficies para instalar tanques e intercambiadores puede impactar en el paisaje y la biodiversidad circundantes.

4.9. Tanques de almacenamiento

Los tanques de almacenamiento son componentes esenciales en los sistemas de energía solar térmica, ya que permiten almacenar el calor captado por los colectores solares para su uso posterior. Los tanques de almacenamiento pueden clasificarse según su ubicación, su forma, su material y su modo de carga y descarga.

La ubicación de los tanques de almacenamiento puede ser interior o exterior, dependiendo del espacio disponible y de las condiciones climáticas. Los tanques interiores se instalan dentro de la edificación, generalmente en el sótano o en una sala técnica, y requieren un aislamiento térmico adecuado para evitar pérdidas de calor. Los tanques exteriores se instalan fuera de la edificación, normalmente en el tejado o en el suelo, y deben estar protegidos de la radiación solar directa, la lluvia y el viento.

La forma de los tanques de almacenamiento puede ser cilíndrica o esférica, aunque la primera es más común por su facilidad de fabricación y transporte. La forma esférica tiene la ventaja de minimizar la superficie en contacto con el ambiente y, por tanto, las pérdidas de calor, pero presenta dificultades para su instalación y conexión con los colectores solares.

El material de los tanques de almacenamiento debe ser resistente a la corrosión, a las altas temperaturas y a las presiones internas. Los materiales más utilizados son el acero inoxidable, el acero al carbono con recubrimiento anticorrosivo y el plástico reforzado con fibra de vidrio. El material también influye en el peso y el coste del tanque.

El modo de carga y descarga de los tanques de almacenamiento puede ser estratificado o mezclado. En el modo estratificado, el agua caliente entra por la parte superior del tanque y el agua fría sale por la parte inferior, manteniendo una estratificación térmica que mejora el rendimiento del sistema. En el modo mezclado, el agua entra y sale por el mismo punto del tanque, provocando una mezcla térmica que reduce la temperatura media del agua almacenada.

 DAVID PÉREZ GRANADOS

Tipo de tanque	Material	Modo de carga/descarga	Aplicaciones
Horizontales	Acero inoxidable, acero al carbono con recubrimiento anticorrosivo, plástico reforzado con fibra de vidrio	Estratificado (sistemas directos) o intercambio de calor (sistemas indirectos)	Sistemas compactos, aplicaciones domésticas
Verticales	Acero inoxidable, acero al carbono con recubrimiento anticorrosivo, plástico reforzado con fibra de vidrio	Estratificado (sistemas directos) o intercambio de calor (sistemas indirectos)	Grandes instalaciones, aplicaciones industriales

Tabla 4.3 Comparación de tipos de tanques de almacenamiento verticales y horizontales.

4.9.1. Tipos de tanques de almacenamiento

Los tanques de almacenamiento son elementos cruciales en los sistemas de energía solar térmica, pues desempeñan un papel central al almacenar el calor generado por los colectores solares para su uso posterior. Estos tanques se dividen en dos categorías principales: horizontales y verticales, cada uno con aplicaciones específicas y características particulares.

4.9.2. Tanques de almacenamiento de agua caliente

Los tanques de almacenamiento desempeñan un papel crucial al conservar el calor captado por los colectores solares para su uso futuro. Estos tanques, recipientes vitales en los sistemas solares térmicos, varían en forma, posición, material y modo de funcionamiento para adaptarse a diversas aplicaciones y condiciones.

Cuando se trata de la forma de los tanques, existen opciones como cilíndrica, esférica o prismática. La forma cilíndrica, la más común, permite una estratificación térmica eficiente y aprovecha el espacio de manera óptima. La forma esférica, aunque reduce las pérdidas térmicas, conlleva desafíos estructurales y de coste. Por otro lado, la forma prismática se adapta a geometrías irregulares, aunque a expensas de una mayor superficie de intercambio térmico y una eficiencia ligeramente reducida.

La elección del material es fundamental para garantizar la resistencia a la corrosión, a la presión y a las variaciones térmicas. Materiales como el acero inoxidable, el acero al carbono y el hormigón se utilizan comúnmente. El acero inoxidable ofrece una alta resistencia a la corrosión, pero a un coste superior. Por otro lado, el acero al carbono es más asequible, aunque requiere un recubrimiento protector contra la corrosión. El hormigón, con su baja conductividad térmica y alta inercia térmica, minimiza las pérdidas térmicas, pero necesita un revestimiento interior impermeable y refuerzo metálico.

En lo que respecta al modo de funcionamiento, los tanques pueden ser directos o indirectos. En sistemas directos, el fluido que circula por el colector solar es el mismo que se almacena en el tanque, lo que simplifica el diseño y reduce costes. Sin embargo, este enfoque conlleva un mayor riesgo de congelación, sobrecalentamiento y corrosión. En sistemas indirectos, se utiliza un fluido diferente en el colector solar y se requiere un intercambiador de calor entre ambos circuitos. A pesar de su complejidad adicional, este método ofrece mayor protección contra condiciones extremas y permite el uso de fluidos con propiedades térmicas superiores.

4.9.3. Tanques presurizados

En el contexto de aplicaciones de energía solar térmica, los tanques presurizados se destacan como sistemas de almacenamiento térmico eficaces. Estos tanques operan a una presión específica, típicamente entre 2 y 4 kg/cm², lo que asegura que el fluido de almacenamiento se mantenga en un estado presurizado y no esté en contacto directo con la atmósfera.

La elección de tanques presurizados conlleva múltiples beneficios. En primer lugar, brindan un control preciso sobre la temperatura del fluido almacenado, permitiendo ajustar la presión para mantener una temperatura constante. Además, estos tanques presurizados ofrecen una mayor capacidad de almacenamiento en un espacio reducido en comparación con sus contrapartes no presurizadas, lo que resulta en un uso más eficiente del espacio disponible.

A pesar de sus ventajas, los tanques presurizados presentan desafíos que deben abordarse cuidadosamente. La complejidad de su diseño y construcción aumenta debido a la necesidad de resistir la presión interna. Además, la presión puede llevar a la evaporación del fluido de almacenamiento, lo que resulta en pérdidas de energía. Sin embargo, estos desafíos pueden superarse mediante un diseño meticuloso y la implementación de sistemas de seguridad adecuados.

Es imperativo que los tanques presurizados cumplan con las normativas de seguridad para evitar posibles accidentes. La instalación de válvulas de seguridad es esencial para liberar la presión en caso de aumentos excesivos. Además, se requiere un programa regular de inspección y mantenimiento para detectar y reparar cualquier daño o desgaste, garantizando así el funcionamiento seguro y eficiente del sistema.

Nota clave: Los tanques presurizados deben cumplir con estrictas normas de seguridad y diseño, ya que están sometidos a altas tensiones mecánicas y térmicas. Además, deben contar con sistemas de control y protección, como válvulas de alivio, sensores de temperatura y presión y sistemas de extinción de incendios.

4.9.4. Tanques atmosféricos (no presurizados)

En el ámbito de la energía solar térmica, los tanques atmosféricos, también conocidos como tanques no presurizados, ofrecen soluciones de almacenamiento térmico fundamentales. A diferencia de sus contrapartes presurizadas, estos tanques operan a la presión atmosférica, lo que significa que no están sometidos a una presión interna mayor que la de la atmósfera.

Los tanques atmosféricos presentan varias ventajas significativas. En primer lugar, su diseño y construcción son notablemente más simples en comparación con los tanques presurizados, ya que no necesitan estructuras complejas para soportar presiones internas. En segundo lugar, ofrecen un nivel de seguridad superior, ya que no existe el riesgo de una explosión debida a un aumento descontrolado de la presión interna. Además, desde el punto de vista económico, son más accesibles, ya que no requieren sistemas de seguridad adicionales, como válvulas de alivio de presión.

A pesar de sus ventajas, los tanques atmosféricos también presentan ciertos desafíos que deben ser considerados cuidadosamente. En primer lugar, son más susceptibles a las pérdidas de calor, dado que el fluido de almacenamiento está en contacto directo con la atmósfera. Esta característica puede implicar una menor eficiencia energética debido a las pérdidas por convección y radiación. Además, en comparación con los tanques presurizados, podrían requerir un mayor volumen para almacenar la misma cantidad de energía, lo que resulta en un mayor espacio ocupado.

Los tanques atmosféricos son recipientes esenciales que almacenan fluidos caloportadores, como agua o sales fundidas, que se calientan mediante la radiación solar y se mantienen aislados térmicamente para conservar la energía. Estos tanques se pueden clasificar según su forma, material y sistema de aislamiento térmico. La forma cilíndrica es la más común, ya que proporciona una relación adecuada entre volumen y superficie de intercambio de calor. El material predominante es el acero, apreciado por su resistencia mecánica y baja conductividad térmica. El sistema de aislamiento puede ser interno o externo, y suele consistir en capas de materiales con baja conductividad térmica, como lana mineral, espuma de poliuretano o perlita expandida.

> Nota clave: Las sales fundidas son una mezcla de sales inorgánicas que se funden a una temperatura relativamente baja (entre 100 °C y 500 °C) y tienen una alta capacidad calorífica y una baja viscosidad. Estas propiedades las hacen adecuadas para almacenar y transportar energía térmica en sistemas solares.

Tipo de tanque	Descripción
Tanques presurizados	Operan a presiones específicas (2-4 kg/cm²), manteniendo el fluido en estado presurizado. Ofrecen control preciso de temperatura y mayor capacidad de almacenamiento en un espacio reducido. Requieren diseño complejo para resistir la presión interna y cumplir normativas de seguridad.
Tanques atmosféricos (no presurizados)	Operan a presión atmosférica y son simples en diseño. Son seguros sin riesgo de explosión y económicamente accesibles. Sin embargo, son más susceptibles a pérdidas de calor y pueden requerir mayor volumen para almacenar la misma energía.

Tabla 4.4 Descripción de tanques presurizados y atmosféricos.

4.9.4.1.   Tanques horizontales

Estos tanques se sitúan encima de los colectores solares y se emplean en sistemas compactos. Tienen la capacidad de acumular agua de consumo en sistemas directos o incorporar un sistema de intercambio de calor en sistemas indirectos. Diseñados para soportar baja presión en el tanque y presión más alta dentro de la serpentina o el medio de intercambio de calor, estos tanques ofrecen flexibilidad y son ideales para aplicaciones domésticas.

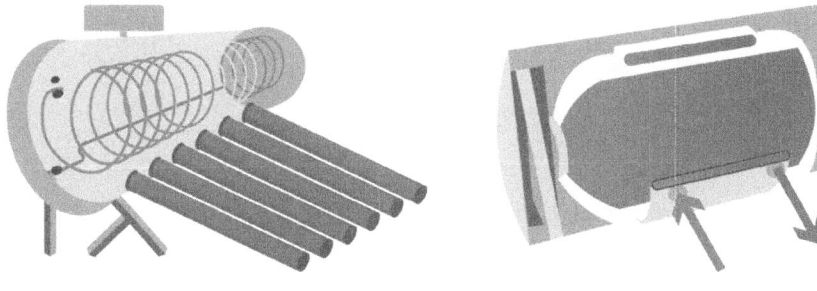

Figura 4.8 Tipos de tanques horizontales.

4.9.4.2.   Tanques verticales

Estos tanques son utilizados en sistemas de mayor capacidad. Los tanques verticales suelen estar ubicados en el suelo o enterrados. Resisten altas presiones de trabajo y cuentan con un volumen de almacenamiento superior. Aunque suelen ser más grandes, estos tanques ofrecen soluciones eficientes para aplicaciones industriales y grandes instalaciones.

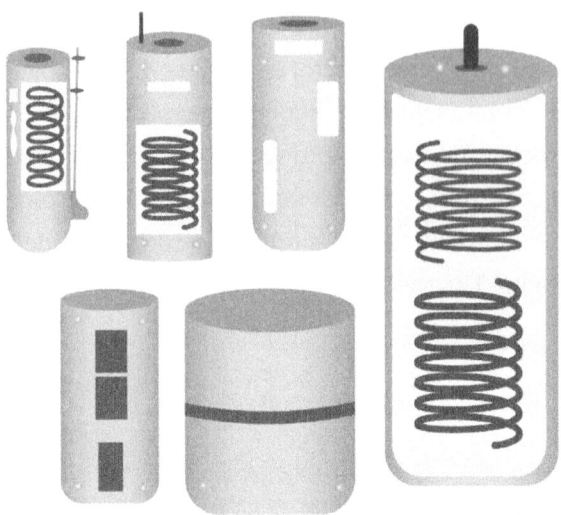

Figura 4.9 Representación de tanques verticales.

4.10. Tipos de almacenamiento térmico

Los materiales de almacenamiento térmico son esenciales para la eficiencia y el rendimiento de los sistemas de energía solar térmica. Estos materiales almacenan el calor captado por los colectores solares durante el día para su uso posterior, permitiendo un suministro de energía constante, independientemente de las condiciones climáticas.

4.11. Dimensionamiento y capacidad en sistemas de almacenamiento térmico

El dimensionamiento y la capacidad de los sistemas de almacenamiento térmico son aspectos fundamentales en el diseño y la optimización de los sistemas solares térmicos. El dimensionamiento implica determinar las dimensiones físicas y geométricas de los tanques, junto con los materiales y componentes necesarios para su operación, mientras que la capacidad se relaciona con el volumen de energía térmica que el sistema puede almacenar, considerando las propiedades termodinámicas de los materiales y el rango de temperaturas operativas.

4.11.1. Métodos de dimensionamiento para tanques de almacenamiento

Existen diferentes métodos para dimensionar los tanques de almacenamiento térmico, clasificados en métodos empíricos y analíticos. Los métodos empíricos, basados en la experiencia práctica, ofrecen fórmulas simplificadas para estimar las dimensiones de los tanques, pero pueden carecer de precisión. Por otro lado, los métodos analíticos se apoyan en modelos matemáticos y ofrecen soluciones más precisas, pero requieren datos detallados y computación más compleja.

4.11.1.1. Métodos empíricos: método F-Chart

El F-Chart es un método empírico desarrollado por el National Renewable Energy Laboratory (NREL) para dimensionar tanques de almacenamiento de energía solar térmica. Este método se basa en datos experimentales y ofrece una fórmula para calcular el tamaño del tanque necesario para almacenar cierta cantidad de energía térmica en función de la capacidad de calor del sistema y las condiciones de operación. La ecuación 4.3 expresa el método F-Chart:

$$Q = F \cdot A \cdot Cp \cdot \Delta T_m \quad (4.3)$$

donde:

- Q es la cantidad de energía térmica almacenada (julios).
- F es el factor de F-Chart.
- A es la superficie de intercambio de calor (m^2).
- Cp es la capacidad calorífica específica del fluido de almacenamiento (J/kg·K).
- ΔT_m es la diferencia de temperatura media entre el fluido de almacenamiento y el fluido de entrada (K).

4.11.1.2. Métodos analíticos: método NTU y método de nodos

El método NTU (Número de Transferencia de Calor) es un método analítico para dimensionar tanques de almacenamiento de energía solar térmica. Este método se basa en la teoría de transferencia de calor y permite calcular el tamaño del tanque necesario para almacenar cierta cantidad de energía térmica en función de la capacidad de calor del sistema y las condiciones de operación. La ecuación 4.4 se utiliza para calcular con el método NTU:

$$Q = C \cdot A \cdot NTU \cdot Cp \cdot \Delta T_{\text{inicial}} \quad (4.4)$$

donde:

- Q es la cantidad de energía térmica almacenada (julios).
- C es el coeficiente de transferencia de calor (W/K).
- A es la superficie de intercambio de calor (m²).
- NTU es el número de transferencia de calor.
- Cp es la capacidad calorífica específica del fluido de almacenamiento (J/kg·K).
- $\Delta T_{\text{inicial}}$ es la diferencia de temperatura inicial entre el fluido de almacenamiento y el fluido de entrada (K).

El método de nodos es un método analítico para dimensionar tanques de almacenamiento de energía solar térmica. Este método se basa en la teoría de los sistemas de nodos y permite calcular el tamaño del tanque necesario para almacenar cierta cantidad de energía térmica en función de la capacidad de calor del sistema y las condiciones de operación. La ecuación 4.5 se utiliza para calcular con el método de nodos:

$$Q = C \cdot A \cdot \Delta T_m \cdot (1 - \exp(-NTU)) \quad (4.5)$$

donde:

- Q es la cantidad de energía térmica almacenada (julios).
- C es el coeficiente de transferencia de calor (W/K).
- A es la superficie de intercambio de calor (m²).

- ΔT_m es la diferencia de temperatura media entre el fluido de almacenamiento y el fluido de entrada (K).
- NTU es el número de transferencia de calor.

4.11.2. Consideraciones sobre la capacidad de almacenamiento en sistemas solares térmicos

La capacidad de almacenamiento térmico es crucial para la eficiencia de los sistemas solares térmicos, pues influye en la cobertura solar y reduce las pérdidas térmicas. Una capacidad adecuada maximiza la utilización de la radiación solar, prolonga la vida útil de los componentes y minimiza la dependencia de fuentes auxiliares. No obstante, una capacidad excesiva puede implicar mayores costes iniciales y ocupación de espacio, además de reducir la eficiencia global.

4.12. Autoevaluación del capítulo 4

4.12.1. ¿Cómo se define la conducción en el contexto de los sistemas solares térmicos?

a) La transferencia de calor a través de ondas electromagnéticas.

b) La transmisión de energía térmica a través de un fluido en movimiento.

c) La transferencia de calor a través de un medio sólido o estacionario.

d) La transferencia de calor mediante reacciones químicas.

4.12.2. ¿Qué papel desempeña la convección en los sistemas solares térmicos?

a) Transmisión de energía térmica mediante ondas electromagnéticas.

b) Transferencia de calor a través de un medio sólido o estacionario.

c) Facilita la transferencia de calor a través de un fluido en movimiento.

d) Almacena energía térmica en un cambio de fase constante.

4.12.3. ¿Cuál es el principal mecanismo de transferencia de calor en los sistemas solares térmicos?

a) Conducción.

b) Convección.

c) Radiación.

d) Fusión.

4.12.4. ¿Qué tipo de superficie selectiva utiliza películas delgadas de óxidos metálicos para reflejar selectivamente la radiación solar e infrarroja?

a) Superficies selectivas por textura.

b) Superficies selectivas por interferencia.

c) Superficies selectivas por difracción.

d) Superficies selectivas por absorción.

4.12.5. ¿Qué es el almacenamiento térmico?

a) Un método para cambiar la fase de los materiales.

b) La acumulación de energía térmica en materiales.

c) Un proceso para reducir la temperatura de los materiales.

d) Un método para almacenar energía eléctrica.

4.12.6. ¿Cuáles son las principales categorías de almacenamiento térmico mencionadas en el texto?

a) Almacenamiento de calor latente, almacenamiento termoquímico y almacenamiento activado.

b) Almacenamiento de calor sensible, almacenamiento de calor químico y almacenamiento de cambio de fase.

c) Almacenamiento de calor seco, almacenamiento de calor húmedo y almacenamiento de calor radiante.

d) Almacenamiento de calor sólido, almacenamiento de calor líquido y almacenamiento de calor gaseoso.

4.12.7. ¿Cómo se define el almacenamiento de calor sensible y cuál es su ventaja principal?

a) Almacenamiento de calor mediante cambios de fase, con alta densidad energética.

b) Almacenamiento de calor mediante cambio de temperatura, con simplicidad y accesibilidad económica.

c) Almacenamiento de calor mediante reacciones químicas, con estabilidad a largo plazo.

d) Almacenamiento de calor mediante fusión o solidificación, con rapidez en la transferencia de calor.

4.12.8. ¿Cómo se calcula la cantidad de energía almacenada en un material mediante el almacenamiento de calor sensible?

a) $E - m \cdot L$

b) $E = m \cdot c \cdot \Delta T$

c) $E = m \cdot c \cdot \Delta T$

d) $E = m \cdot L$

4.12.9. ¿Cuál es la principal desventaja del almacenamiento de calor sensible mencionada en el texto y cómo se puede mitigar?

a) Baja densidad energética; se puede mitigar con deflectores internos y agitación mecánica.

b) Pérdidas de calor por conducción, convección y radiación; se puede mitigar con encapsulamiento.

c) Estratificación térmica; se puede mitigar con altas temperaturas y presiones.

d) Lenta transferencia de calor; se puede mitigar con el uso de materiales sólidos.

4.12.10. ¿Qué caracteriza al almacenamiento de calor latente en fase sólida-sólida (SSPCM)?

a) Utiliza líquidos como medio principal.

b) Absorbe o libera calor sin cambios significativos de temperatura.

c) Almacena energía mediante reacciones químicas reversibles.

d) Ofrece una capacidad de almacenamiento considerablemente mayor que el almacenamiento de calor sensible.

4.12.11. ¿Cuál es la función principal de los sistemas termoclinos en el almacenamiento activo?

a) Almacenar calor mediante el cambio de fase sólida a líquida.

b) Aprovechar la estratificación natural del agua para una eficiente recuperación de calor.

c) Utilizar vapor de agua a alta presión como fluido portador.

d) Prescindir de sistemas mecánicos y almacenar calor por conducción.

4.12.12. ¿Cuál es la clasificación de los tanques de almacenamiento según su ubicación?

a) Interior y exterior.

b) Cilíndrica y esférica.

c) Directos e indirectos.

d) Presurizados y atmosféricos.

4.12.13. ¿Qué ventaja presenta la forma esférica de los tanques de almacenamiento?

a) Facilidad de fabricación.

b) Minimización de pérdidas de calor.

c) Adaptación a geometrías irregulares.

d) Conexión sencilla con colectores solares.

4.12.14. ¿Cuál es uno de los materiales más utilizados en la fabricación de tanques de almacenamiento?

a) Aluminio.

b) Cobre.

c) Acero inoxidable.

d) Plástico ABS.

4.12.15. ¿En qué consiste el modo de carga y descarga estratificado?

a) Entrada y salida de agua por el mismo punto.

b) Entrada de agua caliente por la parte superior y salida de agua fría por la parte inferior.

c) Mezcla térmica en el tanque.

d) Ubicación del tanque en el exterior.

4.12.16. ¿Cuál es una característica de los tanques presurizados?

a) Operan a presión atmosférica.

b) Mayor susceptibilidad a pérdidas de calor.

c) Requieren estructuras complejas para soportar presiones internas.

d) No necesitan válvulas de seguridad.

4.12.17. ¿Qué ventaja presentan los tanques atmosféricos desde el punto de vista económico?

a) Menor susceptibilidad a pérdidas de calor.

b) No requieren sistemas de seguridad adicionales.

c) Mayor capacidad de almacenamiento en un espacio reducido.

d) Operan a presiones específicas.

4.12.18. ¿Cuál es la forma más común de los tanques horizontales?

a) Esférica.

b) Prismática.

c) Cilíndrica.

d) Cuadrada.

4.12.19. ¿En qué tipo de aplicaciones son ideales los tanques horizontales?

a) Grandes instalaciones.

b) Aplicaciones domésticas.

c) Sistemas compactos.

d) Aplicaciones industriales.

4.12.20. ¿Qué aspectos son fundamentales en el dimensionamiento de los sistemas de almacenamiento térmico?

a) Forma y material del tanque.

b) Dimensiones físicas y geométricas de los tanques.

c) Métodos de carga y descarga.

d) Aplicaciones industriales.

4.12.21. ¿Cuál es un método empírico para dimensionar tanques de almacenamiento térmico?

a) Método NTU.

b) Método de nodos.

c) Método F-Chart.

d) Método analítico.

4.12.22. ¿Qué implica la capacidad excesiva en sistemas solares térmicos?

a) Mayor eficiencia global.

b) Menores costes iniciales.

c) Reducción de la dependencia de fuentes auxiliares.

d) Ocupación de espacio y mayores costes iniciales.

CAPÍTULO 5
Tipos de centrales de energía solar térmica

5.1. Introducción

La energía solar térmica es una de las fuentes de energía renovable más prometedoras para el futuro, ya que permite aprovechar la abundante y gratuita radiación solar para producir calor y electricidad, reduciendo así las emisiones de gases de efecto invernadero y la dependencia de los combustibles fósiles. Sin embargo, la energía solar térmica presenta también una serie de desafíos técnicos y económicos que requieren el desarrollo e innovación de diferentes tecnologías y sistemas.

Una de las principales tecnologías de energía solar térmica es la que se basa en el uso de centrales termosolares, que son instalaciones que concentran la radiación solar mediante espejos o lentes para calentar un fluido que posteriormente se utiliza para generar electricidad. Existen diferentes tipos de centrales termosolares, según el sistema de captación, el fluido caloportador, el ciclo termodinámico y el método de almacenamiento que emplean. En este capítulo se describen los principales tipos de centrales termosolares y sus características.

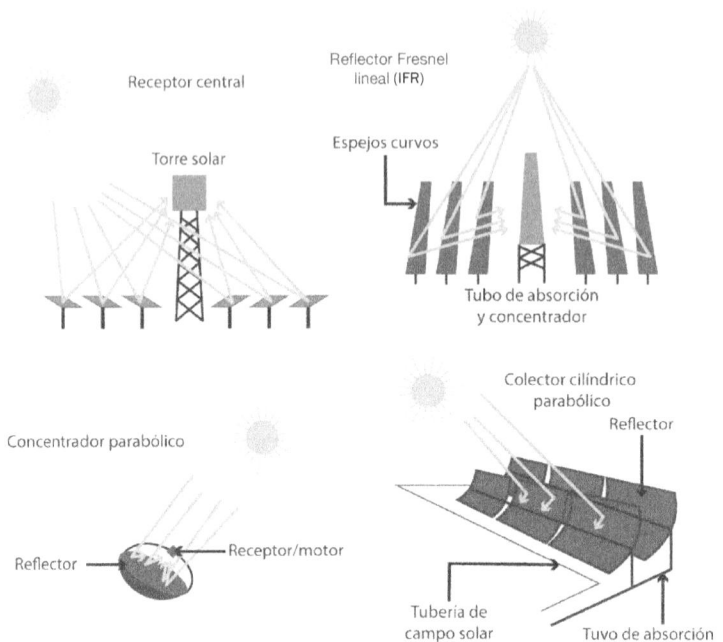

Figura 5.1 Tipos de centrales solares térmicas.

5.2.   Central termosolar con colectores parabólicos

Los colectores parabólicos, uno de los diseños más extendidos, consisten en espejos curvados que focalizan la luz solar en un tubo receptor. Este tubo contiene un fluido caloportador, como un aceite térmico, que se calienta hasta temperaturas impresionantes, generando vapor. Este vapor, a su vez, impulsa una turbina que genera electricidad de manera eficiente y sostenible.

Figura 5.2 Central termosolar con colectores parabólicos.

La belleza de este diseño radica en su capacidad para seguir el movimiento del Sol durante el día, maximizando la cantidad de luz solar concentrada en el tubo receptor. Además, se ha logrado minimizar las pérdidas de calor, incrementando así la eficiencia general del sistema.

5.2.1. Elementos clave del sistema

- **Colectores Solares:** Estos colectores, fundamentales para el campo solar, se componen de espejos parabólicos que reflejan la luz hacia los tubos receptores ubicados en el foco. Estos tubos están revestidos con un material absorbente y están aislados térmicamente para minimizar las pérdidas de calor. El fluido caloportador circula a través de estos tubos, capturando el calor concentrado por los espejos.

- **Campo solar:** Esta es una matriz de colectores conectados en serie o en paralelo en una vasta área. La disposición y tamaño del campo dependen de factores como la potencia deseada, la radiación solar disponible, la topografía y el diseño del sistema.

- **Sistema de seguimiento:** Para maximizar la captación de energía, los colectores se orientan hacia el sol durante todo el día. Estos sistemas de seguimiento, comúnmente de un solo eje, permiten que los colectores giren alrededor de un eje horizontal, manteniendo su alineación con el Sol. Algunos sistemas avanzados incluso emplean un seguimiento de dos ejes, permitiendo ajustes tanto en dirección norte-sur como en inclinación.

- **Fluido caloportador:** Este fluido transporta el calor desde los colectores hasta la planta de generación eléctrica. Pueden ser aceites sintéticos, sales fundidas o incluso vapor de agua, cada uno con sus ventajas y desventajas en términos de rendimiento y seguridad.

- **Ciclo termodinámico:** Utilizando un proceso conocido como ciclo Rankine, el calor del fluido caloportador se convierte en electricidad. Este proceso implica la evaporación del fluido a alta presión, su expansión en una turbina, su condensación y su retorno al campo solar.

- **Almacenamiento térmico:** Almacenar el calor excedente permite que estas centrales generen electricidad incluso cuando la demanda es alta o durante la noche. Los sistemas de almacenamiento térmico, a menudo basados en sales fundidas o materiales con cambio de fase, aumentan la flexibilidad y la confiabilidad del sistema.

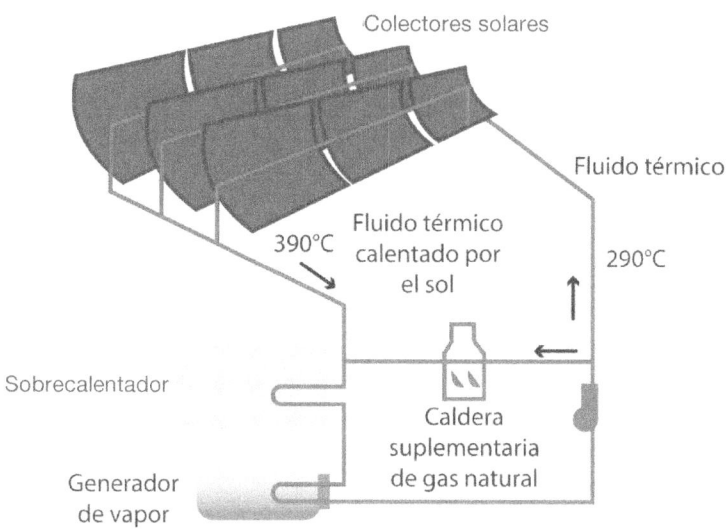

Figura 5.3 Esquema de funcionamiento de una central con colectores parabólicos.

5.2.2. Impacto y desafíos

A pesar de su eficiencia y capacidad de generación constante, los sistemas de canales parabólicos enfrentan desafíos como el alto coste inicial y limitaciones de temperatura. Sin embargo, su experiencia comercial, su simplicidad y su capacidad de almacenamiento los han convertido en una opción sólida en el campo de la energía solar térmica.

Los canales parabólicos han marcado la historia de la energía solar térmica, pues han sido pioneros en el campo. Proyectos emblemáticos como Solar One en California (1982) han allanado el camino para plantas de gran escala, como Solana en Arizona y Ivanpah en California, que continúan iluminando el camino hacia un futuro más sostenible, incluso en días nublados.

5.3. Discos parabólicos de Stirling

Los discos parabólicos de Stirling son una maravilla de la ingeniería solar: emplean espejos parabólicos para focalizar la radiación solar en un receptor que contiene un motor Stirling. Este ingenioso diseño aprovecha el ciclo termodinámico de Stirling, transformando el calor captado en movimiento mecánico y, finalmente, en electricidad.

Figura 5.4 Central con colectores parabólicos Stirling.

Los discos parabólicos, organizados en hileras, siguen la trayectoria solar. Reflejan y concentran la luz solar sobre un receptor equipado con un motor Stirling. Este motor utiliza el calor para expandir y contraer un gas, lo que genera un movimiento que impulsa un pistón y produce energía mecánica y, por ende, eléctrica.

5.3.1. Elementos clave del sistema

Los elementos principales de un sistema de energía solar térmica con discos parabólicos de Stirling incluyen el concentrador solar de disco parabólico, el motor Stirling, el receptor, el sistema de seguimiento solar y el sistema de almacenamiento de energía. A continuación, se detallan brevemente estos elementos:

- **Carcasa concentradora:** Es la estructura que sostiene el espejo parabólico y lo orienta hacia el sol. Tiene una forma circular y está formada por segmentos metálicos que se ensamblan entre sí. La superficie reflectante del espejo puede ser de vidrio o de aluminio pulido.

- **Paquete de motor Stirling:** Es el conjunto que contiene el motor Stirling y el generador eléctrico acoplado al mismo. Se sitúa en el punto focal del espejo parabólico y está conectado a un sistema de refrigeración por agua. El paquete tiene una forma cilíndrica y está aislado térmicamente para evitar pérdidas de calor.

- **Estructura de soporte Stirling:** Es el armazón que sostiene el paquete de motor Stirling y le permite desplazarse a lo largo del eje focal del espejo parabólico. Está formado por dos barras paralelas que se unen en sus extremos a dos anillos concéntricos. El anillo interior se fija al paquete de motor Stirling y el anillo exterior se desliza sobre una guía circular.

- **Placa giratoria:** Es la base sobre la que se apoya la carcasa concentradora y la estructura de soporte Stirling. Permite el movimiento de giro del conjunto alrededor de un eje vertical, llamado eje de azimut, para seguir la trayectoria del Sol durante el día.

- **Arco de accionamiento de azimut:** Es el mecanismo que transmite el movimiento de rotación desde un motor eléctrico hasta la placa giratoria. Está formado por una barra curva que se acopla a una corona dentada situada en el borde exterior de la placa giratoria.

- **Cimentación anular de hormigón armado:** Es la estructura que soporta el peso del conjunto y lo fija al suelo. Tiene una forma circular y está reforzada con barras de acero.

- **Rodamiento de elevación:** Es el mecanismo que permite el movimiento de inclinación del conjunto alrededor de un eje horizontal, llamado eje de elevación, para adaptarse al ángulo del Sol durante las distintas estaciones del año. Está formado por dos cojinetes cilíndricos que se sitúan entre la placa giratoria y la cimentación anular.

- **Armazón de anillo concentrador:** Es la estructura que une la carcasa concentradora con el rodamiento de elevación. Tiene una forma anular y está formada por barras metálicas que se cruzan entre sí.

- **Arco de elevación:** Es el mecanismo que transmite el movimiento de rotación desde otro motor eléctrico hasta el armazón de anillo concentrador. Está formado por otra barra curva que se acopla a otra corona dentada situada en el borde exterior del armazón.

- **Caja del interruptor:** Es el dispositivo que controla el funcionamiento del sistema y envía las señales eléctricas a los motores, al generador y al sistema de refrigeración. Se ubica cerca del paquete de motor Stirling y está protegida por una cubierta metálica.

- **Unidad de azimut:** Es el sistema que determina la posición óptima del conjunto respecto al Sol mediante sensores ópticos y un sistema de control. Se sitúa en la parte superior de la carcasa concentradora y está formada por una cámara, un espejo y un fotodetector.

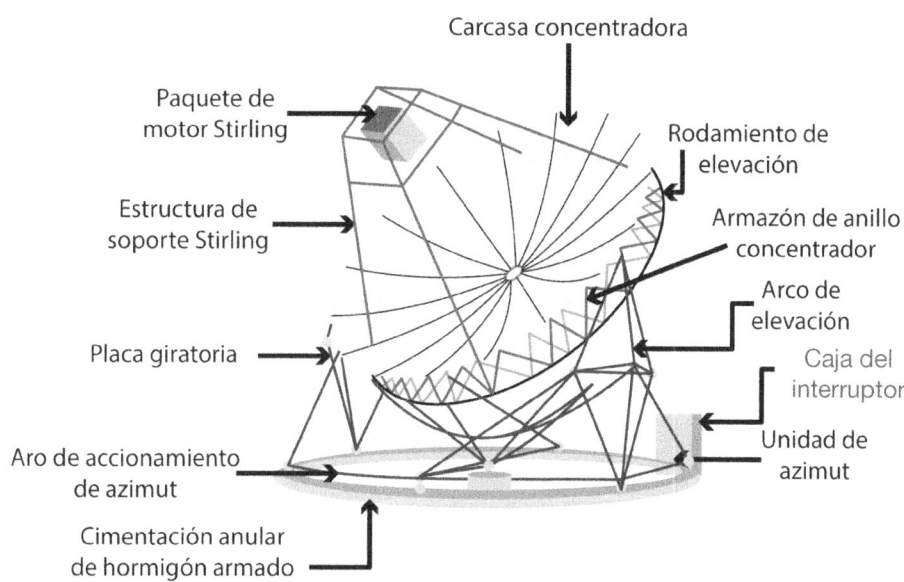

Carcasa concentradora

Paquete de motor Stirling

Rodamiento de elevación

Estructura de soporte Stirling

Armazón de anillo concentrador

Arco de elevación

Placa giratoria

Caja del interruptor

Aro de accionamiento de azimut

Unidad de azimut

Cimentación anular de hormigón armado

Figura 5.5 Esquema de funcionamiento de una central con colectores parabólicos Stirling.

5.3.2. Impacto y desafíos

Los discos parabólicos de Stirling presentan un impacto ambiental favorable, al no emitir gases contaminantes ni residuos radiactivos. Además, su bajo consumo de agua y su impacto socioeconómico positivo, mediante la creación de empleo y la diversificación energética, los hacen una opción atractiva.

No obstante, se enfrentan a desafíos tecnológicos y económicos. El alto coste inicial de inversión y la complejidad operativa son barreras significativas. Además, su baja densidad de potencia implica una gran ocupación de terreno. A pesar de estos desafíos, los discos parabólicos de Stirling destacan por su eficiencia y su capacidad para transformar la radiación solar en energía eléctrica de manera efectiva. Considerando sus ventajas y desventajas, se presentan como una opción valiosa en el panorama de la energía solar térmica.

5.4. Central termosolar de heliostatos con receptor central en torre

En el corazón de estas centrales, los heliostatos, espejos planos o ligeramente curvos, se alinean con el Sol, reflejando su luz hacia un receptor situado en la cúspide de una torre. Este receptor, a menudo un cilindro o esfera hueca con una apertura para dejar entrar la luz, encierra un fluido caloportador. La radiación solar concentrada calienta este fluido, que puede ser agua, aire, sales fundidas u otro, y genera vapor. Este vapor, a su vez, se utiliza para alimentar una turbina que produce electricidad. Posteriormente, el fluido se enfría y se recicla, dando lugar a un ciclo continuo y sostenible.

Figura 5.6 Central termosolar de heliostatos con receptor central en torre.

5.4.1. Elementos clave del sistema

Una torre solar es un tipo de central de energía solar térmica que utiliza la radiación solar concentrada para calentar un fluido que luego se utiliza para generar electricidad. El fluido más común que se emplea en las torres solares son las sales fundidas, que tienen la ventaja de poder almacenar el calor durante varias horas y así prolongar la producción eléctrica incluso cuando no hay sol.

El sistema de una torre solar consta de los siguientes elementos:

- **Heliostatos**: Son espejos planos o curvos que siguen el movimiento del Sol y reflejan la luz hacia el receptor de la torre. Los heliostatos se disponen en un campo alrededor de la torre, ocupando una superficie que puede variar desde unas pocas hectáreas hasta varios kilómetros cuadrados, dependiendo de la potencia de la planta. El número de heliostatos también depende del diseño del receptor y del ángulo de incidencia de la luz.

- **Receptor**: Es el elemento situado en la parte superior de la torre, donde se concentra la radiación solar proveniente de los heliostatos. El receptor puede tener diferentes formas y tamaños, pero generalmente consiste en un cilindro hueco o una cavidad con una abertura por donde entra la luz. El receptor contiene un circuito por donde circula el fluido caloportador, que se calienta al absorber la energía solar.

- **Tanques de sales calientes y frías**: Son los depósitos donde se almacena el fluido caloportador a diferentes temperaturas. El tanque de sales calientes contiene el fluido que sale del receptor a una temperatura de unos 500 °C, mientras que el tanque de sales frías contiene el fluido que vuelve al receptor a una temperatura de unos 300 °C. La diferencia de temperatura entre ambos tanques permite almacenar el calor y regular el flujo del fluido según la demanda eléctrica.

- **Cambiador de calor**: Es el dispositivo que transfiere el calor del fluido caloportador al fluido de trabajo, que suele ser agua o vapor. El cambiador de calor se sitúa entre el tanque de sales calientes y la turbina, donde se genera la electricidad. El cambiador de calor puede ser de tipo tubular o de placas, y debe garantizar una alta eficiencia térmica y una baja pérdida de presión.

- **Turbina y generador**: Son los componentes que convierten la energía térmica del fluido de trabajo en energía mecánica y eléctrica, respectivamente. La turbina es una máquina rotativa que aprovecha la expansión del vapor para mover un eje, que a su vez acciona un generador eléctrico. La turbina puede ser de tipo axial o radial, y debe estar diseñada para operar a altas temperaturas y presiones.

- **Bombeo:** Es el sistema que impulsa el fluido caloportador desde el tanque de sales frías hasta el receptor y desde el receptor hasta el tanque de sales calientes. El bombeo debe ser capaz de vencer la resistencia hidráulica del circuito y mantener un caudal adecuado para optimizar el rendimiento del sistema. El bombeo puede realizarse mediante bombas centrífugas o peristálticas, y debe contar con sistemas de control y seguridad.

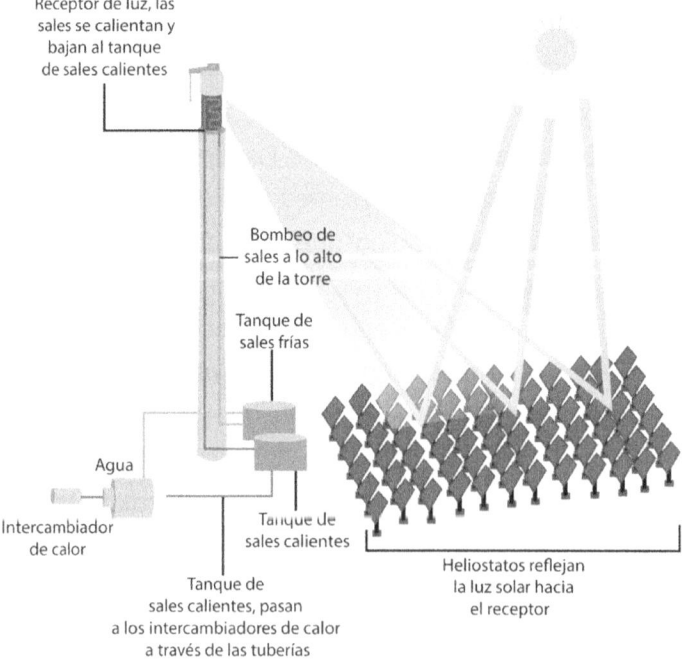

Figura 5.7 Central con colectores parabólicos Stirling.

5.4.2. Impacto y desafíos

A pesar de su impresionante eficiencia, estas centrales no están exentas de desafíos. A nivel visual, su impacto en el paisaje y la necesidad de vastas extensiones de tierra son consideraciones importantes. Además, su rendimiento depende directamente de la cantidad de luz solar disponible, lo que puede presentar dificultades en áreas con climas nublados o con baja irradiación solar.

5.4.2.1. Avances tecnológicos y proyectos emblemáticos

En la vanguardia de la energía solar térmica, los heliostatos con receptor central en torre han dado lugar a proyectos de referencia mundial. La central Noor Energy 1 en Dubai, con su capacidad impresionante de 950 megawatts, ilustra el potencial de esta tecnología. Ejemplos como Gemasolar en España, con su capacidad de almacenamiento de energía térmica de 15 horas, y Crescent Dunes en Nevada, con 10 horas de almacenamiento, señalan el camino hacia un futuro energético más limpio y sostenible. Estos proyectos, junto con muchos otros en España, Estados Unidos y Australia, están transformando el panorama energético global, aprovechando el sol para iluminar nuestro camino hacia un mañana más brillante y sostenible.

5.5. Central termosolar con reflectores lineales Fresnel

Los reflectores lineales Fresnel son una fascinante expresión de la ingeniería solar. Emplean espejos planos o ligeramente curvados para canalizar la luz solar hacia un tubo receptor. A diferencia de sus contrapartes, como los canales parabólicos o los heliostatos con receptor central en torre, los reflectores lineales Fresnel emplean una disposición plana y paralela de espejos, optimizando así la concentración solar.

Figura 5.8 Central termosolar de reflectores lineales Fresnel.

Los espejos planos, organizados en hileras, siguen el movimiento del Sol durante el día. Reflejan y concentran la luz solar sobre un tubo receptor que contiene un fluido térmico. Este fluido se calienta y genera vapor, impulsando así una turbina conectada a un generador eléctrico. Este proceso directo convierte la radiación solar en electricidad de manera eficiente y sostenible.

5.5.1. Elementos clave del sistema

Espejos reflectores: Estos espejos son la columna vertebral del sistema. Su precisión en el seguimiento solar y su capacidad para reflejar la luz hacia el tubo receptor son fundamentales. Estos espejos, situados en filas paralelas, se mueven para maximizar la captura de radiación solar durante todo el día.

Tubo receptor: En el núcleo del sistema, el tubo receptor es el receptáculo del calor concentrado por los espejos. Dentro del tubo, un fluido caloportador absorbe la energía solar, alcanzando altas temperaturas y generando vapor para alimentar la turbina.

Fluido caloportador: La elección del fluido térmico es esencial. Puede ser agua, aceite térmico, sales fundidas o vapor sobrecalentado. Cada fluido se selecciona según las condiciones específicas de temperatura y presión, para garantizar una eficiencia óptima del sistema.

5.6. Comparación y selección de centrales

Las centrales termosolares son una opción viable para la generación de energía renovable. Sin embargo, la elección del tipo de central depende de varios factores, incluyendo la eficiencia, los elementos clave y las condiciones ambientales.

Los canales parabólicos son eficientes en la concentración de luz solar en un tubo receptor para generar vapor y electricidad. La eficiencia de estos sistemas está ligada a la calidad de los colectores, la temperatura del fluido caloportador y la disponibilidad solar. Sin embargo, requieren un campo solar considerable y un sistema de seguimiento preciso.

Las centrales con heliostatos y receptor central en torre reflejan la luz solar hacia un receptor en una torre para calentar un fluido caloportador y generar vapor. La eficiencia de estos sistemas depende de la calidad de los heliostatos, la altura de la torre, la eficiencia del receptor y la capacidad de almacenamiento. Aunque estos sistemas pueden ser más costosos y complejos, ofrecen una mayor diversidad de fluidos caloportadores y pueden alcanzar temperaturas más altas.

Los reflectores lineales Fresnel concentran la luz solar en un tubo receptor para generar vapor y producir electricidad. La eficiencia de estos sistemas está ligada a la concentración óptica, la temperatura del fluido caloportador y la disponibilidad solar. Estos sistemas pueden ser más económicos y fáciles de instalar, pero pueden no ser tan eficientes como otros tipos de centrales.

Los discos parabólicos de Stirling enfocan la luz solar en un receptor con un motor Stirling para convertir el calor en movimiento mecánico y electricidad.

La eficiencia de estos sistemas depende de la calidad del reflector, la temperatura del receptor y la potencia del motor. Aunque estos sistemas pueden ser más eficientes, también pueden ser más costosos y requieren un mantenimiento más frecuente.

Tipo de central termosolar	Descripción	Elementos clave
Canales parabólicos	Concentran luz solar en un tubo receptor con un fluido caloportador para generar vapor y electricidad.	Colectores solares, campo solar, sistema de seguimiento, fluido caloportador.
Heliostatos con receptor central en torre	Reflejan luz solar hacia un receptor en una torre para calentar un fluido caloportador y generar vapor.	Heliostatos avanzados, receptor en lo más alto, diversidad de fluidos caloportadores, turbina y generador.
Reflectores lineales Fresnel	Concentran luz solar en un tubo receptor con un fluido térmico para generar vapor y producir electricidad.	Espejos reflectores, tubo receptor, fluido caloportador.
Discos parabólicos de Stirling	Enfocan luz solar en un receptor con un motor Stirling para convertir calor en movimiento mecánico y electricidad.	Reflector parabólico, receptor, motor Stirling, generador eléctrico.

Tabla 1.5 Comparación de centrales termosolares.

5.7. Sistemas de calentamiento de agua

Los sistemas de calentamiento de agua son una manifestación impresionante de la energía solar térmica, pues aprovechan los rayos del sol para generar agua caliente para aplicaciones tanto domésticas como industriales. Estos sistemas constan de colectores solares, dispositivos ingeniosos que capturan la radiación solar y la transfieren al fluido caloportador, y de un sistema de almacenamiento y distribución del agua caliente.

5.7.1. Sistemas de circulación y control de temperatura

Los sistemas de circulación son los encargados de transportar el fluido caloportador desde los colectores solares hasta el depósito de almacenamiento y viceversa, por lo que desempeñan un papel fundamental en el proceso. Existen dos variantes principales: los sistemas por termosifón y por bombeo.

Los sistemas por termosifón, ingenios basados en el principio de que el agua caliente es menos densa que el agua fría, permiten que el fluido caloportador se desplace naturalmente desde los colectores, situados en la parte inferior, hasta el depósito, en la parte superior. Aunque simples y económicos, estos sistemas requieren una disposición específica del depósito y pueden ser menos eficientes en condiciones climáticas desafiantes.

Los sistemas por bombeo, en cambio, emplean bombas eléctricas para impulsar el fluido caloportador desde el depósito hasta los colectores y viceversa. A pesar de ser más complejos y dependientes de la energía eléctrica, estos sistemas ofrecen mayor flexibilidad en términos de ubicación del depósito y una eficiencia superior incluso en condiciones climáticas adversas.

El control de temperatura, esencial para garantizar el uso seguro y óptimo del agua caliente, se logra mediante sensores, termostatos y válvulas, que regulan el sistema de circulación en función de las condiciones ambientales y las necesidades del usuario.

5.7.2. Integración de colectores solares en sistemas de calentamiento de agua

Los colectores solares, pilares fundamentales de estos sistemas, se integran cuidadosamente para optimizar la captura de energía solar. Existen dos tipos principales: los colectores planos y los colectores de tubos al vacío, cada uno con sus ventajas y desafíos.

Los colectores planos, estructuras simples con placas absorbentes, cubiertas transparentes y aislamiento térmico, son accesibles y fáciles de instalar, pero pueden ser sensibles a las condiciones climáticas y ofrecer una eficiencia moderada. Por otro lado, los colectores de tubos al vacío, más complejos y con tubos cilíndricos y vacío interior, aprovechan el efecto invernadero y minimizan las pérdidas térmicas, garantizando así una mayor eficiencia, especialmente en condiciones climáticas extremas.

La integración de estos colectores en el sistema implica considerar la orientación, la inclinación y la conexión adecuadas para garantizar la máxima captura de energía solar. Los sistemas pueden variar desde sistemas termosifónicos sencillos, ideales para climas cálidos, hasta sistemas más complejos y forzados que garantizan un rendimiento óptimo incluso en condiciones climáticas desafiantes.

5.8. Rendimiento de los colectores solares

El desempeño de los colectores solares se encuentra intrínsecamente ligado a la relación existente entre la energía térmica extraída por el fluido caloportador y la radiación solar incidente sobre dichos colectores. Dentro de los diversos parámetros que influyen en este proceso, destacan especialmente las pérdidas derivadas de la reflexión y la orientación de los colectores solares.

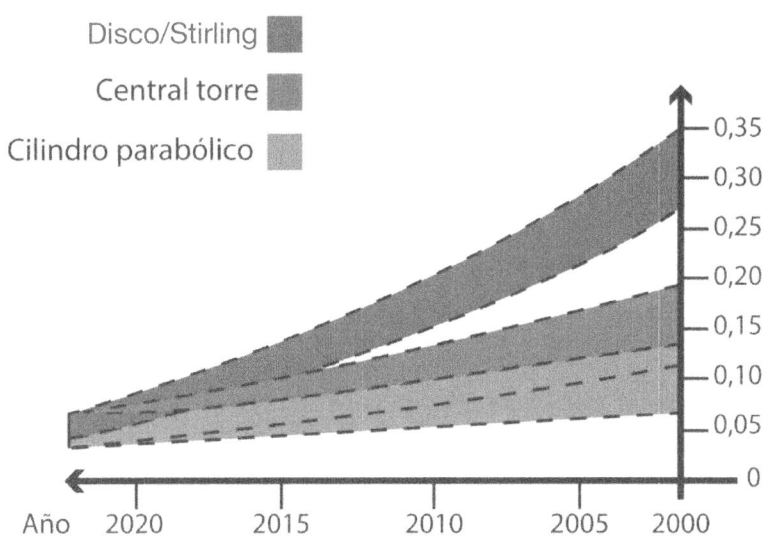

Figura 5.9 Rendimiento de centrales de energía solar térmica.

Las pérdidas por reflexión ejercen un impacto directo en la radiación que incide sobre los colectores solares, ya que restringen la cantidad aprovechable de energía al permitir únicamente una fracción de la radiación solar. En consecuencia, impiden que dicha energía se transfiera eficientemente al fluido caloportador.

Por otro lado, las pérdidas asociadas a la orientación de los colectores se evalúan considerando la dirección hacia la cual están orientados. En el hemisferio norte, se recomienda la orientación hacia el sur, mientras que en el hemisferio sur se aconseja una orientación hacia el norte, con el fin de maximizar la captación de radiación solar. Este aspecto incluye también el ángulo de inclinación del colector respecto a la horizontal, el cual depende tanto de la inclinación del techo de las estructuras donde se instalarán como de la latitud geográfica en la que se ubiquen.

La potencia térmica útil generada en el colector (POT$_{COL}$) se destina a aumentar la temperatura del fluido caloportador que fluye a través del absorbedor, y puede expresarse mediante la ecuación 5.1.

$$POT_{COL} = M_{COL} \cdot CP \cdot (T_s - T_e) = \eta \cdot A_{COL} \cdot G_t \quad (5.1)$$

donde:

- POT$_{COL}$ es la potencia del colector solar.
- M$_{COL}$ es el caudal másico que circula por el colector, que es igual al caudal volumétrico multiplicado por la densidad del fluido.
- C$_P$ es el calor específico a presión constante del fluido.
- T$_s$ es la temperatura de salida del colector en grados Celsius (°C).
- T$_e$ es la temperatura de entrada del colector en grados Celsius (°C).
- η es el rendimiento del colector.
- A$_{COL}$ es la superficie o área útil del colector en metros cuadrados (m²).
- G$_t$ es la irradiancia total sobre la superficie del colector en watts por metro cuadrado (W/m²).

La evaluación de la eficiencia de un colector solar se basa en la cantidad de energía radiante que se convierte en energía térmica útil. Esta eficiencia guarda una relación directa con el rendimiento del colector, el cual, a su vez, está sujeto a diversas variables. Para obtener una comprensión precisa del rendimiento del colector, es esencial emplear un modelo matemático que considere las condiciones operativas y la irradiancia total. La manera en que se lleva a cabo la conversión de energía radiante a térmica puede ser descrita mediante la aplicación de la ecuación 5.2.

$$\eta = FR \cdot (\tau \cdot \alpha) - FR \cdot UL \cdot \frac{(T_e - T_a)}{G} \quad (5.2)$$

donde:

- η es el rendimiento del colector solar.
- FR·(τ·α) es el rendimiento óptico del colector cuando la temperatura de entrada del colector (Te) es igual a la temperatura ambiente (Ta).

- FR·UL es el coeficiente de pérdidas térmicas.
- T_a es la temperatura ambiente en grados Celsius (ºC).
- T_e es la temperatura de entrada del colector en grados Celsius (ºC).
- G es la irradiancia sobre la superficie del colector en watts por metro cuadrado (W/m²).

5.9. Conexión de colectores solares

Los colectores solares son dispositivos que captan la energía radiante del sol y la transforman en calor, que puede ser utilizado para calentar agua o aire. Los colectores solares se clasifican en dos tipos: planos y concentradores. Los colectores planos son los más comunes y se componen de una placa absorbente, una cubierta transparente, un aislante térmico y una carcasa. Los colectores concentradores utilizan espejos o lentes para concentrar la radiación solar sobre un receptor, donde se alcanzan temperaturas más altas.

Para aprovechar al máximo la energía solar, es necesario conectar varios colectores solares entre sí, formando un campo solar. La conexión de los colectores solares puede realizarse de tres formas: en serie, en paralelo o mixta.

5.9.1. Conexión en serie

La conexión en serie de colectores solares consiste en conectar los colectores de forma que el fluido caloportador circule por todos ellos en un solo sentido. Es decir, el fluido entra por el primer colector y sale por el último, pasando por todos los intermedios. Esta forma de conexión tiene la ventaja de que se reduce la pérdida de carga del circuito, ya que el caudal del fluido es menor que en una conexión en paralelo. Sin embargo, también tiene algunos inconvenientes, como la disminución de la temperatura del fluido a medida que avanza por los colectores, lo que reduce el rendimiento térmico del sistema. Además, la conexión en serie requiere que todos los colectores

DAVID PÉREZ GRANADOS

tengan las mismas características y estén orientados e inclinados de la misma forma, para evitar desequilibrios en el funcionamiento.

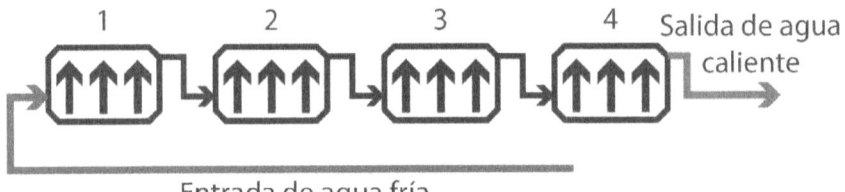

Figura 5.10 *Conexión en serie de colectores solares.*

> Nota clave: La conexión en serie de colectores solares se utiliza cuando se quiere obtener una alta temperatura del fluido caloportador a la salida del último colector, pero se debe tener en cuenta que el rendimiento térmico del sistema será menor que en una conexión en paralelo.

5.9.2. Conexión en paralelo

La conexión en paralelo de los colectores solares consiste en conectar los extremos de entrada y salida de cada colector con los de los demás, formando un circuito cerrado. De esta forma, el fluido caloportador circula por todos los colectores a la vez, repartiéndose el caudal entre ellos. La ventaja de este tipo de conexión es que se reduce la pérdida de carga del circuito, ya que el fluido tiene menos resistencia al fluir por varios conductos en lugar de uno solo. Además, se evita el riesgo de sobrecalentamiento de los colectores, ya que el fluido se mantiene a una temperatura más uniforme.

Sin embargo, la conexión en paralelo también tiene algunos inconvenientes. Por un lado, se necesita una mayor cantidad de tubería y accesorios para realizar la instalación, lo que aumenta el coste y la complejidad del sistema. Por otro lado, se requiere una mayor precisión en el diseño y el montaje de los colectores, para asegurar que todos tengan la misma inclinación, orientación y distancia entre ellos. De lo contrario, se pueden producir desequilibrios en el caudal y la temperatura del fluido entre los distintos colectores, lo que afecta al rendimiento del sistema.

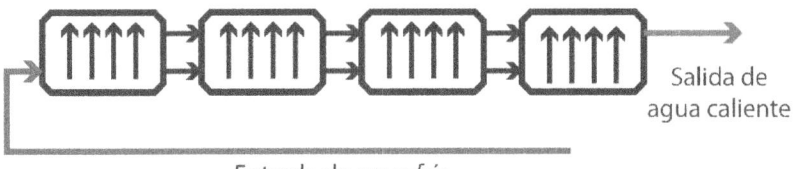

Figura 5.11 Conexión en paralelo de colectores solares.

Nota clave: La conexión en paralelo requiere una mayor precisión en el diseño y la instalación del sistema, para evitar fugas, obstrucciones o diferencias de presión entre los colectores. También se debe considerar el efecto de la dilatación térmica de los tubos, que puede provocar tensiones mecánicas o roturas.

5.9.3. Conexión mixta

La conexión mixta es una combinación de la conexión en serie y la conexión en paralelo de los colectores solares. Esta conexión se utiliza cuando se requiere una mayor temperatura y un mayor caudal del fluido caloportador que circula por el circuito primario del sistema solar térmico.

La ventaja de la conexión mixta es que se puede adaptar a las necesidades específicas de cada instalación, según el número de colectores, la superficie disponible, la orientación e inclinación óptimas y las condiciones climáticas de la zona. La desventaja es que se requiere un diseño más complejo y un mayor control del funcionamiento del sistema.

La conexión mixta consiste en agrupar los colectores solares en varios ramales en paralelo y luego conectar estos ramales en serie entre sí. De esta forma, se consigue aumentar la temperatura del fluido caloportador al pasar por cada ramal, y también aumentar el caudal total al sumar el caudal de cada ramal.

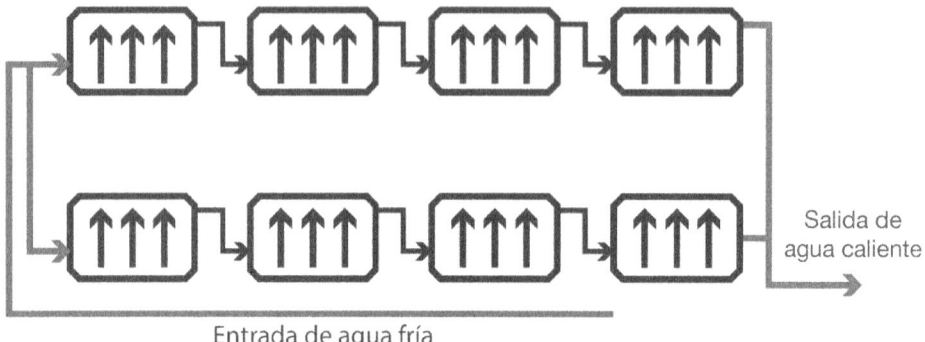

Figura 5.12 Conexión mixta de colectores solares.

5.10. Sistema solar térmico

Un sistema solar térmico es un conjunto de componentes que aprovechan la energía del sol para producir calor útil para diferentes aplicaciones, como agua caliente sanitaria, calefacción, refrigeración o procesos industriales. Los sistemas solares térmicos se clasifican según el tipo de colector solar que utilizan, el fluido caloportador que circula por el circuito, el grado de integración con el sistema convencional y el modo de funcionamiento.

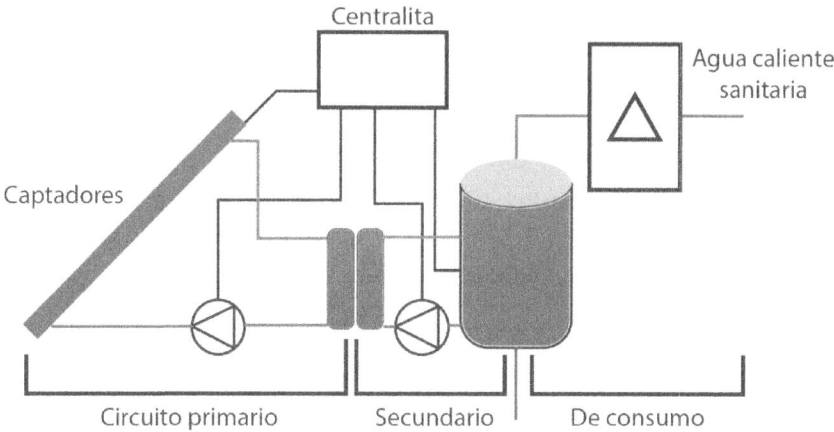

Figura 5.13 Esquema de un sistema solar térmico.

Los sistemas solares térmicos se componen de tres circuitos principales: el circuito primario, el circuito secundario y el circuito de consumo.

5.10.1. Circuito primario

El circuito primario es el encargado de captar la energía solar y transferirla al fluido caloportador. Está formado por los colectores solares, las tuberías, las válvulas, las bombas y el intercambiador de calor.

Los colectores solares son los dispositivos que absorben la radiación solar y la convierten en calor. Existen diferentes tipos de colectores solares, según su diseño y su grado de concentración. Los más comunes son los de placa plana, que consisten en una caja con una cubierta transparente, una placa absorbente y un aislamiento térmico. Los de tubos de vacío son similares, pero en lugar de una placa tienen tubos cilíndricos que contienen un fluido que se evapora y condensa al recibir el calor del sol. Los de concentración son los que utilizan espejos o lentes para enfocar la radiación solar sobre un receptor, donde circula un fluido a alta temperatura.

Las tuberías son las encargadas de transportar el fluido caloportador desde los colectores hasta el intercambiador de calor, y viceversa. Deben estar aisladas térmicamente para evitar pérdidas de calor. Las válvulas son las que regulan el caudal y la presión del fluido en el circuito. Las bombas son las que impulsan el fluido a través del circuito, venciendo las pérdidas de carga.

El intercambiador de calor es el dispositivo que permite transferir el calor del fluido caloportador del circuito primario al fluido del circuito secundario, sin que se mezclen. Puede ser de tipo tubular, de placas o de carcasa y tubos.

5.10.2. Circuito secundario

El circuito secundario es el encargado de almacenar el calor captado por el circuito primario y distribuirlo al circuito de consumo. Está formado por el depósito acumulador, las tuberías, las válvulas y las bombas.

El depósito acumulador es el recipiente donde se almacena el fluido calentado por el intercambiador de calor. Puede tener uno o varios compartimentos, según la temperatura y la calidad del agua que se quiera obtener. El depósito debe estar aislado térmicamente para evitar pérdidas de calor.

Las tuberías son las encargadas de transportar el fluido desde el depósito hasta los puntos de consumo, y viceversa. Deben estar aisladas térmicamente para evitar pérdidas de calor. Las válvulas son las que regulan el caudal y la presión del fluido en el circuito. Las bombas son las que impulsan el fluido a través del circuito, venciendo las pérdidas de carga.

5.10.3. Circuito de consumo

El circuito de consumo es el encargado de utilizar el calor suministrado por el circuito secundario para satisfacer la demanda térmica del usuario final. Puede ser un sistema de calefacción por radiadores, por suelo radiante o por aire; un sistema de agua caliente sanitaria, o un sistema de climatización o refrigeración por absorción.

El circuito de consumo está formado por los emisores térmicos, las tuberías, las válvulas y los contadores.

Los emisores térmicos son los dispositivos que transfieren el calor del fluido a los espacios o procesos que lo requieren. Pueden ser radiadores, serpentines, ventiladores o intercambiadores.

Las tuberías son las encargadas de transportar el fluido desde el circuito secundario hasta los emisores térmicos, y viceversa. Deben estar aisladas térmicamente para evitar pérdidas de calor. Las válvulas son las que regulan el caudal y la presión del fluido en el circuito. Los contadores son los que miden el consumo de energía térmica del usuario final.

Un ejemplo de un sistema solar térmico es el que se utiliza para calentar el agua de una piscina. En este caso, el circuito primario está formado por colectores solares de placa plana, que calientan un fluido anticongelante que circula por las tuberías hasta el intercambiador de calor, donde cede su calor al agua de la piscina, que forma el circuito secundario. El circuito de consumo está formado por la propia piscina, que actúa como depósito acumulador y emisor térmico.

5.11. Autoevaluación del capítulo 5

5.11.1. ¿Cuál es la función principal de los colectores parabólicos en una central termosolar?

a) Almacenar electricidad.

b) Focalizar la luz solar en un tubo receptor.

c) Generar vapor directamente.

d) Enfriar el fluido caloportador.

5.11.2. ¿Qué función cumple el sistema de seguimiento en una central termosolar con colectores parabólicos?

a) Generar electricidad.

b) Almacenar energía térmica.

c) Orientar los colectores hacia el Sol.

d) Enfriar el fluido caloportador.

5.11.3. ¿Qué ciclo termodinámico se utiliza para convertir el calor del fluido caloportador en electricidad en una central termosolar?

a) Ciclo Rankine.

b) Ciclo de Carnot.

c) Ciclo Stirling.

d) Ciclo Otto.

5.11.4. ¿Cuál es la función principal del sistema de almacenamiento térmico en una central termosolar?

a) Enfriar el fluido caloportador.

b) Almacenar calor excedente para generar electricidad cuando la demanda es alta o durante la noche.

c) Maximizar la radiación solar.

d) Minimizar las pérdidas de calor.

5.11.5. ¿Cuáles son los desafíos mencionados para los sistemas de colectores parabólicos?

a) Baja capacidad de generación constante y alto consumo de agua.

b) Alto coste inicial y limitaciones de temperatura.

c) Complejidad operativa y emisión de gases contaminantes.

d) Pérdidas de calor y baja eficiencia general.

5.11.6. ¿Qué tipo de energía generan los discos parabólicos de Stirling a partir del calor captado por los espejos parabólicos?

a) Energía térmica.

b) Energía cinética.

c) Energía mecánica.

d) Energía nuclear.

5.11.7. ¿Cuál es uno de los impactos positivos de los discos parabólicos de Stirling mencionados en el texto?

a) Alta densidad de potencia.

b) Emisión de gases contaminantes.

c) Consumo elevado de agua.

d) Creación de empleo y diversificación energética.

5.11.8. ¿Cuáles son los elementos clave de una central termosolar de heliostatos con receptor central en torre?

a) Heliostatos, reflectores lineales y disco parabólico.

b) Heliostatos, receptor, tanques de sales calientes y frías, cambiador de calor, turbina y generador.

c) Espejos reflectores, tubo receptor y fluido caloportador.

d) Colectores solares, campo solar y sistema de seguimiento.

5.11.9. ¿Cuál es el impacto visual y ambiental de las centrales termosolares de heliostatos con receptor central en torre?

a) Bajo impacto visual, alto impacto ambiental.

b) Alto impacto visual, bajo impacto ambiental.

c) Bajo impacto visual y ambiental.

d) Alto impacto visual y ambiental.

5.11.10. ¿Cuál es la función principal de los tanques de sales calientes y frías en una central termosolar de heliostatos con receptor central en torre?

a) Almacenar el agua caliente para uso doméstico.

b) Regular la temperatura del fluido caloportador.

c) Almacenar el calor y regular el flujo del fluido según la demanda eléctrica.

d) Almacenar el vapor generado por la turbina.

5.11.11. ¿En qué consiste la conexión en serie de colectores solares?

a) Los colectores se conectan formando un circuito cerrado.

b) El fluido caloportador circula por todos los colectores en un solo sentido.

c) Se agrupan los colectores en varios ramales en paralelo.

d) Los extremos de entrada y salida de cada colector se conectan con los de los demás.

5.11.12. ¿Cuál es la ventaja de la conexión en paralelo de colectores solares?

a) Reducción de pérdida de carga.

b) Menor cantidad de tuberías necesarias.

c) Mayor precisión en el diseño.

d) Menor riesgo de sobrecalentamiento.

5.11.13. ¿Qué caracteriza a la conexión mixta de colectores solares?

a) Se agrupan en varios ramales en paralelo.

b) Todos los colectores tienen las mismas características.

c) Se conectan en serie y en paralelo.

d) Requiere un diseño menos complejo.

5.11.14. ¿Cuáles son los tres circuitos principales de un sistema solar térmico?

a) Primario, secundario y de consumo.

b) Agua caliente, calefacción y refrigeración.

c) Serie, paralelo y mixto.

d) Conexión, acumulación y distribución.

5.11.15. ¿Cuál es la función principal del circuito secundario en un sistema solar térmico?

a) Captar la energía solar.

b) Distribuir el calor al circuito de consumo.

c) Transformar la radiación solar en calor.

d) Regular el caudal del fluido caloportador.

CAPÍTULO 6

Aplicaciones comerciales de la energía solar térmica

6.1. Introducción a las aplicaciones comerciales de la energía solar térmica

La energía solar térmica es una forma de aprovechar la radiación solar para producir calor. Esta energía se puede utilizar para diferentes fines, como calentar agua, generar electricidad, cocinar alimentos o climatizar espacios. En este capítulo, nos centraremos en las aplicaciones comerciales de la energía solar térmica, es decir, aquellas que tienen un fin lucrativo o que se realizan a gran escala.

Una de las aplicaciones comerciales más conocidas de la energía solar térmica son las cocinas solares. Estas son dispositivos que utilizan la concentración de la luz solar para alcanzar altas temperaturas y cocer los alimentos. Las cocinas solares pueden ser de diferentes tipos, según el mecanismo que empleen para captar y concentrar la radiación solar. Algunos ejemplos son las cocinas parabólicas, las cocinas de caja y las cocinas de panel.

6.2. Cocinas solares

Las cocinas solares son dispositivos que aprovechan la energía del sol para cocinar alimentos, calentar agua o esterilizar utensilios. Estas cocinas pueden ser una alternativa ecológica, económica y saludable a los combustibles fósiles o la leña, que generan contaminación atmosférica y contribuyen al cambio climático. Además, las cocinas solares pueden mejorar la calidad de vida de las personas que viven en zonas rurales o aisladas, donde el acceso a la electricidad o al gas es limitado o costoso.

Figura 6.1 Cocina solar.

Existen diferentes tipos de cocinas solares, según el principio físico que utilizan para captar y concentrar la radiación solar. Algunas cocinas solares funcionan por efecto invernadero, es decir, atrapan el calor dentro de una cámara cerrada y transparente, donde se coloca el alimento. Otras cocinas solares funcionan por reflexión, es decir, usan espejos o superficies reflectantes para dirigir los rayos solares hacia un punto focal, donde se coloca el alimento o un recipiente con agua. Estas últimas suelen alcanzar temperaturas más altas que las primeras, pero también requieren un seguimiento más preciso del movimiento del Sol.

Las cocinas solares pueden clasificarse en tres categorías principales: directas, indirectas e híbridas. Las cocinas solares directas son aquellas que exponen el alimento directamente a la radiación solar, sin intermediarios. Estas cocinas pueden ser de caja, de panel o de concentrador parabólico. Las cocinas solares indirectas son aquellas que usan un fluido caloportador (como agua o aceite) para transferir el calor desde el colector solar hasta el alimento. Estas cocinas pueden ser de circuito cerrado o abierto. Las cocinas solares híbridas son aquellas que combinan la energía solar con otra fuente de energía, como electricidad, gas o biomasa. Estas cocinas pueden ser de acumulación o de asistencia.

La elección del tipo de cocina solar depende de varios factores, como el clima, la disponibilidad de materiales, el coste, el uso previsto y las preferencias personales. En general, las cocinas solares directas son más simples y baratas de construir y operar, pero también más lentas y menos eficientes que las indirectas o las híbridas. Las cocinas solares indirectas son más complejas y caras de construir y operar, pero también más rápidas y eficientes que las directas. Las cocinas solares híbridas son las más versátiles y confiables, pero también las más costosas y dependientes de otras fuentes de energía.

La energía solar térmica es una forma de energía renovable, limpia e inagotable que puede contribuir a reducir las emisiones de gases de efecto invernadero y a mejorar la seguridad energética. Sin embargo, su aprovechamiento requiere de una serie de conocimientos técnicos y científicos, así como de una conciencia ambiental y social.

Nota clave: La energía solar térmica es la conversión directa de la radiación solar en calor útil. Se diferencia de la energía solar fotovoltaica, que es la conversión directa de la radiación solar en electricidad. Una de las aplicaciones de este tipo de energía son las cocinas solares.

6.2.1. Principios de funcionamiento

Las cocinas solares aprovechan la energía del sol para cocinar alimentos, calentar agua o generar vapor. El principio de funcionamiento de las cocinas solares se basa en la conversión de la radiación solar en calor, mediante el uso de materiales reflectantes, absorbentes y aislantes.

Nota clave: Las cocinas solares pueden alcanzar temperaturas superiores a los 200 °C, lo que permite cocinar casi cualquier tipo de alimento, desde arroz y legumbres hasta carne y pan. Sin embargo, el tiempo de cocción suele ser mayor que en una cocina convencional, debido a la variabilidad de la radiación solar y a la menor transferencia

El proceso de conversión se puede describir de la siguiente manera:

- La radiación solar incide sobre una superficie reflectante, que puede tener forma plana, cóncava o parabólica, dependiendo del tipo de cocina solar.
- La superficie reflectante concentra la radiación solar en un punto focal o en una zona reducida, donde se coloca el recipiente que contiene el alimento o el agua a calentar.
- El recipiente debe estar hecho de un material absorbente, que capte el calor y lo transmita al interior. Además, debe estar cubierto por una tapa transparente que evite la pérdida de calor por convección y permita el paso de la radiación solar.

- El conjunto formado por el recipiente y la tapa se denomina cámara de cocción, y debe estar rodeado por un material aislante que minimice la pérdida de calor por conducción y radiación.

La eficiencia de una cocina solar depende de varios factores, como la intensidad y la orientación de la radiación solar, el diseño y los materiales de la cocina, el tipo y la cantidad de alimento o agua a calentar y las condiciones ambientales (temperatura, viento, humedad).

Nota clave: Las cocinas solares son una alternativa ecológica y económica a las cocinas tradicionales que usan combustibles fósiles o leña, ya que no emiten gases contaminantes ni generan residuos. Además, contribuyen al desarrollo sostenible y a la seguridad alimentaria de las comunidades rurales o aisladas, donde el acceso a otras fuentes de energía es limitado o costoso.

6.3. Tipos de cocinas solares

Existen diferentes tipos de cocinas solares según el principio físico que utilizan para concentrar la radiación solar y generar calor. Estas pueden ser directas e indirectas:

6.3.1. Cocinas solares directas

Las cocinas solares directas son dispositivos que aprovechan la radiación solar para calentar alimentos o agua sin necesidad de combustibles fósiles o electricidad. Estas cocinas son una alternativa ecológica, económica y saludable para cocinar, ya que reducen la emisión de gases de efecto invernadero, el consumo de recursos no renovables y la exposición a humos nocivos.

Con un poco de creatividad e ingenio, se pueden fabricar con materiales reciclados o de fácil acceso, y se pueden adaptar a diferentes tipos de alimentos y necesidades. Además, contribuyen a mejorar la salud, la economía y el medio ambiente de las personas que las usan.

6.3.1.1. Características y componentes de las cocinas solares directas

Figura 6.2 Cocina solar directa.

Las cocinas solares directas se basan en el principio de efecto invernadero, que consiste en atrapar la energía solar dentro de un espacio cerrado y transparente donde se eleva la temperatura. Las cocinas solares directas tienen tres componentes principales: un reflector, un recipiente y un aislante.

1. El reflector es una superficie que refleja la luz solar hacia el recipiente. Puede tener diferentes formas, como plana, cóncava o parabólica, dependiendo del tipo de cocina solar. El material más común para el reflector es el aluminio, por su alta reflectividad y bajo coste.

2. El recipiente es el lugar donde se colocan los alimentos o el agua que se quieren calentar. Debe ser de color oscuro, preferiblemente negro,

para absorber la mayor cantidad de energía solar posible. También debe ser resistente al calor y tener una tapa transparente, que puede ser de vidrio o plástico, para evitar la pérdida de calor por convección.

3. El aislante es un material que rodea al recipiente y evita la pérdida de calor por conducción. Puede ser de lana, cartón, corcho, espuma o cualquier otro material que tenga baja conductividad térmica.

6.3.1.2. Ejemplos de modelos de cocinas solares directas: caja, parabólica y panel

Existen varios modelos de cocinas solares directas, cada uno con sus propias ventajas y desventajas.

- Cocina solar de caja:

Este modelo es simple y fácil de construir. Consiste en una caja con una tapa de vidrio y reflectores internos que dirigen la luz solar hacia el interior de la caja. Es ideal para cocciones lentas y puede alcanzar temperaturas de hasta 150 °C.

Figura 6.3 Cocina solar de caja.

- Cocina solar parabólica:

Figura 6.4 Cocina solar parabólica.

Este modelo utiliza un reflector parabólico para concentrar la luz solar en el recipiente de cocción. Puede alcanzar temperaturas muy altas, lo que permite una cocción rápida. Sin embargo, requiere un seguimiento constante del sol para mantener el punto focal en el recipiente de cocción.

- Cocina solar de panel:

Figura 6.5 Cocina solar de panel.

Este modelo utiliza varios paneles reflectantes para dirigir la luz solar hacia el recipiente de cocción. Es más compacto y portátil que los otros modelos, pero no puede alcanzar temperaturas tan altas.

6.3.2. Cocinas solares indirectas

Las cocinas solares indirectas son aquellas que utilizan un concentrador solar para captar la radiación solar y dirigirla hacia un receptor donde se coloca el alimento a cocinar. A diferencia de las cocinas solares directas, que funcionan como hornos solares, las cocinas solares indirectas permiten alcanzar temperaturas más altas y cocinar más rápido. Además, tienen la ventaja de que se pueden ubicar en lugares sombreados o protegidos del viento, lo que mejora la seguridad y el confort del usuario.

6.3.2.1. Características y componentes de las cocinas solares indirectas

Las cocinas solares indirectas se caracterizan por su capacidad para almacenar energía, lo que permite su uso incluso cuando el sol no está brillando. Esto se logra mediante el uso de un fluido de trabajo, que puede ser aire, agua o un aceite especial, que se calienta con la luz solar y luego se almacena en un depósito aislado.

Los componentes principales de una cocina solar indirecta incluyen un colector solar, un depósito de almacenamiento y un intercambiador de calor. El colector solar captura la energía solar y la transfiere al fluido de trabajo. El fluido caliente luego se almacena en el depósito de almacenamiento. Cuando se necesita calor para cocinar, el fluido caliente se pasa a través del intercambiador de calor, donde transfiere su calor a la comida o agua.

6.3.2.2. Materiales y herramientas necesarios para fabricar cocinas solares indirectas

La construcción de una cocina solar indirecta requiere una variedad de materiales y herramientas. Los materiales necesarios incluyen un material para el colector solar, un depósito de almacenamiento para el fluido de trabajo, tuberías para transportar el fluido y un intercambiador de calor. Las herramientas necesarias incluyen herramientas básicas de construcción como un taladro, una sierra, un martillo y destornilladores.

6.3.3. Impacto de las cocinas solares en la reducción del consumo de leña, gas y electricidad

6.3.3.1. Consumo de leña

La leña, una fuente crucial en muchas regiones, conlleva problemas significativos como la deforestación y la degradación del suelo. Las cocinas solares ofrecen una solución sostenible al reducir la dependencia de la leña. Según algunos estudios, como el realizado en Oaxaca, México. Titulado "Firewood, sustainability, inequality and multicultural cities", se ha observado una reducción del 60% en el consumo de leña con el uso de cocinas solares.

6.3.3.2. Consumo de gas y electricidad

El gas natural y la electricidad son fuentes comunes para la cocción en áreas urbanas, pero ambos presentan desafíos medioambientales. Las cocinas solares ofrecen una alternativa, pues reducen el consumo de gas y electricidad de manera significativa. Ciertos estudios y métodos como el AMEF (Análisis de modos y efectos de fallo), indican una reducción del 70% en el consumo de energía al optar por cocinas solares en lugar de cocinas eléctricas. Esto no solo disminuye las emisiones de gases de efecto invernadero, sino que también promueve la transición hacia fuentes de energía más limpias y renovables.

Tipo de energía	Impacto en el consumo
Leña	60-80% de reducción
Gas	60-80% de reducción
Electricidad	30-60% de reducción

Tabla 6.1 Impacto en el consumo de las cocinas solares vs. energías convencionales.

6.4. Autoevaluación del capítulo 6

6.4.1. ¿Cuál es uno de los propósitos principales de las cocinas solares?

a) Generar electricidad.

b) Cocinar alimentos.

c) Enfriar utensilios.

d) Iluminar espacios.

6.4.2. ¿Cuántas categorías principales de cocinas solares se mencionan en el texto?

a) Dos: directas e indirectas.

b) Tres: de caja, parabólica y panel.

c) Cuatro: de acumulación, de asistencia, de circuito cerrado y de circuito abierto.

d) Cinco: reflectoras, absorbentes, aislantes, acumuladoras e híbridas

6.4.3. ¿Qué caracteriza a las cocinas solares directas en términos de exposición al sol?

a) Exponen el alimento directamente a la radiación solar.

b) Utilizan espejos para dirigir la radiación solar.

c) Almacenan energía para uso nocturno.

d) Funcionan en lugares sombreados.

6.4.4. ¿Cómo se clasifican las cocinas solares indirectas según el fluido de trabajo utilizado?

a) Solo pueden usar aire.

b) Siempre utilizan aceite especial.

c) Pueden usar aire, agua o un aceite especial.

d) Utilizan solo agua.

6.4.5. ¿Cuál es la función del reflector en las cocinas solares directas?

a) Capturar la energía solar.

b) Almacenar el calor.

c) Dirigir la luz solar hacia el recipiente.

d) Ser el recipiente de cocción.

6.4.6. ¿Qué material se menciona como común para el reflector en las cocinas solares directas?

a) Vidrio.

b) Aluminio.

c) Plástico.

d) Corcho.

6.4.7. ¿Qué ventaja tienen las cocinas solares indirectas en cuanto a la ubicación?

a) Deben estar siempre expuestas al sol.

b) Pueden ubicarse en lugares sombreados o protegidos del viento.

c) Necesitan seguimiento constante del sol.

d) Solo funcionan en climas cálidos.

6.4.8. ¿Qué componente de una cocina solar indirecta permite su uso cuando el sol no está brillando?

a) El recipiente de cocción.

b) El reflector parabólico.

c) El depósito de almacenamiento.

d) El aislante.

6.4.9. ¿Cuál es el impacto de las cocinas solares en el consumo de leña según estudios en Oaxaca, México?

a) Aumenta el consumo de leña.

b) No tiene impacto en el consumo de leña.

c) Se observa una reducción del 60% en el consumo de leña.

d) Se observa una reducción del 30% en el consumo de leña.

6.4.10. ¿Qué indica el estudio realizado en España sobre el consumo de energía al optar por cocinas solares en lugar de cocinas eléctricas?

a) No hay diferencia en el consumo de energía.

b) Aumenta el consumo de energía.

c) Se observa una reducción del 30% en el consumo de energía.

d) Se observa una reducción del 70% en el consumo de energía.

CAPÍTULO 7
Aplicaciones residenciales

7.1. Introducción a las aplicaciones residenciales

La energía solar térmica es una forma de aprovechar la radiación solar para obtener calor. Esta energía se puede utilizar para diferentes fines, como la calefacción, el enfriamiento, la desalinización o la generación de electricidad. Sin embargo, una de las aplicaciones más extendidas y demandadas es la obtención de agua caliente sanitaria (ACS) para uso residencial.

El ACS es el agua que se utiliza para fines higiénicos, como la ducha, el lavado de manos o el lavado de ropa. El consumo de ACS representa una parte importante de la demanda energética de los hogares, y su producción suele depender de combustibles fósiles o de electricidad. Estas fuentes de energía tienen un alto impacto ambiental, ya que emiten gases de efecto invernadero y contribuyen al cambio climático. Además, tienen un coste económico elevado y están sujetas a fluctuaciones de precio y disponibilidad.

La energía solar térmica ofrece una alternativa limpia, renovable y económica para producir ACS. Mediante unos dispositivos llamados colectores solares, se capta la energía del sol y se transfiere al agua que circula por un circuito cerrado. El agua caliente se almacena en un depósito o termo, desde donde se distribuye a los puntos de consumo. Los sistemas solares térmicos pueden cubrir entre el 50% y el 100% de la demanda de ACS, dependiendo de la ubicación, el diseño y el uso.

Los beneficios de la energía solar térmica para el ACS son múltiples. Por un lado, se reduce el consumo de energía convencional y se ahorra dinero en la factura. Por otro lado, se disminuye la emisión de contaminantes y se contribuye a la mitigación del calentamiento global. Además, se fomentan el desarrollo tecnológico y la creación de empleo en el sector de las energías renovables.

En este capítulo se presentan los aspectos más relevantes sobre las aplicaciones residenciales de la energía solar térmica, con especial énfasis en la obtención de ACS. Se explican los principios físicos que rigen el funcionamiento de los sistemas solares térmicos, los tipos y componentes de los mismos y los criterios para su dimensionamiento y diseño. Asimismo, se analizan las normativas y regulaciones que existen en diferentes países para fomentar e impulsar el uso de esta energía renovable.

7.2. Obtención de suelo radiante

El suelo radiante es una forma de calefacción que utiliza el suelo como superficie emisora de calor. El principio de funcionamiento se basa en la transferencia de calor por radiación desde el suelo a los objetos y personas que se encuentran en la estancia. El suelo radiante ofrece varias ventajas frente a otros sistemas de calefacción, como un mayor confort térmico, un menor consumo energético y una mayor compatibilidad con las fuentes de energía renovables, como la energía solar térmica.

7.2.1. Definición y principios de funcionamiento

El suelo radiante es un sistema de calefacción que consiste en distribuir tuberías por debajo del pavimento, por las que circula un fluido calentado por un colector solar térmico. El fluido transmite el calor al suelo, que a su vez lo irradia al ambiente, creando una sensación de confort térmico.

El principio de funcionamiento del suelo radiante se basa en la transferencia de calor por radiación y convección. La radiación es el proceso por el que un cuerpo emite ondas electromagnéticas que transportan energía. La convección es el proceso por el que un fluido se mueve y transfiere calor por contacto con otros cuerpos. En el caso del suelo radiante, el agua caliente que circula por las tuberías es el fluido que se mueve y transfiere calor al suelo por convección. El suelo, a su vez, emite ondas electromagnéticas que transportan calor al ambiente por radiación.

Nota clave: El suelo radiante es un sistema de calefacción muy antiguo, que se remonta a la época romana, cuando se construían hipocaustos, que eran cámaras subterráneas por las que circulaba aire caliente proveniente de una hoguera.

La ventaja del suelo radiante es que permite una distribución uniforme del calor en toda la superficie del suelo, evitando así zonas frías o calientes. Además, al trabajar con temperaturas más bajas que otros sistemas de calefacción, se consigue un mayor ahorro energético y una menor emisión de gases contaminantes. Asimismo, el suelo radiante ofrece una mayor comodidad y salud, ya que no genera ruidos ni corrientes de aire y tampoco reseca el ambiente.

Para entender mejor el funcionamiento del suelo radiante, se puede aplicar la ley de Stefan-Boltzmann, que relaciona la potencia emitida por un cuerpo negro con su temperatura absoluta. Un cuerpo negro es un modelo ideal que absorbe toda la radiación que recibe y la emite en función de su temperatura. La ley de Stefan-Boltzmann se expresa mediante la siguiente ecuación:

$$P = \sigma A T^4 \quad (7.1)$$

donde:

- P es la potencia emitida en watts (W).
- σ es la constante de Stefan-Boltzmann (5.67×10^{-8} W/m^{2}K^4).

- A es el área de la superficie en metros cuadrados (m²).
- T es la temperatura absoluta en kélvins (K).

Esta ecuación indica que la potencia emitida por un cuerpo negro es proporcional al área de la superficie y a la cuarta potencia de la temperatura absoluta.

Sin embargo, el suelo radiante no es un cuerpo negro perfecto, por lo que se introduce un factor llamado emisividad (ε), que indica la fracción de radiación emitida respecto a la de un cuerpo negro ideal. La emisividad depende del material del suelo y suele tener valores entre 0 y 1. Por lo tanto, la ecuación se modifica de la siguiente manera:

$$P = \epsilon\sigma AT^4 \quad (7.2)$$

Las ecuaciones 7.1 y 7.2 son fundamentales para entender cómo funciona el suelo radiante y cómo se puede optimizar su rendimiento. Sin embargo, es importante recordar que estos cálculos deben ser realizados por profesionales para garantizar la eficiencia y el confort del sistema de suelo radiante.

La Tabla 7.1 muestra algunos valores típicos de emisividad para distintos materiales:

Material	Emisividad
Madera	0.9
Cerámica	0.85
Mármol	0.8
Hormigón	0.7

Tabla 7.1 Emisividad de diversos materiales.

Como se puede observar, los materiales más adecuados para el suelo radiante son aquellos que tienen una mayor emisividad, ya que emiten más calor al ambiente.

7.2.2. Componentes del sistema de suelo radiante

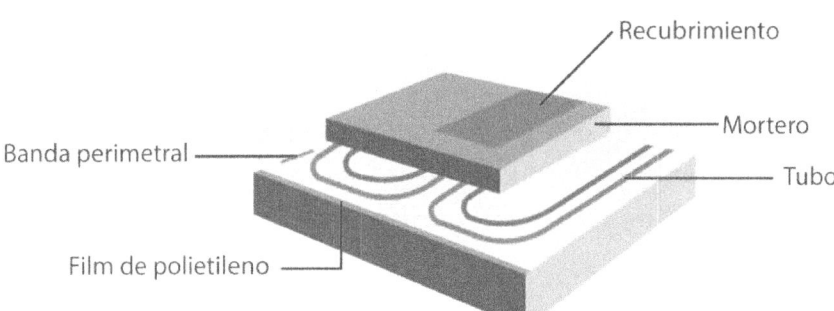

Figura 7.1 Componentes del suelo radiante.

Un sistema de suelo radiante está compuesto por los siguientes elementos principales, como se muestra en la Figura 7.1:

Recubrimiento: Es la capa superficial que cubre el sistema de tuberías y que está en contacto directo con el ambiente interior. Puede ser de diferentes materiales, como madera, cerámica, mármol, etc. El recubrimiento debe tener una buena conductividad térmica y una baja resistencia al paso del calor, para que el suelo pueda transmitir la energía térmica al aire de forma eficiente.

Mortero: Es la capa intermedia que rodea las tuberías y que sirve para nivelar el suelo y distribuir el calor de forma homogénea. El mortero debe tener una baja dilatación térmica, para evitar fisuras o deformaciones por los cambios de temperatura. También debe tener una baja capacidad calorífica, para que no almacene demasiado calor y pueda responder rápidamente a las variaciones de la demanda.

Tubo: Es el elemento por donde circula el fluido caloportador, que puede ser agua o una mezcla de agua y anticongelante. El tubo debe ser resistente a la corrosión, a la presión y a las altas temperaturas. También debe tener una baja pérdida de carga, para que el fluido pueda circular con facilidad y se reduzca el consumo de la bomba. El material más utilizado para el tubo es el polietileno reticulado (PEX), que tiene todas estas características.

Banda perimetral: Es una tira de material aislante que se coloca alrededor del perímetro de la habitación, entre el mortero y la pared. Su función es evitar los puentes térmicos y las pérdidas de calor por las paredes. También sirve para absorber las dilataciones del mortero y evitar grietas o separaciones.

Film de polietileno: Es una lámina impermeable que se coloca debajo del mortero, entre este y el forjado o la capa aislante. Su función es evitar la humedad y las filtraciones de agua desde el suelo hacia el sistema de tuberías.

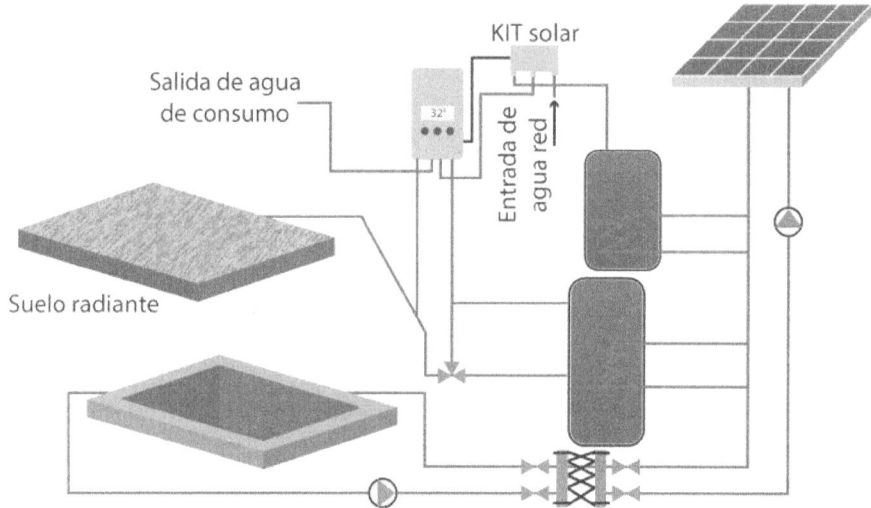

Figura 7.2 Sistema esquemático de suelo radiante con piscina.

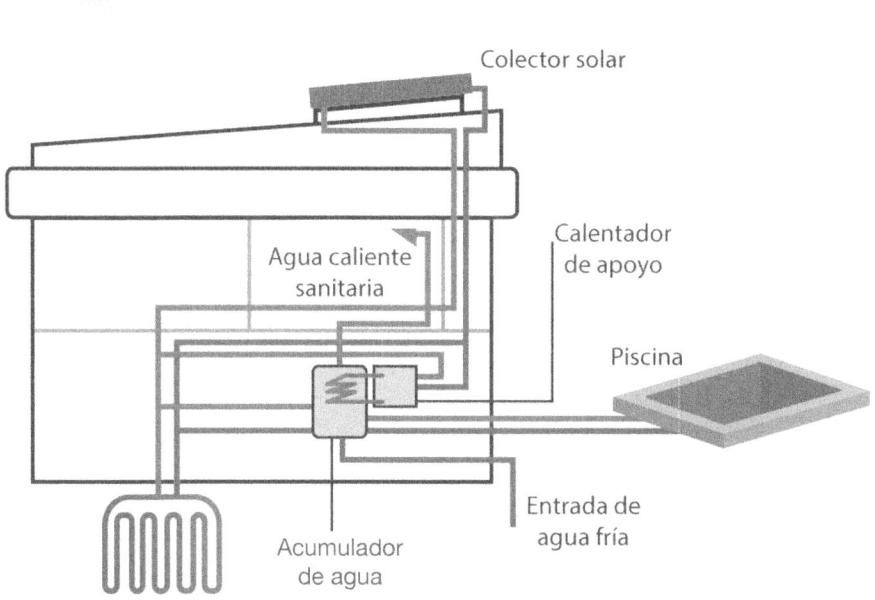

Figura 7.3 Diagrama simple de suelo radiante con piscina.

7.3. Obtención de agua caliente sanitaria (ACS) residencial

El agua caliente sanitaria (ACS) es el agua que se utiliza para fines domésticos, como la higiene personal, la limpieza o la cocina. El ACS se puede obtener mediante diferentes sistemas, entre los que se encuentran los que utilizan energía solar térmica. Estos sistemas aprovechan la radiación solar para calentar un fluido, que luego transfiere su calor al agua que se almacena en un depósito o acumulador.

7.3.1. Definición de agua caliente sanitaria

El agua caliente sanitaria (ACS) es esencial en los hogares para actividades como el aseo personal y la limpieza, y requiere una temperatura superior al agua fría de red. A pesar de su importancia, el ACS conlleva un consumo significativo de energía y emisiones de gases de efecto invernadero. Según la Agencia Internacional de Energía (AIE), el calentamiento de agua representa el 18% del consumo final de energía en edificaciones a nivel mundial y el 25% en América Latina, siendo el 75% de esta energía provista por combustibles fósiles, con un impacto ambiental negativo.

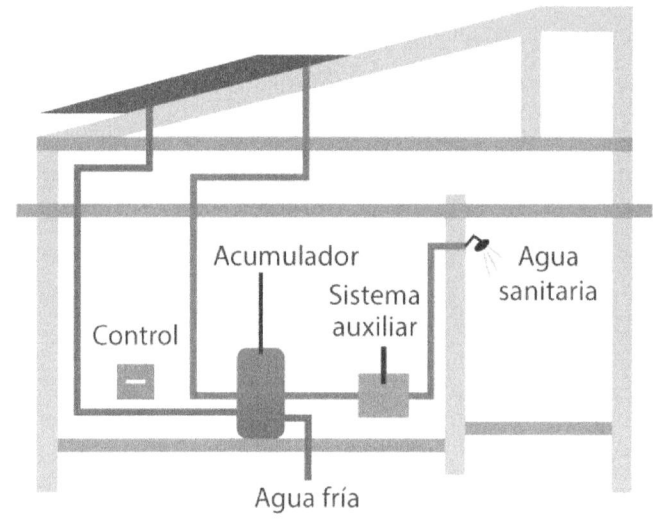

Figura 7.4 Diagrama simple de ACS.

Para abordar este problema, es fundamental adoptar medidas de eficiencia energética y promover el uso de fuentes renovables, como la energía solar térmica. Esta tecnología aprovecha la radiación solar para calentar un fluido, ya sea agua o aire, mediante colectores solares. Los colectores, de diversos tipos según su diseño y rendimiento, son clave en este proceso.

La energía solar térmica presenta múltiples ventajas, como su carácter limpio y renovable, su adaptabilidad a distintos entornos geográficos y climáticos, su rentabilidad a largo plazo al reducir las facturas energéticas y su contribución a la mitigación del cambio climático y a la seguridad energética.

> Nota clave: El ACS se mide en litros por persona y día (l/p·d), y se considera que la temperatura óptima para su uso es de 40 °C. Para elevar la temperatura del agua desde los 15 °C hasta los 40 °C se requiere una potencia térmica de 1 kWh por cada 100 litros de agua.

7.3.2. Fundamentos de la transferencia de calor

La transferencia de calor en sistemas de energía solar térmica es un proceso fundamental para la generación de agua caliente sanitaria (ACS) residencial. Este fenómeno se rige por principios físicos que involucran la conducción, la convección y la radiación. La conducción se refiere a la transferencia de calor a través de un medio estacionario, como la placa absorbente de un colector solar. La convección, por su parte, implica el movimiento del fluido calentado, como el agua, que transporta el calor desde el colector solar hasta el sistema de almacenamiento. Finalmente, la radiación es la transferencia de energía en forma de ondas electromagnéticas, como la radiación solar que incide sobre el colector. Estos procesos son gobernados por ecuaciones fundamentales, como la ley de Fourier para la conducción de calor, la ley de enfriamiento de Newton para la convección y la ley de Stefan-Boltzmann para la radiación térmica se expresa en la ecuación 7.3:

> Nota clave: Según la Asociación Solar de la Industria Térmica (ASIT), España es el país líder en Europa en instalación de sistemas solares térmicos, con más de 4 millones de m² instalados a finales de 2019.

La energía térmica se expresa en la ecuación 7.3:

$$\eta_{\text{térmica}} = \frac{Q_{\text{util}}}{A \cdot G} \quad (7.3)$$

donde:

- Q_{util} es la ganancia de calor útil, en W.
- A es el área del colector en m².
- G es la radiación solar incidente, en W/m².

7.3.3. Sistemas de energía solar térmica para ACS

En el ámbito de los sistemas de energía solar térmica para la obtención de ACS se emplea la energía solar para calentar un fluido, ya sea agua o aire, y satisfacer así las demandas térmicas de viviendas, incluyendo la producción de agua caliente. Estos sistemas se dividen en dos categorías: activos y pasivos.

Los sistemas activos utilizan bombas o ventiladores para hacer circular el fluido a través de los colectores solares, donde se calienta, y por el depósito o intercambiador de calor, donde se almacena o se transfiere al circuito de consumo. Estos sistemas pueden ser de circuito abierto o cerrado, dependiendo de si el fluido que circula por los colectores es el mismo que se consume o no.

Por otro lado, los sistemas pasivos operan sin dispositivos mecánicos, aprovechando la convección natural, en la que el fluido caliente asciende y el frío desciende. Existen sistemas de termosifón y de circulación natural. Los primeros son simples y económicos, pues tienen el depósito sobre los colectores, lo que permite que el agua caliente se acumule en la parte superior del depósito, mientras el agua fría entra por la parte inferior, creando así un flujo natural. Estos sistemas son adecuados para climas cálidos, aunque pueden tener problemas de congelación o sobrecalentamiento.

En cambio, los sistemas de circulación natural son más complejos y caros. Consisten en un depósito dentro de la vivienda, conectado a los colectores solares mediante tuberías. El agua caliente se almacena en el depósito y se distribuye al circuito de consumo con ayuda de una bomba auxiliar. El agua fría retorna a los colectores por gravedad, creando un flujo natural. Estos sistemas son idóneos para climas fríos y con menor radiación solar, ya que pueden incorporar medidas para protegerse de congelaciones o sobrecalentamientos.

7.3.4. ACS con sistema de circulación natural

La circulación natural, también conocida como circulación por termosifón, es un método comúnmente utilizado en sistemas de agua caliente sanitaria (ACS) residenciales que usan energía solar térmica. Este método aprovecha la tendencia natural del agua caliente a subir por encima del agua fría para circular el agua a través del sistema.

Un sistema de ACS de circulación natural consta de un colector solar, un tanque de almacenamiento y tuberías de conexión. El colector solar, generalmente ubicado en el techo de la residencia, absorbe la energía solar y la transfiere al agua dentro de las tuberías del colector. A medida que el agua se calienta, se vuelve menos densa y sube naturalmente hacia el tanque de almacenamiento, que se ubica por encima del colector. El agua fría en el tanque de almacenamiento, siendo más densa, baja hacia el colector, creando así un ciclo de circulación natural.

Es importante mencionar que la eficiencia de un sistema de ACS de circulación natural depende en gran medida de la diferencia de altura entre el colector y el tanque de almacenamiento. Cuanto mayor sea la diferencia de altura, más eficiente será la circulación del agua.

7.3.5. ACS con sistema de forzado

A diferencia de la circulación natural, la circulación forzada en un sistema de ACS utiliza una bomba para mover el agua entre el colector solar y el tanque de almacenamiento. Este método ofrece una mayor flexibilidad en la ubicación del colector y el tanque de almacenamiento, ya que no depende de la gravedad para la circulación del agua.

En un sistema de ACS de circulación forzada, la bomba se activa cuando un controlador detecta que la temperatura en el colector solar es mayor que la temperatura del agua en el tanque de almacenamiento. Cuando esto sucede, la bomba hace circular agua desde el tanque de almacenamiento hasta el colector solar, para calentarla, y luego de vuelta al tanque de almacenamiento.

Aunque los sistemas de ACS de circulación forzada son generalmente más costosos y complejos que los sistemas de circulación natural, ofrecen varias ventajas. Estas incluyen una mayor eficiencia energética, la capacidad de utilizar tanques de almacenamiento más grandes y la posibilidad de ubicar el tanque de almacenamiento lejos del colector solar.

Es importante tener en cuenta que, independientemente del método de circulación utilizado, un sistema de ACS debe diseñarse e instalarse correctamente para garantizar su eficiencia y durabilidad. Esto incluye la selección adecuada de componentes, la correcta orientación e inclinación del colector solar y el aislamiento adecuado de las tuberías y el tanque de almacenamiento.

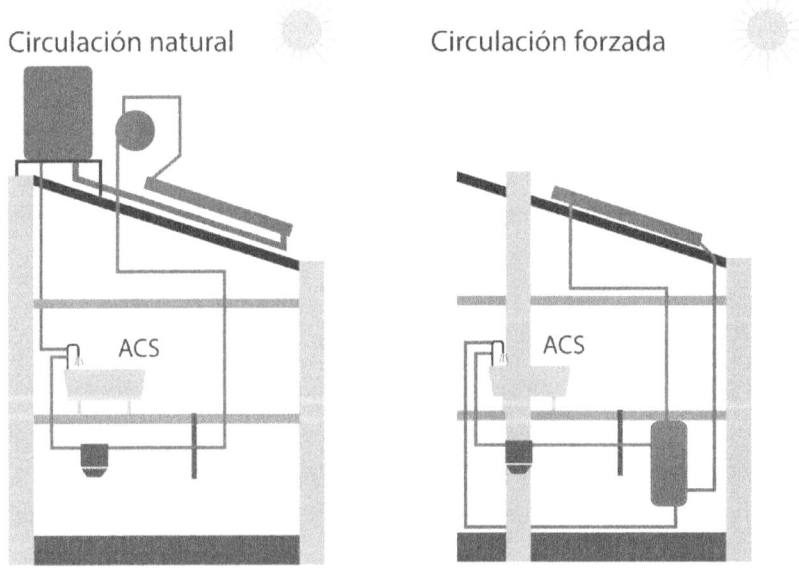

Circulación natural   Circulación forzada

ACS   ACS

Figura 7.5 Diagrama de ACS con circulación natural y forzada.

7.3.5.1. ACS con caldera mixta

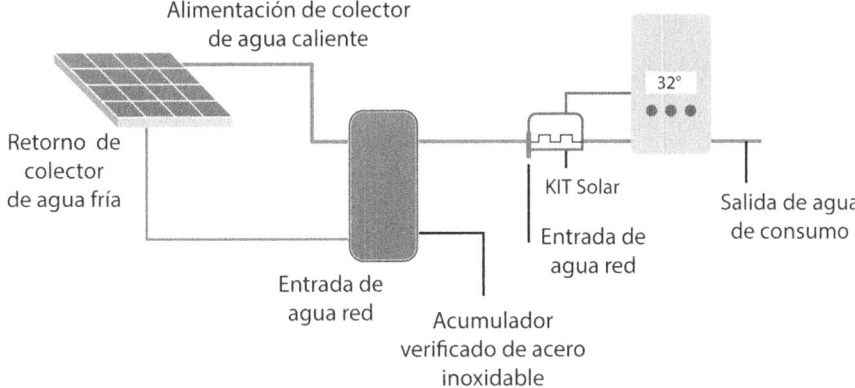

Figura 7.6 Esquema de ACS con caldera mixta.

Este sistema combina una caldera convencional con un colector solar térmico para la producción de agua caliente sanitaria. Inicialmente, el agua se calienta en la caldera y luego se utiliza el colector solar para aumentar su temperatura. Es apropiado para climas fríos con baja radiación solar, donde se necesita una fuente de energía adicional para calentar el agua.

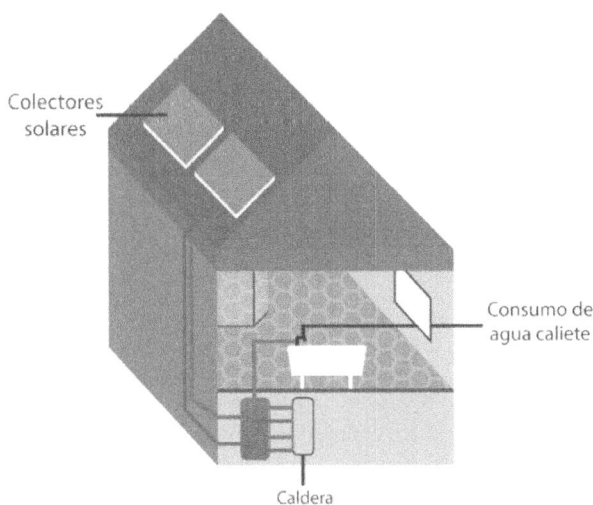

Figura 7.7 Representación de ACS con caldera mixta.

7.3.5.2.　ACS mixta con calefacción

Este sistema emplea una caldera convencional para calentar el agua sin utilizar energía solar. Es ideal en climas fríos con radiación solar limitada, donde se requiere una fuente de energía suplementaria para calentar el agua.

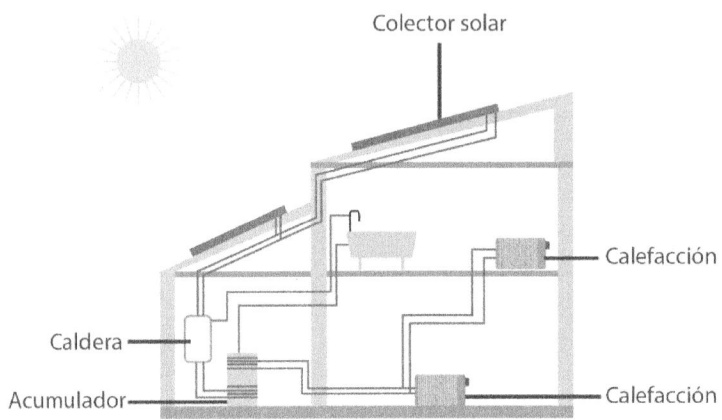

Figura 7.8 Representación de ACS mixta con calefacción.

7.3.5.3.　ACS con dos tanques

En este sistema, se utilizan dos tanques de almacenamiento, uno para agua caliente y otro para agua fría. El agua caliente se almacena y se utiliza según la demanda, mientras que el agua fría reemplaza el agua caliente consumida. Es adecuado para climas cálidos con alta radiación solar, y necesita una fuente de energía adicional para calentar el agua.

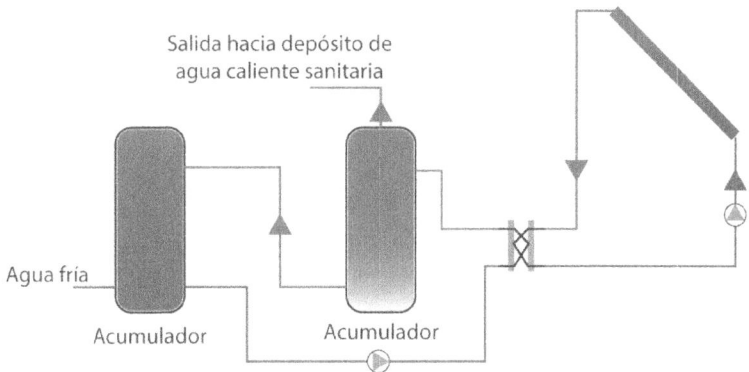

Figura 7.9 Esquema de ACS con dos tanques.

7.3.5.4.　ACS con sistema forzado de acumulación colectiva

Este sistema de ACS consiste en un conjunto de paneles solares térmicos que captan la energía del sol y la transfieren a un depósito común donde se almacena el agua caliente. Desde este depósito, se distribuye el agua a las viviendas mediante bombas y tuberías.

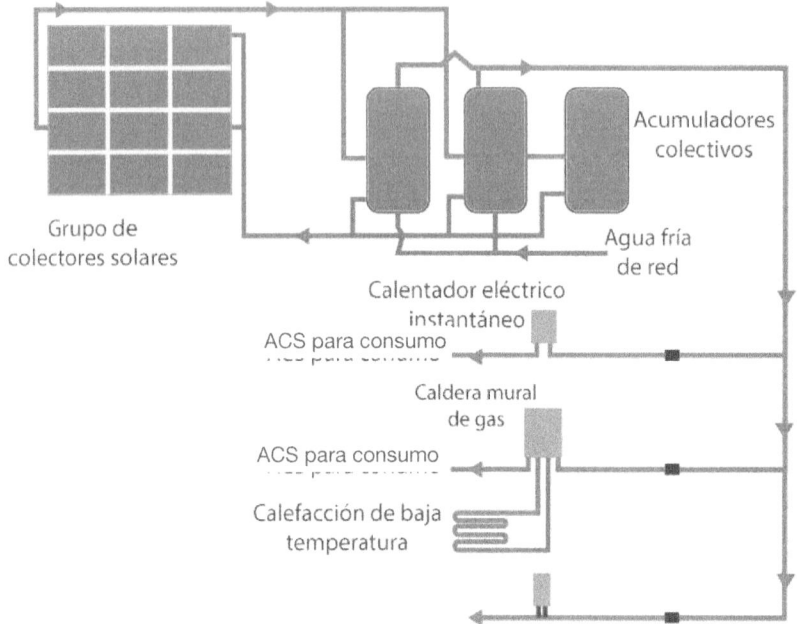

Figura 7.10 Esquema de ACS con sistema forzado.

7.3.5.5.   ACS directo

El sistema de ACS directo consiste en hacer circular el agua que se va a consumir directamente por una caldera o por los colectores solares térmicos, donde se calienta por la radiación solar y se almacena en un depósito térmico. Este sistema tiene la ventaja de ser simple y económico, ya que no requiere de un fluido caloportador ni de un intercambiador de calor. Sin embargo, también presenta algunos inconvenientes, como el riesgo de congelación o sobrecalentamiento del agua en los colectores, la posible corrosión o incrustación de las tuberías y la necesidad de garantizar la calidad sanitaria del agua.

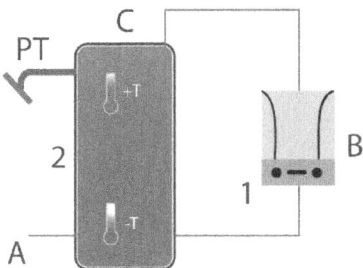

1 Bomba primaria
2 Bomba secundaria
-T Temperatura de la parte inferior del acumulador
+T Temperatura de la parte superior del acomulador
A Agua fría de consumo humano (AFCH)
B Generador de calor
C Depósito acumulador
PT Punto terminal del consumo

Figura 7.11 Esquema de ACS directo por caldera.

7.3.5.6. Bomba de calor asistida por energía solar de expansión directa (DX-SAHP)

Este innovador sistema integra un colector solar térmico con una bomba de calor. El refrigerante pasa por los colectores solares, absorbe calor del ambiente y se comprime para aumentar su temperatura. Luego, en el condensador, cede el calor al agua del depósito. Al pasar por una válvula de expansión, disminuye su temperatura antes de retornar a los colectores. Este sistema es eficaz incluso en condiciones nubladas o nocturnas, pues aprovecha tanto la radiación directa como difusa.

Es vital considerar las particularidades de cada sistema, así como las condiciones climáticas y necesidades específicas, al seleccionar el sistema adecuado. Además, el dimensionamiento preciso y la eficiencia energética son cruciales para garantizar un uso óptimo de la energía solar térmica en la producción de agua caliente sanitaria.

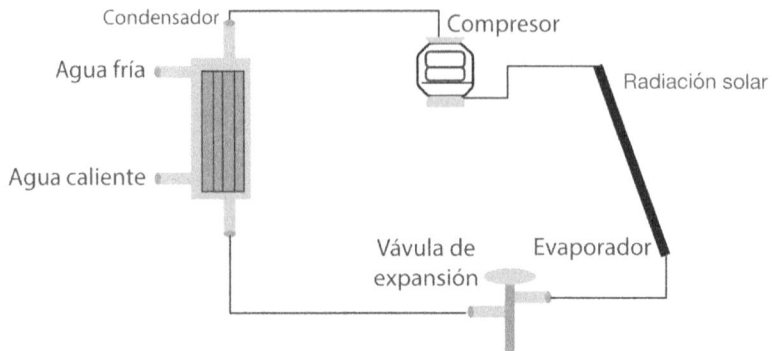

Figura 7.12 Esquemático de ACS directo por DX-SAHP

7.3.5.7. ACS con piscina, piso radiante y clima

Un sistema de ACS con piscina y clima es un tipo de instalación solar térmica que aprovecha el excedente de energía térmica producida por los colectores solares para climatizar una piscina o un ambiente. De esta forma, se optimiza el uso de la energía solar y se reduce el consumo de combustibles fósiles.

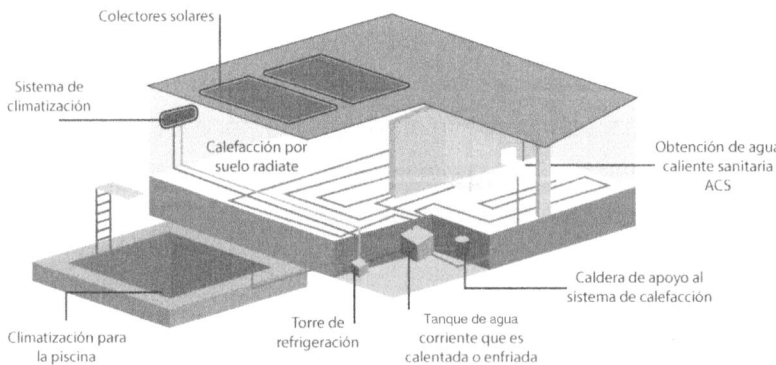

Figura 7.13 Representación de ACS con piscina, piso radiante y clima.

7.4. Dimensionamiento para ACS

El dimensionamiento de un sistema de energía solar térmica para la obtención de agua caliente sanitaria (ACS) residencial es un proceso crucial para garantizar la eficiencia energética del sistema y su rentabilidad a largo plazo.

El dimensionamiento de un sistema de ACS solar térmico depende de varios factores, como la demanda de agua caliente, la ubicación geográfica, la orientación y la inclinación del colector solar, la eficiencia del colector y el rendimiento del sistema de almacenamiento de calor.

7.4.1. Demanda de agua caliente

La demanda de agua caliente varía según el número de personas que viven en la casa, sus hábitos de consumo de agua caliente y la temperatura del agua deseada. Para calcular la demanda de agua caliente, se puede utilizar la siguiente ecuación:

$$Q_{demanda} = V_{demanda} \cdot \rho_{agua} \cdot C_{p\,agua} \cdot \Delta T \ (7.4)$$

donde:

- $Q_{demanda}$ es la demanda de energía térmica en julios (J).
- $V_{demanda}$ es el volumen de agua caliente requerido.
- ρ_{agua} es la densidad del agua en kg/L.
- $C_{p,agua}$ es el calor específico del agua en J/(kg K).
- ΔT es la diferencia de temperatura entre la temperatura del agua fría y la temperatura del agua caliente deseada en grados Celsius (°C).

Ejemplo:

Supongamos que queremos determinar la demanda de agua caliente para una familia de cuatro personas que residen en una región donde la temperatura del agua fría de entrada es de 15 °C y desean tener agua caliente a una temperatura de 40 °C. Además, supongamos que cada persona consume en promedio 50 litros de agua caliente por día.

Datos:

Número de personas (n): 4

Temperatura del agua fría (T_f): 15 °C

Temperatura del agua caliente deseada (T_c): 40 °C

Consumo de agua caliente por persona ($V_{demanda}$): 50 litros/día

Ahora, podemos proceder a calcular la demanda de agua caliente utilizando la ecuación proporcionada:

- Densidad del agua (ρ_{agua}):

La densidad del agua a temperatura ambiente (15 °C) es aproximadamente 1000 kg/m³. Convertimos esta densidad a kg/L dividiendo por 1000, ya que 1 m³ = 1000 L.

ρ_{agua} = 1000 kg/m^3 / 1000 = 1 kg/L

- Calor específico del agua ($C_{p\ agua}$):

El calor específico del agua es aproximadamente 4186 J/(kg K).

Con estos valores, podemos proceder a calcular la demanda de agua caliente mediante la ecuación 7.4:

$$Q_{demanda} = (4\ personas) \cdot \left(\frac{\frac{50\ litros}{persona}}{día} \right) \cdot \left(\frac{1\ kg}{L} \right) \cdot \left(\frac{4186\ J}{(KgK)} \right) \cdot (40°C - 15°C) \quad (7.4.1)$$

$$Q_{demanda} = (200\ kg) \cdot \left(\frac{1\ kg}{L} \right) \cdot \left(\frac{4186\ J}{(KgK)} \right) \cdot (25\ °C) \quad (7.4.2)$$

$$Q_{demanda} = 20\ 930\ 000 \quad (7.4.3)$$

Por lo tanto, la demanda de energía térmica para suministrar agua caliente a una familia de cuatro personas en estas condiciones es de aproximadamente 20 930 000 julios por día.

Ejercicios:

7.4.1.1. **Supongamos que en una casa con dos personas se necesita agua caliente para ducharse, y cada persona consume 60 litros de agua caliente por día. La temperatura del agua fría es de 20 °C y se desea tener agua caliente a una temperatura de 45 °C.**

7.4.1.2. **Consideremos un edificio de apartamentos con 10 unidades habitacionales. Cada unidad tiene una demanda diaria de agua caliente de 100 litros por persona. La temperatura del agua fría es de 18 °C y la temperatura deseada del agua caliente es de 42 °C.**

7.4.1.3. **Una pequeña cafetería que requiere agua caliente para preparar bebidas y limpiar utensilios. Se estima que diariamente se necesitan 200 litros de agua caliente, con una temperatura deseada de 60 °C. La temperatura del agua fría es de 10 °C.**

7.4.1.4. **Una pequeña lavandería que utiliza agua caliente para lavar la ropa. Se estima que diariamente se necesitan 300 litros de agua caliente, con una temperatura deseada de 50 °C. La temperatura del agua fría es de 12 °C.**

7.4.1.5. **Supongamos que se necesita agua caliente para llenar una piscina de 5000 litros. La temperatura del agua fría es de 18 °C y se desea elevarla a 28 °C.**

7.4.1.6. **Una pequeña fábrica que utiliza agua caliente en sus procesos industriales. Se estima que diariamente se necesitan 1000 litros de agua caliente, con una temperatura deseada de 60 °C. La temperatura del agua fría es de 15 °C.**

7.4.2. Ubicación geográfica

La ubicación geográfica es importante porque afecta a la cantidad de radiación solar disponible en la zona. La radiación solar se mide en kilowatts por metro cuadrado (kW/m^2) y varía según la latitud, la altitud y las condiciones climáticas locales. Para calcular la radiación solar disponible en una ubicación específica se puede utilizar un software de simulación solar o una tabla de valores promedio.

7.4.3. Orientación e inclinación del colector solar

La orientación e inclinación del colector solar afectan la cantidad de radiación solar que puede ser capturada por el sistema. En general, se recomienda que el colector solar esté orientado hacia el sur y tenga una inclinación igual a la latitud de la ubicación geográfica más 10-15 grados. Sin embargo, la orientación e inclinación óptimas pueden variar según la ubicación y las condiciones específicas del sitio.

7.4.4. Eficiencia del colector

La eficiencia del colector solar se refiere a la cantidad de radiación solar que puede ser convertida en energía térmica por el colector. La eficiencia del colector depende de varios factores, como el diseño del colector, el material del absorbedor y la calidad del vidrio. La eficiencia del colector se expresa como un porcentaje y puede variar desde el 30% hasta el 80%.

7.4.5. Rendimiento del sistema de almacenamiento de calor

El rendimiento del sistema de almacenamiento de calor se refiere a la cantidad de energía térmica que puede ser almacenada y utilizada posteriormente por el sistema. El rendimiento del sistema de almacenamiento de calor depende del diseño del tanque de almacenamiento, el material del aislamiento y la temperatura de almacenamiento. El rendimiento del sistema de almacenamiento de calor se expresa como un porcentaje y puede variar desde el 50% hasta el 90%.

7.4.6. Cálculo de la capacidad del sistema

Una vez que se han considerado todos los factores anteriores, se puede calcular la capacidad del sistema de ACS solar térmico. La capacidad del sistema se refiere a la cantidad de energía térmica que puede ser generada por el sistema y se expresa en kilowatts hora (kWh) o en megajulios (MJ). Para calcular la capacidad del colector solar se emplea la ecuación 7.5 y para la capacidad del tanque de almacenamiento se emplea la ecuación 7.6,

$$A_c = \frac{Q_{demanda} \cdot f_s \cdot f_u}{I_s \cdot \eta_c \cdot \Delta T_m} \quad (7.5)$$

donde:

- A_c es el área del colector solar en metros cuadrados (m²).
- f_s es el factor de sombreado del colector solar.
- f_u es el factor de utilización del colector solar.
- I_s es la radiación solar disponible en la ubicación geográfica en kW/m².
- η_c es la eficiencia del colector solar como un porcentaje.
- ΔT_m es la diferencia de temperatura media entre la temperatura del colector y la temperatura del agua en grados Celsius (°C).

Ejemplo:

Se desea calcular el área de un colector solar para una casa con una demanda de energía térmica de 750 840 J/día, un factor de sombreado de 0.9, un factor de utilización de 0.7, una radiación solar de 0.6 kW/m², una eficiencia del colector solar del 70% y una diferencia de temperatura media dc 45 °C. Sustituimos cstos valores en la ecuación 7.5:

$$A_c = \frac{750\,840\,\frac{J}{día} \cdot 0.9 \cdot 0.7}{0.6\,\frac{kW}{m^2} \cdot 0.7 \cdot 45°C} \quad (7.5.1)$$

$$A_c = 31.7\,m^2 \quad (7.5.2)$$

Por lo tanto, se necesitaría un colector solar con un área de 31.7 metros cuadrados para satisfacer la demanda de energía térmica de esta casa. Recuerda que este es un cálculo simplificado y en la práctica pueden existir otros factores que afecten a la capacidad del colector solar.

$$V_t = \frac{Q_{\text{demanda}} \cdot (T_{\text{max}} - T_{\text{min}})}{\rho_{\text{agua}} \cdot c_{p,\text{agua}} \cdot \Delta T_m \cdot \eta_t} \quad (7.6)$$

donde:

- V_t es el volumen del tanque de almacenamiento en litros (L).
- T_{max} es la temperatura máxima de almacenamiento en grados Celsius (°C).
- T_{min} es la temperatura mínima de almacenamiento en grados Celsius (°C).
- η_t es el rendimiento del sistema de almacenamiento de calor como un porcentaje.

Por ejemplo:

Se requiere calcular el volumen de un tanque de almacenamiento para una casa con una demanda de energía térmica de 750 840 J/día, una temperatura máxima de almacenamiento de 85 °C, una temperatura mínima de almacenamiento de 25 °C, una diferencia de temperatura media de 45 °C y un rendimiento del sistema de almacenamiento de calor del 90 %. Sustituimos estos valores en la ecuación 7.6:

$$V_t = \frac{750\,840\,\frac{J}{\text{día}} \cdot (85\,°C - 25\,°C)}{1\,\frac{kg}{L} \cdot 4.186\,\frac{J}{kgK} \cdot 45\,°C \cdot 0.9} \quad (7.6.1)$$

$$V_t = 1000\,L \quad (7.6.2)$$

Por lo tanto, se necesitaría un tanque de almacenamiento con un volumen de 1000 litros para satisfacer la demanda de energía térmica de esta casa.

Ejercicios:

7.4.6.1. Se necesita determinar el área de un colector solar para una granja avícola con una demanda térmica diaria de 1 200 000 J. Debemos considerar un factor de sombreado de 0.8 debido a la disposición de los edificios cercanos, un factor de utilización de 0.65 basado en el uso eficiente del sistema de almacenamiento térmico, una radiación solar incidente promedio de 0.7 kW/m², una eficiencia del colector solar del 75% y una diferencia de temperatura media de 50 °C entre el fluido caloportador y el ambiente.

7.4.6.2. Se necesita calcular el área de un colector solar para un sistema de calentamiento de agua en una piscina comunitaria con una demanda térmica diaria de 900 000 J. Con un factor de sombreado de 0.85 debido a árboles cercanos y edificios, un factor de utilización de 0.6 para tener en cuenta las pérdidas térmicas en el sistema de distribución de agua, una radiación solar promedio de 0.8 kW/m², una eficiencia del colector solar del 80% y una diferencia de temperatura media de 55 °C entre el agua de la piscina y la temperatura ambiente.

7.4.6.3. Se busca calcular el área de un colector solar para un sistema de calefacción en un invernadero con una demanda térmica diaria de 1 500 000 J. Consideraremos un factor de sombreado de 0.7 debido a la presencia de árboles circundantes y estructuras cercanas, un factor de utilización de 0.75 para tener en cuenta las pérdidas de calor en el sistema de distribución, una radiación solar promedio de 0.5 kW/m², una eficiencia del colector solar del 65% y una diferencia de temperatura media de 60 °C entre el interior del invernadero y el exterior.

7.4.6.4. Se requiere determinar el área de un colector solar para un sistema de agua caliente sanitaria en un edificio residencial con una demanda térmica diaria de 2 000 000 J. Consideraremos un factor de sombreado de

0.75 debido a la presencia de edificios cercanos, un factor de utilización de 0.8 para tener en cuenta las pérdidas en el sistema de almacenamiento térmico, una radiación solar promedio de 0.6 kW/m², una eficiencia del colector solar del 70% y una diferencia de temperatura media de 40 °C entre el agua almacenada y la temperatura ambiente.

7.4.6.5. Se necesita calcular el área de un colector solar para un sistema de secado de productos agrícolas con una demanda térmica diaria de 800 000 J. Con un factor de sombreado de 0.85 debido a la presencia de árboles cercanos, un factor de utilización de 0.6 para considerar las pérdidas térmicas durante el proceso de secado, una radiación solar promedio de 0.7 kW/m², una eficiencia del colector solar del 75% y una diferencia de temperatura media de 55 °C entre el producto a secar y la temperatura ambiente.

7.4.6.6. Se busca calcular el área de un colector solar para un sistema de calefacción en una planta de procesamiento de alimentos con una demanda térmica diaria de 1 800 000 J. Consideraremos un factor de sombreado de 0.8 debido a la presencia de estructuras cercanas, un factor de utilización de 0.7 para tener en cuenta las pérdidas térmicas en el sistema de distribución, una radiación solar promedio de 0.8 kW/m², una eficiencia del colector solar del 80% y una diferencia de temperatura media de 50 °C entre el interior de la planta y el exterior.

7.4.6.7. Se desea determinar el volumen del tanque de almacenamiento para un sistema de calefacción en una escuela con una demanda de energía térmica de 1 200 000 J/día. La temperatura máxima de almacenamiento es de 90 °C, la temperatura mínima de almacenamiento es de 30 °C, la diferencia de temperatura media es de 60 °C y el rendimiento del sistema de almacenamiento de calor es del 85%.

7.4.6.8. Se necesita calcular el volumen del tanque de almacenamiento para un sistema de agua caliente sanitaria en un hotel con una demanda de energía térmica de 800 000 J/día. La temperatura máxima de almacenamiento es de 80 °C, la temperatura mínima de almacenamiento es de 40 °C, la diferencia de temperatura media es de 50 °C y el rendimiento del sistema de almacenamiento de calor es del 80%.

7.4.6.9. Se busca calcular el volumen del tanque de almacenamiento para un sistema de calefacción en un invernadero con una demanda de energía térmica de 1 500 000 J/día. La temperatura máxima de almacenamiento es de 85 °C, la temperatura mínima de almacenamiento es de 20 °C, la diferencia de temperatura media es de 65 °C y el rendimiento del sistema de almacenamiento de calor es del 75%.

7.5. Normativa y regulaciones para sistemas de ACS

En el contexto de la energía solar térmica para la obtención de agua caliente sanitaria (ACS) en aplicaciones residenciales, es fundamental considerar las normativas y regulaciones internacionales que rigen este tipo de sistemas. Entre los estándares más relevantes a nivel internacional se encuentran los siguientes:

- Norma ISO 9488:1999 - Esta norma internacional establece los requisitos y métodos de prueba para los colectores solares térmicos utilizados en sistemas de agua caliente sanitaria y calefacción. Define parámetros como la eficiencia térmica y la capacidad de transferencia de calor, entre otros aspectos fundamentales para la evaluación de estos sistemas.

- Norma ISO 9459-2:1995 - Esta norma proporciona métodos para el cálculo de la eficiencia térmica de los colectores solares, lo cual es crucial para la evaluación del desempeño de los sistemas de energía solar térmica utilizados en la producción de ACS.

Estas normativas internacionales son de vital importancia para garantizar la calidad, eficiencia y seguridad de los sistemas de energía solar térmica destinados a la obtención de agua caliente sanitaria en aplicaciones residenciales. Su cumplimiento contribuye a la promoción de tecnologías sostenibles y al fomento de la adopción de energías renovables en el sector residencial.

Es importante destacar que el conocimiento y la aplicación de estas normativas son esenciales para el diseño, la instalación y el mantenimiento adecuado de los sistemas de energía solar térmica, lo que a su vez impacta en la eficiencia energética y en la reducción de la huella ambiental de las edificaciones residenciales.

La comprensión y el cumplimiento de los estándares internacionales en el ámbito de la energía solar térmica para la obtención de agua caliente sanitaria son aspectos fundamentales para garantizar la viabilidad, eficiencia y sostenibilidad de estos sistemas en el contexto residencial.

7.5.1. España

En España, la normativa que regula la instalación y operación de sistemas de ACS con energía solar térmica es extensa y detallada. La legislación busca no solo promover el uso de energías renovables, sino también asegurar que las instalaciones sean seguras y eficientes. A continuación, se presentan los principales aspectos normativos que afectan a los sistemas de ACS solares en residencias.

7.5.2. Código Técnico de la Edificación (CTE)

El Código Técnico de la Edificación (CTE) es el marco legal que establece las exigencias de calidad en la edificación, incluyendo aspectos relacionados con la eficiencia energética y la utilización de energías renovables. En su sección de Ahorro de Energía (CTE-HE4), se especifica la obligatoriedad de incorporar sistemas para la producción de ACS que utilicen energía solar en edificaciones nuevas y en aquellas que se sometan a grandes reformas.

7.5.3. RITE y contribución solar mínima

El Reglamento de Instalaciones Térmicas en los Edificios (RITE) establece las condiciones técnicas y garantías que deben cumplir las instalaciones destinadas a atender la demanda de bienestar térmico e higiene a través de la regulación térmica y la eficiencia energética. Según el RITE, se debe alcanzar una contribución solar mínima que varía según la zona climática y el consumo diario de ACS. Esta contribución solar mínima es esencial para garantizar que una parte significativa del agua caliente sanitaria provenga de fuentes renovables, reduciendo así la dependencia de combustibles fósiles y las emisiones de gases de efecto invernadero.

La fracción solar mínima es un parámetro clave en el diseño de sistemas de ACS solares. Se define como la parte del total de energía para calentar el agua que es aportada por el sistema solar. En España, la contribución solar mínima requerida varía entre el 30% y el 70%, dependiendo de la zona climática y del volumen de agua caliente demandado.

7.5.3.1. Integración de sistemas solares y tradicionales

La integración de sistemas solares térmicos con sistemas tradicionales de ACS es un aspecto técnico crucial. La instalación solar debe ser capaz de precalentar el agua antes de que esta sea llevada a la temperatura de uso por el sistema convencional. Esto implica una conexión en serie entre ambos sistemas, donde la instalación solar aporta agua precalentada a la instalación tradicional.

Es importante destacar que el diseño de la integración debe contemplar medidas para el tratamiento antilegionela, como se especifica en el RD 865/2003. Este reglamento exige que el agua alcance una temperatura mínima de 60 °C antes de ser enviada a consumo, lo cual se logra en el depósito calentado por calderas. Además, se debe garantizar que los depósitos solares alcancen periódicamente los 70 °C para prevenir la proliferación de la bacteria Legionella.

7.6. Calefacción solar en viviendas

La energía solar térmica es una forma de aprovechar la radiación solar para producir calor que se puede utilizar en diferentes aplicaciones residenciales, como la obtención de suelo radiante, agua caliente sanitaria o calefacción. En este apartado nos centraremos en esta última, que consiste en utilizar la energía solar térmica para calentar el aire o el agua que circula por un sistema de distribución de calor en una vivienda.

La calefacción solar en viviendas requiere de tres elementos principales: un captador solar, un acumulador térmico y un sistema de distribución de calor. El captador solar es el dispositivo que absorbe la radiación solar y la transforma en calor, que se transfiere a un fluido caloportador (generalmente agua o una mezcla de agua y anticongelante) que circula por un circuito cerrado. El acumulador térmico es un depósito que almacena el calor generado por el captador solar para su uso posterior. El sistema de distribución de calor es el conjunto de tuberías, bombas, válvulas y elementos terminales (radiadores, suelo radiante, etc.) que transportan el calor desde el acumulador térmico hasta los puntos de consumo en la vivienda.

> Nota clave: la calefacción solar no solo se puede aplicar a viviendas individuales, sino también a edificios colectivos e incluso a redes urbanas de calefacción. En estos casos, se utilizan grandes campos de colectores solares térmicos que alimentan una central térmica donde se almacena el calor y se distribuye por tuberías subterráneas a las viviendas conectadas.

Existen diferentes tipos de captadores solares térmicos, que se clasifican según su grado de concentración de la radiación solar y su temperatura de trabajo. Los más comunes son los captadores planos y los captadores de tubos de vacío. Los captadores planos son los más sencillos y económicos, y consisten en una placa metálica pintada de negro que absorbe la radiación solar y la transmite al fluido caloportador que circula por unas tuberías adheridas a la placa. Los captadores de tubos de vacío son más eficientes y pueden alcanzar temperaturas más altas, ya que están formados por una serie de tubos cilíndricos que contienen en su interior otro tubo más pequeño por el que circula el fluido caloportador. Entre los dos tubos hay un espacio vacío que reduce las pérdidas de calor por convección y radiación.

El tamaño y la orientación del captador solar dependen de varios factores, como la demanda térmica de la vivienda, la radiación solar disponible en la zona, el ángulo de inclinación del tejado y las posibles sombras que puedan afectar al captador. En general, se recomienda orientar el captador hacia el sur (en el hemisferio norte) o hacia el norte (en el hemisferio sur) y colocarlo con una inclinación similar a la latitud del lugar. El área del captador suele ser entre el 30% y el 60% del área a calefactar, dependiendo del tipo de captador, del clima y del grado de aislamiento térmico de la vivienda.

El acumulador térmico es un depósito que almacena el calor generado por el captador solar para su uso posterior. El tamaño del acumulador depende de la demanda térmica de la vivienda y del rendimiento del captador. En general, se recomienda dimensionar el acumulador para que pueda almacenar entre 50 y 100 litros de agua por metro cuadrado de captador. El acumulador debe estar bien aislado para evitar pérdidas de calor y debe tener un sistema de seguridad que evite sobrepresiones o sobrecalentamientos. Además, debe contar con un sistema auxiliar de calentamiento (por ejemplo, una caldera de gas o eléctrica) que se active cuando la energía solar no sea suficiente para cubrir la demanda.

El sistema de distribución de calor es el conjunto de tuberías, bombas, válvulas y elementos terminales (radiadores, suelo radiante, etc.) que transportan el calor desde el acumulador térmico hasta los puntos de consumo en la vivienda. El tipo de sistema más adecuado depende del tipo de vivienda, del clima y de las preferencias del usuario. Los sistemas más habituales son los siguientes:

- **Radiadores:** Son los elementos más comunes para distribuir el calor en las viviendas. Consisten en unos cuerpos metálicos que emiten calor por convección y radiación al estar en contacto con el aire ambiente. Los radiadores deben estar dimensionados correctamente para que puedan proporcionar la temperatura deseada en cada estancia. Los radiadores suelen funcionar con agua a una temperatura entre 60 y 80 °C, por lo que requieren de un intercambiador de calor que eleve la temperatura del agua procedente del acumulador térmico.

- **Suelo radiante:** Es un sistema que consiste en instalar tuberías por debajo del suelo por las que circula agua a baja temperatura (entre 30 y 50 °C) que calienta el suelo y, por tanto, el aire ambiente. El suelo radiante tiene la ventaja de ofrecer una mayor sensación de confort térmico, al distribuir el calor de forma más uniforme y evitar corrientes de aire. Además, al funcionar con agua a baja temperatura, se adapta mejor al uso de la energía solar térmica, sin necesidad de intercambiadores de calor. Sin embargo, el suelo radiante también tiene algunos inconvenientes, como el mayor coste de instalación, el mayor tiempo de respuesta y la limitación en la elección del tipo de suelo.

- **Otros sistemas:** Existen otros sistemas de distribución de calor menos habituales, como los zócalos radiantes, los paneles radiantes o los ventiladores. Estos sistemas pueden tener algunas ventajas específicas, como una mayor rapidez de respuesta, una mayor flexibilidad o una menor ocupación de espacio. Sin embargo, también presentan algunos inconvenientes, como una menor eficiencia, una mayor complejidad o una menor estética.

La calefacción solar en viviendas es una opción interesante para reducir el consumo de energía fósil y las emisiones de gases de efecto invernadero.

Sin embargo, para que sea viable y rentable, es necesario realizar un buen diseño e instalación del sistema teniendo en cuenta las características de la vivienda, el clima y las necesidades del usuario. Además, es conveniente combinar la calefacción solar con otras medidas de ahorro energético, como el aislamiento térmico, la ventilación controlada o el uso de termostatos.

Para dimensionar correctamente un sistema de calefacción solar, es necesario tener en cuenta varios factores, como la orientación e inclinación de los colectores, la radiación solar disponible en la zona, la demanda térmica de la vivienda, el tipo y tamaño del intercambiador y del depósito de almacenamiento y el sistema auxiliar elegido.

En la Tabla 7.2 se muestra un ejemplo simple de un cálculo para dimensionar un sistema de calefacción solar para una vivienda unifamiliar situada en Madrid, con una superficie útil de 150 m^2 y una demanda térmica anual de 15 000 kWh.

Factor	Valor
Radiación solar media anual en Madrid	1500 kWh/m^2
Rendimiento medio del colector solar térmico	0.5
Superficie necesaria del colector	20 m^2
Volumen necesario del depósito de almacenamiento	1000 litros
Fracción solar (porcentaje de demanda cubierta)	0.5
Ahorro anual de energía	7500 kWh
Ahorro anual de emisiones de CO2	1500 kg

Tabla 7.2 Cálculo para dimensionar un sistema de calefacción.

Como se puede observar, el sistema solar puede cubrir el 50% de la demanda térmica de la vivienda, lo que supone un ahorro anual de energía y de emisiones de CO2 considerable. El otro 50% se debe cubrir con un sistema auxiliar, que puede ser una caldera de gas o eléctrica o una bomba de calor.

7.7. Sistemas de refrigeración por absorción solar

Los sistemas de refrigeración por absorción solar son una alternativa ecológica y económica para obtener frío a partir de la energía térmica del sol. Estos sistemas aprovechan el ciclo de absorción de una solución binaria, formada por un refrigerante y un absorbente, para producir agua fría que se puede utilizar para climatizar espacios o procesos industriales.

7.7.1. Ciclo de refrigeración por absorción y su aplicación en sistemas de refrigeración solar

La refrigeración por absorción es un proceso que utiliza el calor como fuente de energía para producir frío. A diferencia de los sistemas convencionales de refrigeración por compresión, que utilizan electricidad para accionar un compresor, los sistemas de refrigeración por absorción aprovechan el calor proveniente de fuentes renovables, como la energía solar térmica, para generar el efecto de enfriamiento.

El ciclo de refrigeración por absorción se basa en la capacidad de ciertas sustancias, como el agua y el amoníaco, para absorber grandes cantidades de vapor a baja presión y luego liberarlo a alta presión mediante la aplicación de calor. Esta capacidad se expresa a través del coeficiente de desorción, que es una medida de la cantidad de vapor que puede ser desorbida por la sustancia absorbente.

El coeficiente de desorción se define como la relación entre la cantidad de vapor desorbida y la cantidad de sustancia absorbente. Se expresa matemáticamente del siguiente modo:

$$\beta = \frac{Masa\ de\ vapor\ desorbida}{Masa\ de\ sustancia\ absorbente} \quad (7.7)$$

donde:

- β = Coeficiente de desorción
- Masa de vapor desorbida se refiere a la cantidad de vapor liberada durante el proceso de desorción.

- Masa de sustancia absorbente, representa la cantidad de la sustancia absorbente involucrada en el proceso.

Un ejemplo de aplicación del ciclo de refrigeración por absorción en sistemas de refrigeración solar es un sistema de aire acondicionado solar. En este sistema, los paneles solares térmicos proporcionan el calor necesario para el generador, que desorbe el refrigerante, mientras que el absorbedor utiliza el calor del ambiente para absorber el vapor del refrigerante, creando así el efecto de enfriamiento.

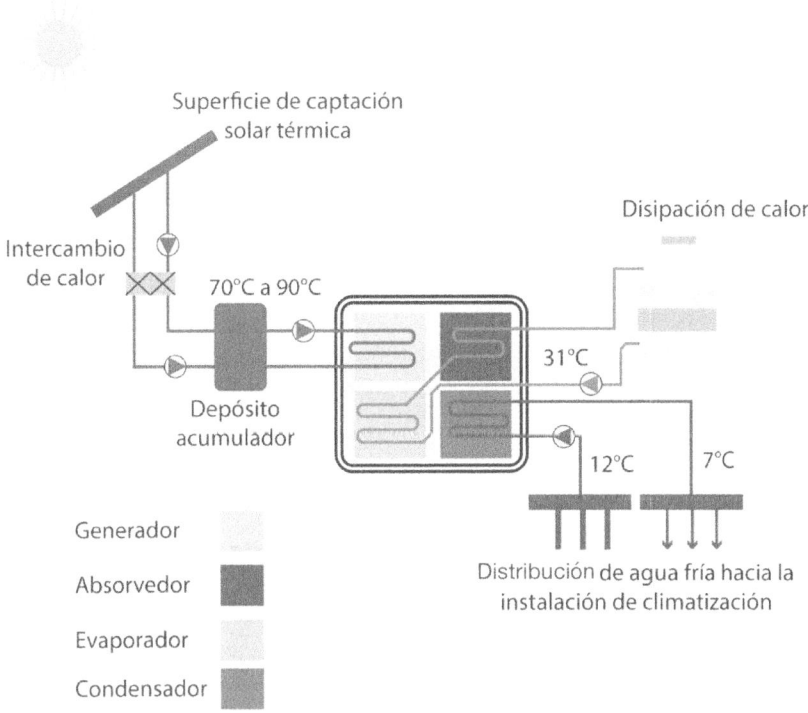

Figura 7.14 Diagrama del principio de refrigeración solar.

Es importante destacar que la eficiencia de los sistemas de refrigeración por absorción solar depende en gran medida de la temperatura a la que se puede generar el calor necesario para el generador. Cuanto mayor sea la temperatura, mayor será la eficiencia del ciclo de refrigeración por absorción, lo que hace que los sistemas de refrigeración solar sean especialmente adecuados para regiones con altos niveles de radiación solar.

La aplicación de los sistemas de refrigeración por absorción en el ámbito residencial tiene varios beneficios ambientales y económicos. Por un lado, permite reducir el consumo de electricidad y las emisiones de gases de efecto invernadero asociadas a la generación de frío. Por otro lado, aprovecha la energía solar térmica, que es abundante, gratuita y limpia. Además, contribuye a mejorar la eficiencia energética de las viviendas, al integrarse con otros sistemas térmicos como la calefacción o el agua caliente sanitaria.

7.8. Autoevaluación del capítulo 7

7.8.1. ¿Cuál es el principio de funcionamiento del suelo radiante?

a) Conducción de calor.

b) Transferencia de calor por convección.

c) Transferencia de calor por radiación.

d) Fusión de calor.

7.8.2. ¿Cuál es una ventaja del suelo radiante en comparación con otros sistemas de calefacción?

a) Mayor consumo energético.

b) Menor confort térmico.

c) Mayor emisión de gases contaminantes.

d) Mayor compatibilidad con energías renovables.

7.8.3. ¿Qué ecuación fundamental se utiliza para entender cómo funciona el suelo radiante y cómo se puede optimizar su rendimiento?

a) La ecuación de conductividad térmica.

b) La ecuación de la ley de enfriamiento de Newton.

c) La ecuación de la ley de Stefan-Boltzmann.

d) La ecuación de la ley de Ohm.

7.8.4. ¿Cuál es la función de la banda perimetral en un sistema de suelo radiante?

a) Absorber la radiación solar.

b) Evitar los puentes térmicos y las pérdidas de calor por las paredes.

c) Regular la temperatura del suelo.

d) Aumentar la resistencia al paso del calor.

7.8.5. ¿Qué tipo de sistemas de energía solar térmica se utilizan para obtener agua caliente sanitaria?

a) Sistemas pasivos y activos.

b) Sistemas de circulación natural y forzada.

c) Sistemas de calefacción y refrigeración.

d) Sistemas de energía eólica y fotovoltaica.

7.8.6. ¿Qué método utiliza una bomba para mover el agua entre el colector solar y el tanque de almacenamiento en un sistema de ACS?

a) Circulación natural.

b) Circulación forzada.

c) Circulación por termosifón.

d) Circulación por gravedad.

7.8.7. ¿Qué sistema combina una caldera convencional con un colector solar térmico para la producción de agua caliente sanitaria?

a) ACS mixta con calefacción.

b) ACS con dos tanques.

c) ACS con caldera mixta.

d) ACS directo.

7.8.8. ¿Cuál es una ventaja del sistema de ACS directo?

a) Mayor complejidad.

b) Riesgo de congelación del agua.

c) No requiere un fluido caloportador ni un intercambiador de calor.

d) Menor eficiencia energética.

7.8.9. ¿Cuál es la función principal de la bomba de calor asistida por energía solar de expansión directa (DX-SAHP)?

a) Hacer circular el agua en un sistema de ACS.

b) Comprimir el refrigerante para aumentar su temperatura.

c) Almacenar agua caliente en un tanque.

d) Captar la energía solar.

7.8.10. ¿Qué factor afecta a la cantidad de radiación solar disponible en una ubicación específica?

a) La humedad del aire.

b) La altitud.

c) La velocidad del viento.

d) La temperatura del suelo.

7.8.11. ¿Cuál es la orientación recomendada para un colector solar en el hemisferio norte?

a) Norte.

b) Sur.

c) Este.

d) Oeste.

7.8.12. ¿Qué afecta a la eficiencia del colector solar?

a) El material del absorbedor.

b) La marca del colector.

c) El color del marco.

d) La altura del edificio.

7.8.13. ¿Qué es el rendimiento del sistema de almacenamiento de calor?

a) La cantidad de radiación solar que puede ser convertida en energía térmica.

b) La cantidad de energía térmica que puede ser almacenada y utilizada.

c) La diferencia de temperatura media entre el colector y el tanque de almacenamiento.

d) El área del colector solar.

7.8.14. ¿Cómo se expresa la capacidad del sistema de ACS solar térmico?

a) En grados Celsius.

b) En litros por metro cuadrado.

c) En kilowatts hora o en megajulios.

d) En radiación solar.

CAPÍTULO 8
Aplicaciones industriales

8.1. Introducción a las aplicaciones comerciales e industriales

La energía solar térmica tiene múltiples aplicaciones en los sectores comercial e industrial, que representan una parte importante del consumo energético mundial. Según la Agencia Internacional de Energía (AIE), estos sectores consumieron el 37% de la energía final total en 2018, y el 74% de esa energía se destinó a procesos térmicos. Estos procesos incluyen la cocción, la pasteurización, la esterilización, el lavado, el secado, la destilación, la concentración, la evaporación, la refrigeración y la climatización, entre otros.

El uso de la energía solar térmica para estos fines tiene varias ventajas, como la reducción de las emisiones de gases de efecto invernadero, el ahorro de combustibles fósiles, la disminución de los costes operativos y el aumento de la competitividad. Además, la energía solar térmica puede contribuir a la seguridad energética, al diversificar las fuentes de energía y reducir la dependencia de los suministros externos.

Sin embargo, también existen algunos desafíos para el desarrollo e implementación de esta tecnología, como el alto coste inicial de inversión, la falta de incentivos económicos y regulatorios, la escasez de personal cualificado y la limitada disponibilidad de datos y estudios sobre su viabilidad técnica y económica.

8.2. Sistemas solares para procesos industriales

La implementación de sistemas solares para procesos industriales ha cobrado relevancia en el contexto de la transición hacia fuentes de energía más sostenibles y limpias. Estos sistemas, basados en la energía solar térmica, ofrecen una alternativa eficiente y respetuosa con el medio ambiente para satisfacer las demandas energéticas de la industria. Los sistemas solares para procesos industriales pueden aplicarse a una gran variedad de sectores, como la industria química, manufacturera, alimentaria, textil, papelera o minera. Algunos ejemplos de procesos industriales que pueden beneficiarse de la energía solar térmica son la cocción, el lavado, la pasteurización, la esterilización, la destilación, la concentración, la extracción, la cristalización, el secado, la evaporación, la refrigeración o la climatización.

Según un estudio de la Agencia Internacional de Energía (AIE), el potencial técnico de los sistemas solares para procesos industriales es de alrededor de 1470 TWh/año a nivel mundial, lo que equivale al 10% del consumo total de calor industrial. Sin embargo, el grado de penetración actual es muy bajo, debido a diversos factores técnicos, económicos y regulatorios. Entre los principales desafíos para el desarrollo de esta tecnología se encuentran el diseño óptimo e integrado de los sistemas solares con los procesos industriales existentes, la reducción de los costes y el aumento de la eficiencia y la fiabilidad de los componentes, la disponibilidad y accesibilidad de datos sobre el consumo y la demanda térmica industrial y la creación de marcos normativos e incentivos económicos que favorezcan la inversión y la innovación en este campo.

8.2.1. Aplicaciones en la industria química y manufacturera

La industria química y manufacturera son sectores de gran relevancia en la economía global, caracterizados por su intensivo consumo energético y su significativa contribución a las emisiones de gases de efecto invernadero. En este contexto, la energía solar térmica emerge como una alternativa prometedora para reducir la dependencia de combustibles fósiles y avanzar hacia una producción más sostenible. La tecnología de Sistemas Solares para Procesos Industriales (SHIP, por sus siglas en inglés) se presenta como una solución viable para satisfacer las demandas térmicas de estos sectores. Puede ser utilizada en una amplia gama de aplicaciones industriales, desde procesos de baja temperatura, como el calentamiento de fluidos y secado, hasta procesos de alta temperatura, como la fundición y calcinación. La implementación de SHIP en la industria química y manufacturera no solo es factible, sino que también ofrece beneficios económicos y ambientales significativos. La capacidad de generar calor a través de la energía solar puede desplazar el uso de combustibles fósiles, reduciendo así las emisiones de CO_2 y otros contaminantes.

En la industria química, los procesos térmicos son fundamentales para la transformación de materias primas en productos químicos.

Aplicación	Descripción
Calentamiento de fluidos	Los sistemas SHIP pueden utilizarse para calentar diversos fluidos utilizados en procesos químicos, como disolventes, reactantes y productos intermedios. Esto permite mantener temperaturas controladas en los procesos y optimizar la eficiencia de las reacciones químicas.
Secado de materiales	En procesos de manufactura, el secado de materiales es una etapa crítica. Los colectores solares de SHIP pueden proporcionar la energía térmica necesaria para el secado de productos químicos, materiales orgánicos e inorgánicos, reduciendo así la dependencia de fuentes de calor convencionales.
Fundición de metales	La fundición de metales implica altas temperaturas, y los sistemas SHIP pueden ofrecer una fuente sostenible de calor para este proceso. Integrar colectores solares en instalaciones de fundición puede contribuir a la reducción de emisiones y a la optimización de los consumos energéticos.
Destilación en la refinación de petróleo	La destilación es un proceso esencial en la refinación de petróleo para la obtención de productos químicos. Integrar colectores solares en las columnas de destilación puede proporcionar el calor necesario, reduciendo así la dependencia de combustibles fósiles y disminuyendo las emisiones asociadas.
Reacciones endotérmicas y polimerización	Procesos químicos que implican reacciones endotérmicas, como la polimerización, requieren a menudo altas cantidades de calor. Los sistemas SHIP pueden suministrar esta energía térmica de manera sostenible, contribuyendo así a la eficiencia y sostenibilidad de la producción de productos químicos y materiales poliméricos.

Tabla 8.1 Aplicaciones de la energía solar térmica en la industria química.

8.2.2. Procesos de secado y evaporación utilizando energía solar

Los procesos de secado y evaporación son aplicaciones industriales que requieren una gran cantidad de calor, que normalmente se obtiene mediante el uso de combustibles fósiles o electricidad. Sin embargo, la energía solar térmica ofrece una alternativa renovable, limpia y económica para satisfacer esta demanda energética.

Figura 8.1 Procesos de secado solar en peces.

El secado consiste en eliminar la humedad de un producto, ya sea agrícola, alimentario, textil, maderero o de otro tipo, mediante la aplicación de aire caliente. El objetivo es mejorar la calidad, la conservación y el transporte del producto, así como reducir su peso y volumen. La evaporación consiste en concentrar una solución líquida mediante la eliminación de parte del solvente, generalmente agua, por ebullición. El objetivo es obtener un producto con mayor pureza, viscosidad o valor añadido, como, por ejemplo, en la industria láctea, azucarera o farmacéutica.

Nota clave: la energía solar térmica puede utilizarse no solo para generar calor, sino también para producir frío mediante máquinas de absorción o adsorción. Estas máquinas aprovechan el calor solar para generar un efecto de enfriamiento en un circuito cerrado que contiene un refrigerante y un absorbente. De esta forma, se puede obtener aire acondicionado o refrigeración industrial con energía solar.

Para realizar estos procesos con energía solar térmica se pueden utilizar diferentes tipos de colectores, dependiendo de la temperatura requerida. Los colectores planos y los colectores de tubos de vacío son adecuados para temperaturas inferiores a 100 °C, mientras que los colectores cilindro-parabólicos y los colectores de disco parabólico son capaces de alcanzar temperaturas superiores a 200 °C. Estos últimos son colectores de concentración, que emplean espejos o lentes para enfocar la radiación solar en un receptor donde circula el fluido caloportador.

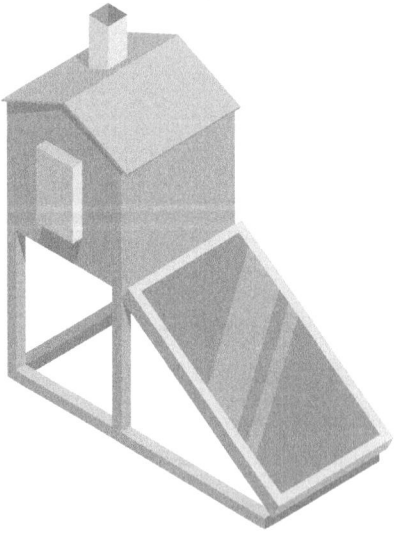

Figura 8.2 Dispositivo de secado solar para alimentos.

La Tabla 8.2 resume algunos parámetros típicos de un sistema de secado solar:

Parámetro	Valor
Temperatura del aire de entrada al colector	25 – 35 °C
Temperatura del aire de salida del colector	50 – 80 °C
Caudal del aire	0.02 – 0.05 kg/sm²
Humedad relativa del aire	20 – 40%
Espesor del producto	5 – 20 mm
Tiempo de secado	6 – 12 horas

Tabla 8.2 Parámetros para secado solar.

Figura 8.3 Procesos de secado solar para frutas y verduras.

Un ejemplo de aplicación industrial de la energía solar térmica es el secado de frutas y verduras, que consiste en eliminar parte del agua contenida en los productos agrícolas para mejorar su conservación y calidad. Para ello, se pueden utilizar colectores solares de aire, que calientan el aire que circula por el interior del colector y luego lo conducen hacia una cámara de secado donde se encuentran los productos. El aire caliente absorbe la humedad de los productos y se renueva todo el tiempo para mantener un flujo constante de calor.

Como se puede observar, la energía solar térmica ofrece una alternativa limpia, económica y sostenible para el secado de productos agrícolas, con un potencial de aplicación en zonas rurales y aisladas.

Nota clave: Al diseñar un sistema de secado solar, se deben considerar tanto el dimensionamiento del colector y la cámara como el tipo y cantidad del producto.

8.3. Aplicaciones de la energía solar en la agricultura

La energía solar térmica ofrece varias ventajas en aplicaciones agrícolas, tales como el secado de productos, la higienización de lodo de aguas residuales y la climatización de invernaderos. Algunas de las ventajas de su utilización en la agricultura incluyen la reducción de costes operativos a largo plazo, la disminución de emisiones de gases de efecto invernadero y la independencia de fuentes de energía no renovables. Además, la energía solar térmica puede contribuir a la sostenibilidad y a la mitigación del cambio climático al reemplazar métodos tradicionales que utilizan combustibles fósiles. Estas ventajas hacen que la energía solar térmica sea una opción atractiva para aplicaciones agrícolas, ya que no solo reduce el impacto ambiental, sino que también puede generar ahorros significativos a lo largo del tiempo.

8.3.1. **Riego en la agricultura aplicando energía solar térmica**

La energía solar térmica se emplea en la agricultura para el riego mediante sistemas de calentamiento de agua destinados a este fin. Por ejemplo, en la parroquia Guangaje, provincia de Cotopaxi (Ecuador), se desarrolló un sistema solar térmico centralizado con reciclaje de aguas grises para el riego, representando una alternativa tecnológica integral que aprovecha la energía solar. Este sistema utiliza la energía solar para calentar agua, la cual se utiliza posteriormente en el riego de cultivos, contribuyendo así a la sostenibilidad y a la reducción del impacto ambiental.

Además del calentamiento de agua para riego, la energía solar térmica también se emplea en sistemas de bombeo solar directo. Estos sistemas obtienen la energía necesaria para alimentar la bomba de agua directamente de los paneles solares, reduciendo la dependencia de fuentes de energía no renovables.

8.4. Generación de electricidad por energía solar térmica

La energía solar térmica se utiliza para generar electricidad a través de un proceso que convierte la energía solar en energía térmica y, luego, en energía eléctrica. Este proceso implica varios pasos clave:

- **Colectores solares térmicos:** Los colectores solares térmicos capturan y concentran la energía solar para producir calor. Este calor se utiliza para calentar un fluido de trabajo, que puede ser agua, aceite, sales fundidas o incluso aire.
- **Generación de vapor:** El fluido de trabajo calentado se utiliza para generar vapor. En algunos sistemas, este vapor se produce directamente en los colectores solares. En otros, el fluido de trabajo calentado se utiliza para calentar agua en un intercambiador de calor, lo que produce vapor.

- **Turbinas de vapor:** El vapor generado se utiliza para impulsar una turbina de vapor. La turbina está conectada a un generador eléctrico, y cuando la turbina gira, el generador produce electricidad.

- **Condensación y recirculación:** Después de pasar por la turbina, el vapor se condensa de nuevo en agua. Esta agua recircula de nuevo al colector solar para ser calentada y comenzar el proceso otra vez.

Este proceso de generación de electricidad es limpio y renovable, ya que la única fuente de energía es el sol. Sin embargo, también presenta desafíos, como la necesidad de almacenar el calor capturado para su uso durante las horas sin sol y la eficiencia de la conversión de energía térmica en energía eléctrica. A pesar de estos desafíos, la energía solar térmica tiene un gran potencial para contribuir a la matriz energética renovable del futuro.

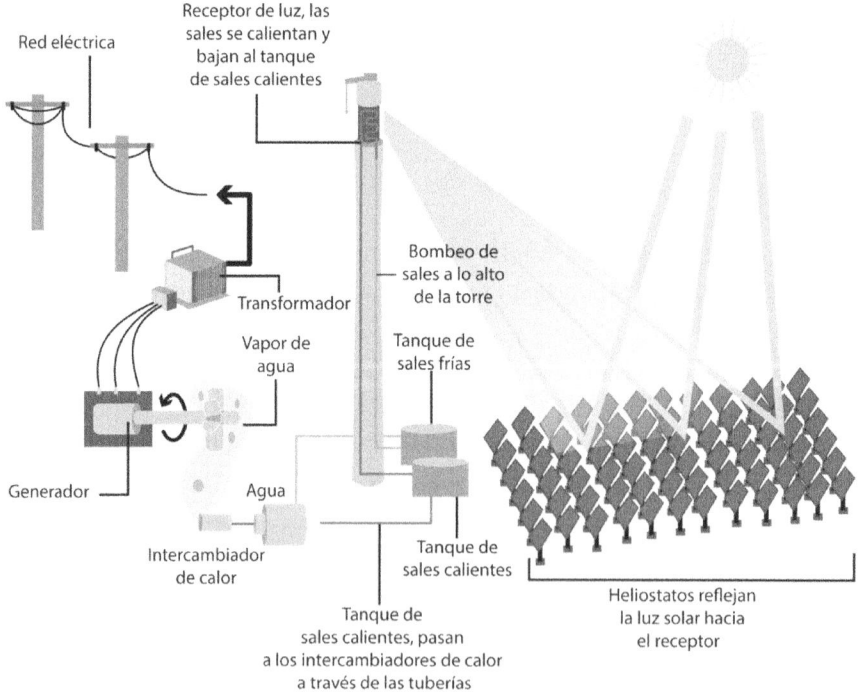

Figura 8.4 Diagrama de energía solar térmica para la generación de electricidad de torre solar con almacenamiento de sales calientes.

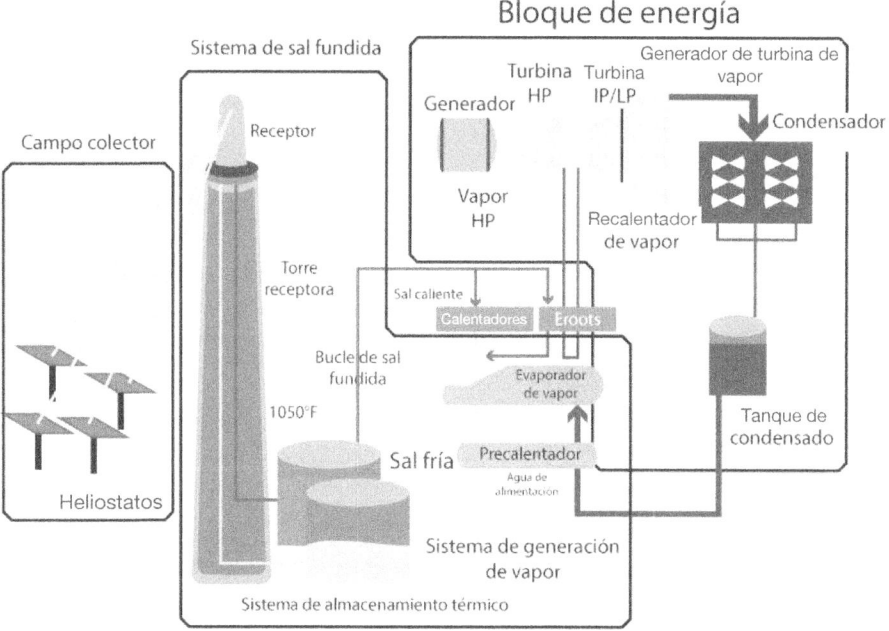

Figura 8.5 Diagrama de energía solar térmica para la generación de electricidad de torre solar con almacenamiento térmico.

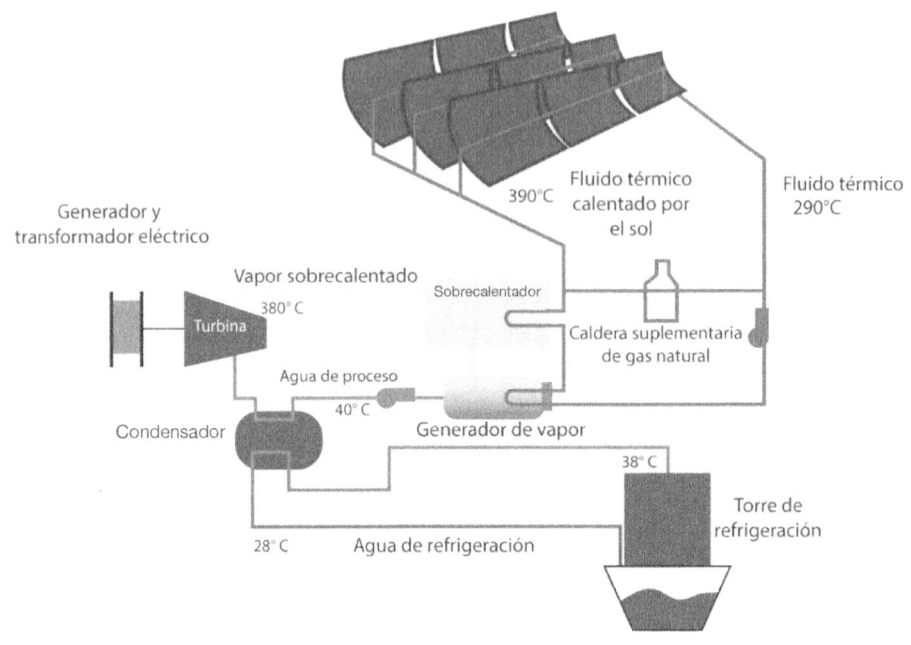

Figura 8.6 Esquema de energía solar térmica para la generación de electricidad de colectores parabólicos.

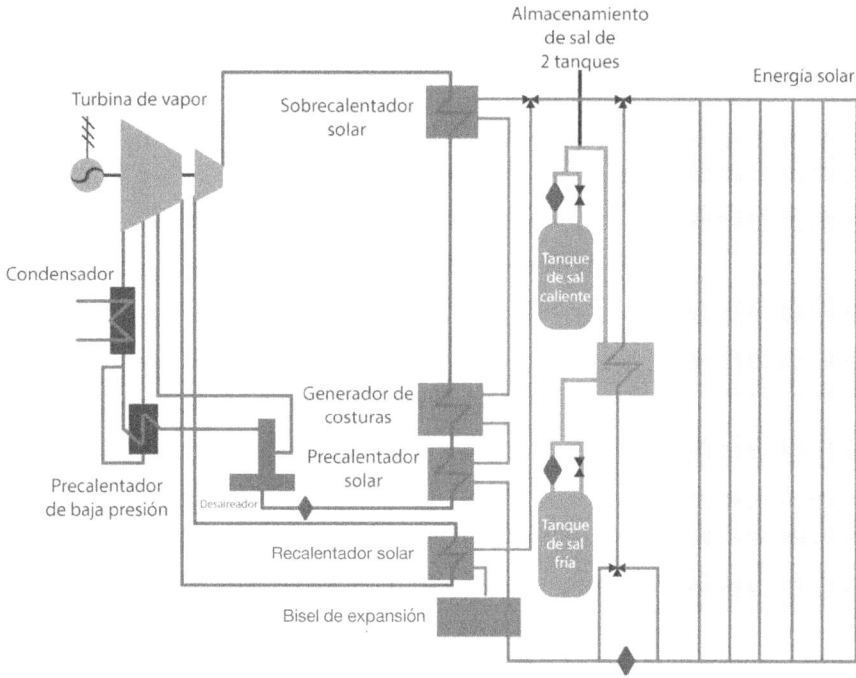

Figura 8.7 Esquema de energía solar térmica para la generación de electricidad.

8.4.1. Torres solares y sistemas de energía solar concentrada (CSP) para generación eléctrica

Las torres solares son estructuras verticales que albergan un receptor en su parte superior, donde se concentra la radiación solar proveniente de un campo de espejos o heliostatos. El receptor contiene un fluido caloportador, que puede ser agua, aire, sales fundidas u otro material, que se calienta hasta alcanzar temperaturas elevadas (entre 300 y 1000 °C). El fluido caloportador se utiliza para generar vapor, que acciona una turbina y un generador eléctrico.

Figura 8.8 Planta de energía solar térmica.

Los sistemas de energía solar concentrada (CSP) son aquellos que utilizan dispositivos ópticos para concentrar la radiación solar en un punto o una línea donde se ubica un receptor térmico. Existen diferentes tipos de tecnologías de concentración solar, como los colectores cilindro-parabólicos, los discos parabólicos, los colectores lineales Fresnel y las torres solares. Estos sistemas pueden alcanzar temperaturas superiores a los 1000 °C y tienen la ventaja de poder incorporar sistemas de almacenamiento térmico, que permiten prolongar la generación eléctrica durante las horas sin sol.

Los sistemas CSP tienen un alto potencial para contribuir a la transición energética hacia fuentes renovables, ya que pueden ofrecer electricidad limpia, segura y a gran escala. Además, pueden integrarse con otras tecnologías, como la cogeneración, la desalinización o la producción de hidrógeno. Sin embargo, también presentan algunos desafíos, como el alto coste inicial, la necesidad de grandes extensiones de terreno y el impacto ambiental asociado al uso del agua y a la emisión de residuos.

8.4.2. Ciclos de energía Rankine y Stirling en sistemas de generación de electricidad solar

La generación de electricidad mediante energía solar térmica es un proceso que implica la conversión de la radiación solar en energía térmica y, posteriormente, en energía eléctrica. Este proceso se lleva a cabo a través de ciclos de energía, como el ciclo Rankine y el ciclo Stirling, que son fundamentales en los sistemas de generación de electricidad solar. Estos ciclos se basan en principios termodinámicos y componentes específicos que permiten la conversión eficiente de energía térmica en energía mecánica y, finalmente, en energía eléctrica.

El ciclo de energía Rankine es un ciclo termodinámico que se utiliza en las centrales eléctricas solares de alta eficiencia. Este ciclo opera con un fluido de trabajo que se calienta y se evapora en un intercambiador de calor mediante la energía solar concentrada. El vapor generado impulsa una turbina conectada a un generador eléctrico, produciendo así energía eléctrica. Posteriormente, el vapor se condensa y se bombea de vuelta al intercambiador de calor para reiniciar el ciclo.

Por otro lado, el ciclo Stirling es un ciclo termodinámico cerrado que se utiliza en sistemas de generación de electricidad solar. Este ciclo se basa en la compresión y expansión cíclica de un gas, que actúa como fluido de trabajo, para convertir la energía térmica en energía mecánica. La energía mecánica generada impulsa un generador eléctrico, produciendo así energía eléctrica.

Estos ciclos de energía son fundamentales en la generación de electricidad mediante energía solar térmica, ya que permiten aprovechar de manera eficiente la energía térmica proveniente de la radiación solar para la producción de energía eléctrica. Su aplicación en centrales eléctricas solares de alta eficiencia representa un avance significativo en la utilización de energías renovables para la generación de electricidad, pues contribuye a la reducción de emisiones de gases de efecto invernadero y a la sostenibilidad del sistema energético.

Ciclo de energía	Ventajas	Limitaciones
Ciclo Rankine	Alta eficiencia en la conversión de energía solar a eléctrica. Aplicable en centrales eléctricas de gran escala. Reducción de emisiones de gases de efecto invernadero.	Requiere concentración solar para calentar el fluido de trabajo. Los costes iniciales pueden ser elevados. Necesita mantenimiento y cuidado adecuados.
Ciclo Stirling	Eficiencia en la conversión de energía térmica a mecánica. Menor necesidad de concentración solar. Operación eficiente y confiable.	Escalabilidad limitada en comparación con el ciclo Rankine. Menor eficiencia en grandes instalaciones. Los costes iniciales pueden ser significativos.

Tabla 8.3 Comparación de ciclos de Rankine y Stirling.

8.4.2.1. Principios y componentes en ciclos de energía Rankine y Stirling

Los ciclos de energía Rankine y Stirling son dos formas de aprovechar el calor generado por la energía solar térmica para producir electricidad. Ambos ciclos se basan en el principio de que un fluido de trabajo puede cambiar de fase (de líquido a vapor o de gas a líquido) al variar la presión y la temperatura, y que este cambio de fase implica una transferencia de energía.

El ciclo Rankine es el más utilizado en las centrales eléctricas convencionales que queman combustibles fósiles, pero también se puede aplicar a la energía solar térmica. Consiste en cuatro etapas:

- El fluido de trabajo, que suele ser agua, se bombea desde un depósito a baja presión hasta una caldera, donde se calienta con el calor captado por los colectores solares.

- El fluido se vaporiza y se expande en una turbina, donde se transforma parte de su energía térmica en energía mecánica, que se usa para mover un generador eléctrico.
- El vapor sale de la turbina y se condensa en un condensador, donde se libera el calor residual al ambiente o a otro sistema de aprovechamiento.
- El líquido vuelve al depósito y se repite el ciclo.

Los componentes principales de un ciclo Rankine son la caldera, la turbina, el condensador, el depósito y la bomba. Además, se pueden incluir otros elementos como válvulas, intercambiadores de calor, reguladores o sistemas de control.

El ciclo Stirling es un ciclo cerrado que utiliza un gas como fluido de trabajo, que puede ser helio, hidrógeno o nitrógeno. Consiste en dos etapas:

- El gas se calienta en un cilindro con un pistón, donde se expande y empuja el pistón hacia arriba, generando así un movimiento alternativo que se transmite a un eje.
- El gas se enfría en otro cilindro con otro pistón, donde se comprime y devuelve el pistón hacia abajo, completando así el ciclo.

Los componentes principales de un ciclo Stirling son los cilindros, los pistones, el eje, el calentador y el refrigerador. Además, se puede incluir un regenerador, que es un dispositivo que almacena parte del calor del gas durante la expansión y lo devuelve durante la compresión, aumentando así la eficiencia del ciclo.

Los ciclos Rankine y Stirling tienen ventajas e inconvenientes para su aplicación en la energía solar térmica. Por ejemplo:

- Los ciclos Rankine pueden alcanzar altas potencias y rendimientos, pero requieren altas temperaturas y presiones, lo que implica mayores costes y riesgos operativos.

- Los ciclos Stirling pueden funcionar con bajas temperaturas y presiones, pero tienen limitaciones en la potencia y la durabilidad de los componentes.

> Nota clave: El ciclo Stirling fue inventado en 1816 por el reverendo escocés Robert Stirling, mucho antes que el ciclo Rankine, que fue desarrollado por el ingeniero escocés William Rankine en 1859.

La Tabla 8.4 muestra la comparación entre los dos ciclos:

Ciclo	Fluidos	Temperaturas	Presiones	Potencias	Rendimientos
Rankine	Líquidos y vapores	> 300 °C	> 10 bar	> 1 MW	> 30%
Stirling	Gases	< 300 °C	< 10 bar	< 100 kW	< 20%

Tabla 8.4 Comparación de características de los ciclos Rankine y Stirling.

Un ejemplo de aplicación industrial de la energía solar térmica con ciclos Rankine y Stirling son las centrales eléctricas solares de concentración (CSP), que utilizan espejos o lentes para concentrar la radiación solar sobre un receptor donde se calienta el fluido de trabajo. Según el tipo de receptor y el tipo de ciclo, se pueden clasificar del siguiente modo:

- Centrales de canal parabólico: usan colectores cilindro-parabólicos que siguen el movimiento del Sol y calientan un fluido orgánico que circula por unos tubos. Este fluido alimenta una turbina de vapor con un ciclo Rankine.
- Centrales de torre central: usan un campo de heliostatos que reflejan la luz solar hacia una torre donde se calienta un fluido, que puede ser agua, sales fundidas o aire. Este fluido alimenta una turbina de vapor o gas con un ciclo Rankine o Brayton.

- Centrales de disco Stirling: usan discos parabólicos que concentran la luz solar sobre un motor Stirling situado en el foco. Este motor genera electricidad directamente o a través de un alternador.

> Nota clave: la energía solar térmica con ciclos Rankine y Stirling tiene el potencial de reducir las emisiones de gases de efecto invernadero y la dependencia de los combustibles fósiles, pero también presenta desafíos técnicos, económicos y ambientales que deben ser resueltos para su desarrollo y difusión.

8.4.3. Tecnologías de concentración solar y su aplicación en torres solares

Una de las tecnologías de concentración solar más utilizadas es la de las torres solares, que se basan en un campo de heliostatos, es decir, espejos planos que siguen el movimiento del Sol y reflejan la luz hacia una torre central donde se encuentra el receptor. En el receptor se calienta un fluido, que puede ser agua, aire, sales fundidas o vapor, hasta alcanzar temperaturas de entre 250 y 1000 °C. El fluido caliente se conduce a un intercambiador de calor donde se transfiere su energía a un ciclo termodinámico convencional, que acciona un generador eléctrico.

Ventajas de torres solares	Limitaciones y desafíos de torres solares
Alcanzan altas temperaturas y rendimientos, reduciendo así el coste de electricidad.	Diseño y optimización del campo de heliostatos para una distribución eficiente de radiación.
Modulares y escalables; se adaptan a diferentes potencias y ubicaciones.	Desarrollo y selección de materiales resistentes a altas temperaturas y corrosión.

Menor impacto ambiental al ocupar menos superficie y no necesitar agua para enfriar.	Reducción del coste de inversión y operación, dependiendo de precios de heliostatos y almacenamiento.
Pueden incorporar sistemas de almacenamiento térmico, lo que aumenta la capacidad de generación en condiciones sin sol.	Integración con la red eléctrica, lo que exige gestión de demanda y coordinación con otras fuentes renovables.

Tabla 8.5 Ventajas y limitaciones de las torres solares.

Algunos ejemplos de torres solares en funcionamiento o en construcción se muestran en la Tabla 8.6:

Central	Ubicación	Potencia (MW)	Fluido caloportador y almacenamiento
PS10	Sevilla, España	11	Agua
PS20	Sevilla, España	20	Vapor de agua
Gemasolar	Fuentes de Andalucía, España	19.9	Sales fundidas como fluido caloportador y sistema de almacenamiento térmico
Ivanpah	Desierto de Mojave, EE. UU.	392	Aire
Noor III	Uarzazat, Marruecos	150	Sales fundidas como fluido caloportador y sistema de almacenamiento térmico

Tabla 8.6 Casos de éxito de centrales eléctricas solares.

8.4.4. Almacenamiento térmico en centrales de energía solar concentrada

Una de las principales ventajas de la energía solar térmica es que puede almacenarse para su uso posterior, lo que permite superar la intermitencia de la radiación solar y aumentar la eficiencia y rentabilidad de las instalaciones. El almacenamiento térmico consiste en acumular el calor generado por los colectores solares en un fluido caloportador, que puede ser agua, aceite, sales fundidas u otros materiales, y transferirlo a un sistema de conversión eléctrica cuando se requiera.

El almacenamiento térmico es especialmente relevante en las centrales de energía solar concentrada (CSP), que utilizan espejos o lentes para concentrar la radiación solar en un receptor central o lineal, donde se calienta el fluido caloportador hasta temperaturas muy elevadas (entre 300 y 1000 °C). Estas centrales pueden generar electricidad mediante un ciclo termodinámico convencional, como el de una central térmica al uso, pero con la ventaja de que no emiten gases de efecto invernadero ni generan residuos radiactivos.

Las centrales CSP pueden incorporar sistemas de almacenamiento térmico que les permiten operar durante más horas al día, incluso cuando no hay sol, y adaptarse a la demanda eléctrica. El tipo de sistema de almacenamiento depende del tipo de fluido caloportador y del diseño de la central. Los principales sistemas de almacenamiento térmico son los siguientes:

- Almacenamiento sensible: Se basa en el cambio de temperatura del fluido caloportador al ceder o recibir calor. Es el sistema más simple y económico, pero requiere grandes volúmenes de fluido y aislamiento térmico. Se utiliza principalmente con agua o aceite como fluido caloportador.

- Almacenamiento latente: Se basa en el cambio de fase del fluido caloportador al ceder o recibir calor. Aprovecha el calor latente de fusión o solidificación de un material, que es mucho mayor que el calor sensible. Permite almacenar más energía en menos espacio y con menor pérdida de temperatura, pero requiere materiales con alta conductividad térmica y estabilidad química. Se utiliza principalmente con sales fundidas o materiales con cambio de fase (PCM) como fluido caloportador.

- Almacenamiento termoquímico: Se basa en la reacción reversible entre dos o más sustancias al ceder o recibir calor. Permite almacenar grandes cantidades de energía en forma química, sin pérdida de temperatura ni presión, pero requiere materiales con alta reactividad y durabilidad. Se utiliza principalmente con hidrógeno, metano u otros gases como fluido caloportador.

El almacenamiento térmico en centrales CSP es una tecnología clave para el desarrollo de la energía solar térmica como fuente renovable y sostenible de electricidad. Permite aumentar la capacidad y la fiabilidad de las instalaciones, reducir los costes operativos y mejorar la integración en la red eléctrica. Además, contribuye a la reducción de las emisiones de CO2 y al fomento de la innovación y el empleo en el sector energético.

La Tabla 8.7 destaca las características principales, ventajas y limitaciones de los tres tipos de almacenamiento anteriores:

Tipo de almacenamiento	Principio básico	Ventajas	Limitaciones
Almacenamiento sensible	Cambio de temperatura del fluido caloportador al ceder o recibir calor.	Sistema simple y económico. Utilizado con agua u aceite como fluido caloportador.	Requiere grandes volúmenes de fluido. Necesita aislamiento térmico eficiente.

Almacenamiento latente	Cambio de fase del fluido caloportador al ceder o recibir calor, aprovecha el calor latente de fusión o solidificación. Utiliza materiales con alta conductividad térmica y estabilidad química.	Permite almacenar más energía en menos espacio. Menor pérdida de temperatura. Utilizado con sales fundidas o PCM como fluido caloportador.	Requiere materiales específicos con alta conductividad térmica. Necesita estabilidad química.
Almacenamiento termoquímico	Reacción reversible entre dos o más sustancias al ceder o recibir calor. Permite almacenar grandes cantidades de energía en forma química.	Almacena energía en forma química sin pérdida de temperatura ni presión. Utilizado con hidrógeno, metano u otros gases como fluido caloportador.	Requiere materiales con alta reactividad y durabilidad. Mayor complejidad en el diseño y control del sistema. Necesita cuidado en la gestión de reacciones químicas y seguridad.

Tabla 8.7 Características sobre tipos de almacenamiento.

8.5. Sistemas de pasteurización por energía solar térmica

La pasteurización es un proceso que consiste en someter un líquido a una temperatura elevada durante un tiempo determinado para eliminar o reducir los microorganismos patógenos que puedan causar enfermedades o alterar la calidad del producto. La pasteurización se aplica principalmente a la leche y sus derivados, pero también se puede emplear para otros líquidos como el agua, el zumo de frutas o la cerveza.

La energía solar térmica es una forma de aprovechar la radiación solar para producir calor. Se utiliza para calentar agua, aire o fluidos que pueden ser empleados para diversos fines, como la calefacción, el agua caliente sanitaria, la refrigeración o la generación de electricidad. La energía solar térmica se basa en el uso de colectores solares, que son dispositivos que captan y transfieren el calor del sol a un fluido de trabajo.

Figura 8.9 Sistema de pasteurización de leche convencional.

Los sistemas de pasteurización por energía solar térmica combinan estos dos conceptos para calentar el líquido a pasteurizar mediante colectores solares. De esta forma, se evita el uso de combustibles fósiles o electricidad, lo que reduce los costes operativos y las emisiones de gases de efecto invernadero. Además, los sistemas de pasteurización por energía solar térmica pueden ser una solución adecuada para zonas rurales o aisladas donde no hay acceso a otras fuentes de energía.

8.5.1. Principios de la pasteurización solar

La pasteurización solar es un método de desinfección de agua y alimentos que utiliza la energía térmica del sol para elevar la temperatura de los líquidos o sólidos hasta un nivel que inactiva o destruye los microorganismos patógenos. La pasteurización solar se basa en el principio de que la mayoría de las bacterias, virus y protozoos causantes de enfermedades se eliminan o reducen significativamente cuando se exponen a temperaturas entre 60 °C y 100 °C durante un tiempo suficiente. Este rango de temperatura se denomina zona de pasteurización y se puede alcanzar mediante diferentes técnicas solares.

8.5.2. Tipos de sistemas de pasteurización solar

La pasteurización solar se puede realizar mediante dos tipos de sistemas: sistemas de flujo continuo y sistemas de lotes. Los sistemas de flujo continuo utilizan un intercambiador de calor para calentar el líquido a medida que fluye a través del sistema. Los sistemas de lotes, por otro lado, calientan el líquido en un tanque y luego lo mantienen a una temperatura constante durante un período de tiempo determinado.

La pasteurización solar se ha utilizado en una variedad de aplicaciones, incluyendo la pasteurización de leche, zumos de frutas, cerveza y agua potable. En países en desarrollo, la pasteurización solar se ha utilizado para mejorar la seguridad alimentaria y reducir los costes de energía. Por ejemplo, en India, se ha utilizado la pasteurización solar para pasteurizar la leche en pequeñas granjas lecheras.

La pasteurización solar tiene varias ventajas sobre otros métodos de pasteurización, incluyendo su bajo coste y su capacidad para funcionar sin electricidad. Sin embargo, la pasteurización solar también tiene algunas limitaciones, como su dependencia de la luz solar y su capacidad limitada para pasteurizar grandes volúmenes de líquido. Además, la pasteurización solar no es adecuada para todos los tipos de alimentos y bebidas, ya que algunos pueden requerir temperaturas más altas para matar los microorganismos.

8.5.3. Ventajas y limitaciones de la pasteurización solar

La pasteurización solar es una técnica que utiliza la energía térmica del sol para eliminar los microorganismos patógenos del agua y otros líquidos, como leche o zumos, que pueden causar enfermedades. Esta técnica tiene varias ventajas y limitaciones, que se analizan en la Tabla 8.8.

Aspecto	Ventajas de la pasteurización solar	Limitaciones de la pasteurización solar
Económico y ecológico	Sencilla, económica y ecológica. No requiere combustibles fósiles ni productos químicos.	Dependencia de las condiciones climáticas y radiación solar.
Aplicación en zonas rurales	Adecuada para áreas rurales o aisladas sin acceso a otras fuentes de energía o sistemas de potabilización.	Tiempo prolongado para alcanzar la temperatura de pasteurización.
Mejora de calidad y seguridad	Mejora la calidad y seguridad de los alimentos al reducir el riesgo de contaminación	No elimina todos los microorganismos, requiere tratamiento complementario.

	microbiológica y preservar nutrientes.	
Contribución a la salud pública	Contribuye a la salud pública al prevenir enfermedades transmitidas por agua o alimentos.	Puede alterar el sabor, color u olor de los líquidos debido a la formación de compuestos volátiles u oxidación.
Variabilidad climática	Su simplicidad la hace accesible en áreas con limitado acceso a energía.	No es efectiva en todas las condiciones climáticas y puede variar en eficiencia según estación, latitud, altitud y nubosidad.
Tiempo de pasteurización prolongado	Contribuye a la preservación de los nutrientes y propiedades organolépticas de los alimentos.	Limitaciones en situaciones de emergencia debido al tiempo necesario para alcanzar la temperatura adecuada.
Complejidad en desinfección	No requiere productos químicos, lo que es beneficioso para la salud y el medio ambiente.	No desinfecta completamente, puede necesitar tratamiento adicional para asegurar la desinfección total.

Tabla 8.8 Ventajas y limitaciones de la pasteurización solar.

8.6. Autoevaluación del capítulo 8

8.6.1. ¿Cuál es uno de los principales desafíos para el desarrollo de sistemas solares para procesos industriales?

a) La integración óptima de los sistemas solares con procesos industriales existentes.

b) La disminución de la demanda térmica industrial.

c) El aumento de los costes de implementación.

d) La reducción de los incentivos económicos.

8.6.2. ¿Qué tipo de colectores solares son adecuados para temperaturas superiores a 200 °C?

a) Colectores planos.

b) Colectores de tubos de vacío.

c) Colectores cilindro-parabólicos.

d) Colectores de disco parabólico.

8.6.3. ¿Cuál es uno de los objetivos del secado de frutas y verduras con energía solar térmica?

a) Aumentar el peso de los productos.

b) Reducir la calidad de los productos.

c) Mejorar la conservación y calidad de los productos.

d) Aumentar la humedad de los productos.

8.6.4. ¿Cuál es una ventaja de utilizar energía solar térmica en aplicaciones agrícolas?

a) Mayor dependencia de fuentes de energía no renovables.

b) Aumento de los costes operativos a largo plazo.

c) Disminución de emisiones de gases de efecto invernadero.

d) Menor independencia de fuentes de energía no renovables.

8.6.5. ¿Qué proceso convierte la energía solar en energía térmica en la generación de electricidad por energía solar térmica?

a) Condensación y recirculación.

b) Generación de vapor.

c) Colectores solares térmicos.

d) Turbinas de vapor.

8.6.6. ¿Qué se utiliza para impulsar una turbina de vapor en la generación de electricidad por energía solar térmica?

a) Energía eléctrica.

b) Vapor.

c) Fluidos de trabajo.

d) Agua.

8.6.7. ¿Cuál es uno de los desafíos de la generación de electricidad por energía solar térmica mencionados en el texto?

a) La dependencia de combustibles fósiles.

b) El almacenamiento del calor capturado.

c) La producción de gases de efecto invernadero.

d) La eficiencia de los colectores solares.

8.6.8. ¿Qué son las torres solares?

a) Estructuras horizontales que albergan un receptor térmico.

b) Estructuras verticales que albergan un receptor térmico.

c) Dispositivos móviles que siguen el movimiento del Sol para captar radiación.

d) Estructuras que albergan un generador eléctrico.

8.6.9. ¿Qué tipo de fluido caloportador se utiliza en las torres solares?

a) Agua.

b) Aire.

c) Sales fundidas.

d) Todos los anteriores.

8.6.10. ¿Qué tecnologías de concentración solar se mencionan en el texto?

a) Colectores cilindro-parabólicos y discos parabólicos.

b) Torres solares y sistemas de energía solar concentrada (CSP).

c) Centrales de canal parabólico y centrales de disco Stirling.

d) Todas las anteriores.

8.6.11. ¿Cuál es uno de los desafíos de los sistemas CSP mencionado en el texto?

a) El bajo coste inicial.

b) La pequeña extensión de terreno requerida.

c) El impacto ambiental asociado al uso del agua.

d) Las emisiones nulas de gases de efecto invernadero.

8.6.12. ¿Cuál es uno de los componentes principales de un ciclo Rankine?

a) Pistones.

b) Cilindros.

c) Caldera.

d) Eje.

8.6.13. ¿Qué tipo de fluido se utiliza en un ciclo Stirling?

a) Agua.

b) Sales fundidas.

c) Gas.

d) Aceite.

8.6.14. ¿Cuál es una ventaja de los ciclos Rankine en comparación con los ciclos Stirling?

a) La mayor eficiencia en grandes instalaciones.

b) La menor necesidad de concentración solar.

c) La escalabilidad limitada.

d) La menor eficiencia en la conversión de energía térmica a mecánica.

8.6.15. ¿Qué tipo de sistemas de almacenamiento térmico se mencionan en el texto?

a) Almacenamiento sensible, latente y termoquímico.

b) Almacenamiento térmico activo y pasivo.

c) Almacenamiento intermitente y continuo.

d) Ninguna de las anteriores.

8.6.16. ¿Cuál es uno de los principales usos de la pasteurización solar?

a) La generación de electricidad.

b) La desinfección de agua y alimentos.

c) La producción de cerveza.

d) El calentamiento de aire.

8.6.17. ¿Qué tipo de sistemas se utilizan en la pasteurización solar?

a) Sistemas de flujo continuo y sistemas de lotes.

b) Sistemas de control remoto y sistemas manuales.

c) Sistemas de refrigeración y sistemas de calefacción.

d) Sistemas de alta presión y sistemas de baja presión.

8.6.18. ¿Cuál es una limitación de la pasteurización solar mencionada en el texto?

a) La dependencia de las condiciones climáticas y radiación solar.

b) El bajo coste operativo.

c) El tiempo corto para alcanzar la temperatura de pasteurización.

d) No requiere tratamiento complementario.

8.6.19. ¿Cuál es una ventaja económica de la pasteurización solar?

a) El elevado costo de operación.

b) La dependencia de combustibles fósiles.

c) No requiere electricidad ni productos químicos.

d) El tiempo prolongado para alcanzar la temperatura adecuada.

8.6.20. ¿Cuál es una ventaja de la pasteurización solar en términos de salud pública?

a) La alteración del sabor, color u olor de los líquidos.

b) Puede eliminar todos los microorganismos.

c) Necesita tratamiento adicional para asegurar la desinfección total.

d) Contribuye a prevenir enfermedades transmitidas por agua o alimentos.

CAPÍTULO 9
Energía solar térmica en la arquitectura y el diseño urbano

9.1. Introducción a la energía solar térmica en la arquitectura y el diseño urbano

La integración de sistemas solares en edificaciones es un enfoque que combina la generación de energía renovable con el diseño y la construcción de edificios. Este enfoque, también conocido como integración de energías renovables en edificios (BIPV, por sus siglas en inglés), tiene el potencial de reducir significativamente el consumo de energía de los edificios y su impacto ambiental.

La integración de sistemas solares en edificaciones puede tomar varias formas, incluyendo la instalación de paneles solares fotovoltaicos en los techos, la integración de colectores solares térmicos en las fachadas de los edificios o incluso la incorporación de tecnologías solares en los materiales de construcción, como las tejas solares.

Estos sistemas no solo generan energía renovable, sino que también pueden proporcionar beneficios adicionales, como la mejora del aislamiento térmico, la reducción de la carga de climatización y la mejora de la estética del edificio.

9.2. Integración de sistemas solares en edificaciones

La energía solar térmica es una forma de aprovechar la radiación solar para producir calor, que puede ser utilizado para diversos fines, como calefacción, agua caliente sanitaria, refrigeración o procesos industriales. La integración de sistemas solares térmicos en edificaciones es una estrategia que busca optimizar el uso de la energía solar y reducir el consumo de combustibles fósiles, contribuyendo así a la mitigación del cambio climático y al desarrollo sostenible.

Figura 9.1 Implementación de sistemas solares a nivel residencial.

9.2.1. Fachadas solares y techos verdes: diseños arquitectónicos sostenibles

La energía solar térmica es una forma de aprovechar la radiación solar para producir calor, que puede ser utilizado para diversos fines, como calefacción, refrigeración, agua caliente sanitaria o procesos industriales. Una de las formas de integrar los sistemas solares térmicos en las edificaciones es mediante el uso de fachadas solares y techos verdes, que son diseños arquitectónicos que buscan mejorar el rendimiento energético y ambiental de los edificios.

Figura 9.2 Implementación de sistemas solares fotovoltaicos en residencia.

Las fachadas solares son superficies exteriores de los edificios que incorporan elementos captadores de energía solar, como colectores solares planos, tubos de vacío, módulos fotovoltaicos o sistemas híbridos. Estos elementos pueden estar integrados en la envolvente del edificio o instalados sobre ella, formando una capa adicional. Las ventajas de las fachadas solares son las siguientes:

- Reducen la demanda energética del edificio al aportar calor o electricidad para satisfacer parte de las necesidades.
- Mejoran el confort térmico y acústico de los ocupantes al crear una cámara de aire entre la fachada y el interior del edificio que actúa como aislamiento y amortiguador térmico.
- Aumentan el valor estético y funcional del edificio al ofrecer una imagen innovadora y diferenciadora, así como posibilidades de control solar y ventilación natural.

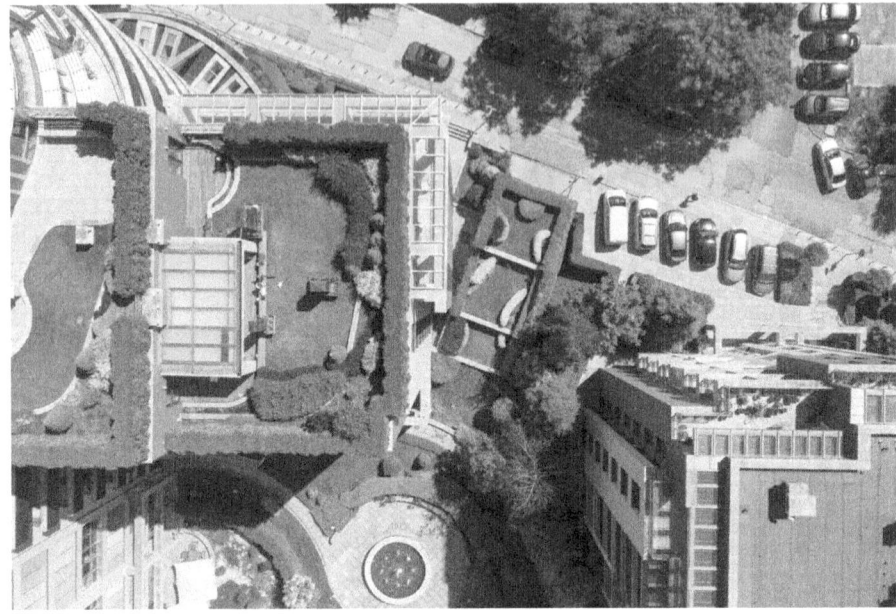

Figura 9.3 Vista de drones de azoteas verdes.

Los techos verdes son cubiertas vegetales que se instalan sobre los tejados de los edificios con el fin de aprovechar el espacio disponible para crear zonas verdes que aporten beneficios ecológicos y energéticos. Los techos verdes pueden ser extensivos o intensivos, según el tipo y espesor de la capa vegetal, que determina el grado de mantenimiento y riego necesarios. Los beneficios de los techos verdes son los siguientes:

- Reducen el efecto isla de calor urbano al disminuir la temperatura superficial y ambiental de los edificios, lo que mejora el microclima urbano y reduce las emisiones de gases de efecto invernadero.
- Retienen y filtran el agua de lluvia, lo que reduce el riesgo de inundaciones y la contaminación del agua superficial y subterránea.
- Aumentan la biodiversidad urbana al proporcionar hábitats para diversas especies de flora y fauna.
- Mejoran la calidad del aire al capturar partículas contaminantes y producir oxígeno mediante la fotosíntesis.

- Aíslan térmica y acústicamente el edificio al crear una capa adicional sobre el techo, lo que reduce las pérdidas o ganancias de calor y el nivel de ruido exterior.

Un ejemplo de techo verde es el edificio del centro comercial Ecologic en São Paulo, Brasil, que reduce la temperatura interior del edificio como se observa en la imagen.

Figura 9.4 Centro comercial ecológico en Brasil.

Las fachadas solares y los techos verdes son ejemplos de cómo la energía solar térmica puede ser aplicada en el diseño arquitectónico para lograr edificaciones más sostenibles, eficientes y confortables.

9.2.2. Diseño arquitectónico para aprovechar la luz solar y maximizar la eficiencia energética

El diseño arquitectónico es una disciplina que busca crear espacios funcionales, estéticos y sostenibles, teniendo en cuenta las necesidades de los usuarios, el contexto ambiental y social y los recursos disponibles.

Uno de los aspectos más importantes del diseño arquitectónico es la integración de sistemas energéticos que permitan reducir el consumo de energía convencional y aprovechar las fuentes renovables, como la energía solar térmica.

El diseño arquitectónico puede incorporar la energía solar térmica de diversas formas, según el tipo de edificación, la orientación, el clima y la demanda energética. Algunas de las estrategias más habituales son estas:

- El uso de materiales con alta capacidad térmica, como la piedra, el ladrillo o el hormigón, que almacenan el calor durante el día y lo liberan durante la noche, reduciendo así la necesidad de calefacción o refrigeración.

- El uso de aislamiento térmico en las envolventes de las edificaciones, que evita las pérdidas o ganancias de calor por conducción, convección o radiación.

- El uso de ventanas con doble acristalamiento o con vidrios selectivos, que permiten el paso de la luz natural pero bloquean parte del calor, evitando así el efecto invernadero.

- El uso de sistemas pasivos de captación solar, como los muros trombe, las chimeneas solares o los invernaderos, que aprovechan el calor del sol para crear corrientes de aire o para calentar espacios interiores.

- El uso de sistemas activos de captación solar, como los paneles solares térmicos o las bombas de calor solares, que se conectan a un circuito hidráulico o a un depósito de agua para proporcionar agua caliente o calefacción.

- El uso de sistemas híbridos de captación solar, como los paneles fotovoltaicos térmicos o los colectores solares híbridos, que generan electricidad y calor al mismo tiempo.

Estas estrategias pueden combinarse entre sí para crear edificaciones más eficientes y sostenibles, que reduzcan su dependencia de los combustibles fósiles y sus emisiones de gases de efecto invernadero. Además, el diseño arquitectónico puede contribuir a mejorar el confort térmico y la calidad ambiental de los espacios interiores, así como a crear una imagen más innovadora y ecológica de las edificaciones.

Como se puede observar, el diseño arquitectónico para aprovechar la energía solar térmica tiene múltiples beneficios tanto económicos como ambientales, y puede aplicarse tanto a edificaciones residenciales como comerciales o industriales. Sin embargo, para lograr una integración óptima de la energía solar térmica en el diseño arquitectónico, es necesario tener en cuenta algunos aspectos técnicos, como:

- La orientación y la inclinación de los colectores solares, que deben estar orientados hacia el sur (en el hemisferio norte) y tener una inclinación igual a la latitud del lugar, para maximizar la captación solar.
- La sombra y la reflexión de los colectores solares, que deben evitarse o minimizarse, ya que reducen el rendimiento del sistema y pueden causar problemas de deslumbramiento o sobrecalentamiento.
- La integración estética y funcional de los colectores solares, que deben armonizar con el diseño del edificio y no interferir con otros elementos arquitectónicos como las ventanas, las puertas o las instalaciones.
- La dimensión y el dimensionamiento de los colectores solares, que deben ser adecuados a la demanda energética del edificio y al espacio disponible en la cubierta o en la fachada.
- La instalación y el mantenimiento de los colectores solares, que deben realizarse siguiendo las normas de seguridad y calidad, y contar con un sistema de control y monitorización que permita optimizar el funcionamiento del sistema.

Estos aspectos técnicos requieren de un conocimiento especializado y de una coordinación entre los diferentes agentes implicados en el diseño arquitectónico, como los arquitectos, los ingenieros, los instaladores y los usuarios. Por ello, es importante fomentar la formación y la divulgación sobre la energía solar térmica y sus aplicaciones en el diseño arquitectónico, así como impulsar políticas e incentivos que favorezcan su desarrollo e implantación.

9.2.3. Certificaciones y estándares en construcción sostenible

En España, el principal referente en materia de certificación de edificios sostenibles es el Código Técnico de la Edificación (CTE), que establece las exigencias básicas de calidad, seguridad y habitabilidad que deben cumplir los edificios. El CTE se divide en varios documentos básicos, entre los que destaca el DB-HE Ahorro de Energía, que regula los aspectos relacionados con la demanda energética, el rendimiento de las instalaciones térmicas y la contribución solar mínima de agua caliente sanitaria. El CTE se actualiza periódicamente para adaptarse a las nuevas normativas europeas y a los avances tecnológicos.

Además del CTE, existen otros sistemas voluntarios de certificación que otorgan sellos o etiquetas a los edificios que cumplen unos criterios más exigentes que los establecidos por la normativa obligatoria. Estos sistemas suelen basarse en una metodología de evaluación multicriterio, que considera aspectos como la eficiencia energética, el uso de energías renovables, la gestión del agua, la calidad del aire interior, la integración paisajística, la innovación o la responsabilidad social. Algunos ejemplos de estos sistemas son los siguientes:

- LEED (Leadership in Energy and Environmental Design): Es el sistema de certificación más reconocido y utilizado a nivel mundial, desarrollado por el US Green Building Council (USGBC). Se aplica a todo tipo de edificios y proyectos urbanos, y cuenta con diferentes niveles de certificación: Certified, Silver, Gold y Platinum. El sistema LEED evalúa el desempeño ambiental de los edificios mediante una puntuación basada en créditos asignados a cada categoría: ubicación y transporte, emplazamiento sostenible, eficiencia del agua, energía y atmósfera, materiales y recursos, calidad ambiental interior, innovación y diseño regional.

- BREEAM (Building Research Establishment Environmental Assessment Method): Es el sistema de certificación más antiguo y extendido en Europa, desarrollado por el Building Research Establishment (BRE) del Reino Unido. Se aplica a todo tipo de edificios y proyectos urbanos, y cuenta con diferentes niveles de certificación: Pass, Good, Very Good, Excellent y Outstanding. El sistema BREEAM evalúa el desempeño ambiental de los edificios mediante una puntuación basada en créditos asignados a cada categoría: gestión, salud y bienestar, energía, transporte, agua, materiales, residuos, uso del suelo y ecología e innovación.

- VERDE (Valoración de Eficiencia de Referencia para Edificios): Es el sistema de certificación desarrollado por Green Building Council España (GBCe), adaptado al contexto normativo, climático y cultural español. Se aplica a todo tipo de edificios y proyectos urbanos, y cuenta con diferentes niveles de certificación: VERDE 1 hoja ($\geq 35\%$), VERDE 2 hojas ($\geq 55\%$), VERDE 3 hojas ($\geq 75\%$) y VERDE 4 hojas ($\geq 95\%$). El sistema VERDE evalúa el desempeño ambiental de los edificios mediante una puntuación basada en créditos asignados a cada categoría: entorno urbano e impacto social, consumo energético, emisiones, consumo hídrico, residuos, salud e higiene, confort, calidad ambiental interior, mantenimiento, vida útil e innovación.

Estas certificaciones y estándares son herramientas útiles para impulsar la construcción sostenible en España, ya que ofrecen un reconocimiento público a los edificios que incorporan criterios ambientales en su diseño y operación. Además, contribuyen a mejorar la competitividad del sector de la construcción, a generar valor añadido para los propietarios e inversores y a sensibilizar a la sociedad sobre la importancia de la sostenibilidad en el ámbito de la edificación.

9.3. Autoevaluación del capítulo 9

9.3.1. ¿Cuál es uno de los propósitos de la integración de sistemas solares térmicos en edificaciones?

a) Aumentar el consumo de combustibles fósiles.

b) Reducir la demanda energética del edificio.

c) Minimizar el rendimiento energético de las edificaciones.

d) Aumentar las emisiones de gases de efecto invernadero.

9.3.2. ¿Qué estrategias pueden emplearse para integrar sistemas solares térmicos en edificaciones?

a) Utilizar materiales con baja capacidad térmica.

b) Instalar ventanas que bloqueen la luz natural.

c) Implementar sistemas pasivos y activos de captación solar.

d) Reducir el aislamiento térmico en las envolventes de los edificios.

9.3.3. ¿Qué beneficios ofrecen las fachadas solares?

a) Aumentan la demanda energética del edificio.

b) Reducen el confort térmico y acústico de los ocupantes.

c) Mejoran el valor estético y funcional del edificio.

d) Incrementan el consumo de combustibles fósiles.

9.3.4. ¿Cuál es uno de los beneficios de los techos verdes?

a) Aumentan el efecto isla de calor urbano.

b) Reducen la biodiversidad urbana.

c) Disminuyen la temperatura superficial y ambiental de los edificios.

d) Incrementan el riesgo de inundaciones.

9.3.5. ¿Cuál es una de las formas en que el diseño arquitectónico puede aprovechar la energía solar térmica?

a) Utilizando materiales con baja capacidad térmica.

b) Instalando ventanas que bloqueen la luz natural.

c) Implementando sistemas pasivos de captación solar, como los muros trombe.

d) Despreciando la orientación y la inclinación de los colectores solares.

9.3.6. ¿Qué aspectos técnicos son importantes para una integración óptima de la energía solar térmica en el diseño arquitectónico?

a) La instalación y el mantenimiento de los colectores solares no son relevantes.

b) La orientación y la inclinación de los colectores solares.

c) La sombra y la reflexión de los colectores solares no afectan al rendimiento del sistema.

d) La dimensión y el dimensionamiento de los colectores solares no necesitan ser adecuados.

9.3.7. ¿Cuál es el principal referente en materia de certificación de edificios sostenibles en España?

a) El Certificado Energético de Edificios.

b) El Código de Urbanismo y Edificación.

c) El Código Técnico de la Edificación (CTE).

d) La Normativa de Eficiencia Energética en Edificación.

9.3.8. ¿Qué sistema de certificación es reconocido a nivel mundial y evalúa el desempeño ambiental de los edificios mediante una puntuación basada en créditos asignados a diferentes categorías?

a) LEED (Leadership in Energy and Environmental Design).

b) BREEAM (Building Research Establishment Environmental Assessment Method).

c) VERDE (Valoración de Eficiencia de Referencia para Edificios).

d) CTE (Código Técnico de la Edificación).

9.3.9. ¿Qué sistema de certificación es el más antiguo y extendido en Europa?

a) LEED (Leadership in Energy and Environmental Design).

b) BREEAM (Building Research Establishment Environmental Assessment Method).

c) VERDE (Valoración de Eficiencia de Referencia para Edificios).

d) CTE (Código Técnico de la Edificación).

9.3.10. ¿Qué sistema de certificación es desarrollado por Green Building Council España y adaptado al contexto normativo, climático y cultural español?

a) LEED (Leadership in Energy and Environmental Design).

b) BREEAM (Building Research Establishment Environmental Assessment Method).

c) VERDE (Valoración de Eficiencia de Referencia para Edificios).

d) CTE (Código Técnico de la Edificación).

9.3.11. ¿Qué tipo de certificación otorga sellos o etiquetas a los edificios que cumplen unos criterios más exigentes que los establecidos por la normativa obligatoria?

a) Certificaciones obligatorias.

b) Certificaciones voluntarias.

c) Certificaciones regionales.

d) Certificaciones internacionales.

9.3.12. ¿Qué función cumplen estas certificaciones y estándares en la construcción sostenible?

a) Ofrecer un reconocimiento público a los edificios poco sostenibles.

b) Reducir la competitividad del sector de la construcción.

c) Generar valor añadido para los propietarios e inversores.

d) Sensibilizar a la sociedad sobre la importancia de la contaminación en el ámbito de la edificación.

CAPÍTULO 10

Optimización de sistemas solares térmicos

10.1. Introducción a la optimización de sistemas solares térmicos

El diseño óptimo de los sistemas solares térmicos es un proceso que implica la consideración de varios factores, incluyendo la ubicación geográfica, la orientación e inclinación del colector, el tipo de colector solar térmico y el uso previsto del sistema. El objetivo es maximizar la eficiencia del sistema mientras se minimizan los costes.

10.2. Estrategias para mejorar la eficiencia energética

La eficiencia energética es la capacidad de aprovechar al máximo la energía disponible, reduciendo el consumo y las emisiones de gases de efecto invernadero. En el caso de la energía solar térmica, la eficiencia energética depende de varios factores, como el diseño, la instalación, el mantenimiento y la operación de los sistemas de captación, almacenamiento y distribución de calor.

10.2.1. Análisis de pérdidas y optimización de colectores solares

Para analizar las pérdidas de un colector solar, se establece que el balance de energía entre la radiación incidente y la energía útil entregada por el colector es igual a la suma de las pérdidas por reflexión, transmisión, convección y radiación. Este modelo se expresa mediante la ecuación 10.1:

$$Q_u = A_c\big(I_t - U_L(T_m - T_a)\big) \quad (10.1)$$

donde:

- Q_u es la energía útil entregada por el colector (W).
- A_c es el área del colector (m²).
- I_t es la radiación solar total incidente sobre el colector (W/m²).
- U_L es el coeficiente global de pérdidas por convección y radiación (W/m²K).
- T_m es la temperatura media del fluido que circula por el colector (K).
- T_a es la temperatura ambiente (K).

El coeficiente U_L depende de varios factores, como el diseño del colector, los materiales empleados, el aislamiento térmico y las condiciones climáticas. Para reducir este coeficiente y, por tanto, las pérdidas de energía, se pueden aplicar diversas estrategias de optimización, como:

- Elegir materiales con alta absorción y baja emisión de radiación para el absorbedor, como metales negros o selectivos.
- Utilizar cubiertas transparentes que minimicen la reflexión y la transmisión de la radiación solar y que reduzcan las pérdidas por convección y radiación del absorbedor al ambiente.
- Aumentar el espesor y la calidad del aislamiento térmico en la parte posterior y los laterales del colector.
- Disminuir la diferencia de temperatura entre el fluido y el ambiente, lo que implica trabajar con temperaturas más bajas o aumentar el caudal del fluido.
- Evitar fugas o infiltraciones de aire en el colector.

Nota clave: los colectores solares pueden alcanzar temperaturas superiores a los 200 °C si no hay circulación de fluido, lo que puede provocar daños irreversibles en los materiales. Por eso, es importante contar con sistemas de control y seguridad que eviten el sobrecalentamiento del colector.

10.3. Diseño óptimo de sistemas solares térmicos

Uno de los aspectos más importantes en el diseño óptimo de los sistemas solares térmicos es la evaluación de la demanda energética que se desea cubrir con el sistema. Esta demanda depende del tipo de aplicación, ya sea para agua caliente sanitaria, calefacción, refrigeración, procesos industriales, etc. La demanda energética se puede estimar mediante métodos estadísticos, basados en datos históricos o normativos, o mediante métodos dinámicos, basados en modelos matemáticos que simulan el comportamiento del sistema y la carga térmica.

Otro aspecto relevante es la selección del tipo de colector solar térmico, que es el elemento encargado de captar la radiación solar y transferirla al fluido de trabajo. Existen diferentes tipos de colectores solares térmicos, clasificados según su grado de concentración, su temperatura de operación y su configuración. Los más comunes son los colectores planos, los colectores de tubos evacuados y los colectores cilindro-parabólicos. Cada uno de estos tipos tiene ventajas y desventajas en función del coste, la eficiencia, la durabilidad y el mantenimiento.

La orientación e inclinación de los colectores solares térmicos es otro factor que determina el aprovechamiento de la radiación solar incidente. La orientación óptima es aquella que hace que los colectores estén perpendiculares a los rayos solares durante el mayor tiempo posible a lo largo del año. En general, la orientación óptima es hacia el sur en el hemisferio norte y hacia el norte en el hemisferio sur. La inclinación óptima depende de la latitud del lugar y del uso estacional del sistema. En general, la inclinación óptima es igual a la latitud del lugar para un uso anual, mayor que la latitud para un uso invernal y menor que la latitud para un uso estival.

10.3.1. Herramientas de simulación y modelado para diseño eficiente

Una herramienta de simulación es un programa informático que reproduce el comportamiento de un sistema físico mediante un modelo matemático. El modelo matemático se basa en las leyes de la termodinámica, la transferencia de calor, la mecánica de fluidos y la radiación solar, entre otras. El programa permite introducir los datos de entrada del sistema, como las características de los componentes, las condiciones climáticas, la demanda energética, etc., y obtener los datos de salida, como la energía producida, el ahorro económico, el impacto ambiental, etc.

Una herramienta de modelado es un programa informático que permite crear y modificar el diseño geométrico de un sistema solar térmico mediante una interfaz gráfica. El programa permite definir las dimensiones, la orientación, la inclinación y la ubicación de los componentes del sistema, así como visualizar el resultado en tres dimensiones. El programa también permite acoplar el modelo geométrico con el modelo matemático para realizar la simulación.

Existen diferentes tipos de herramientas de simulación y modelado para sistemas solares térmicos, según el nivel de detalle, la complejidad y el ámbito de aplicación que se requiera. Algunas de las más utilizadas son estas:

- TRNSYS: Es una herramienta de simulación dinámica que permite modelar sistemas solares térmicos complejos y multifuncionales, así como integrarlos con otros sistemas energéticos convencionales o renovables. Es una herramienta muy flexible y versátil, que cuenta con una amplia biblioteca de componentes y modelos predefinidos, así como con la posibilidad de crear nuevos modelos personalizados.

TRNSYS se utiliza principalmente para fines académicos e investigativos, así como para proyectos innovadores y de gran escala.

- Polysun: Es una herramienta de simulación estática que permite modelar sistemas solares térmicos sencillos y estándar, así como comparar diferentes opciones y variantes. Es una herramienta muy intuitiva y fácil de usar, que cuenta con una gran base de datos de componentes y sistemas comerciales, así como con una interfaz gráfica que facilita el diseño y la visualización del sistema. Polysun se utiliza principalmente para fines profesionales y comerciales, así como para proyectos pequeños y medianos.

- SolTerm: Es una herramienta de simulación estática que permite modelar sistemas solares térmicos para aplicaciones industriales específicas, como el calentamiento de agua o aire, el secado o la desalación. Es una herramienta muy práctica y rápida, que cuenta con una serie de modelos simplificados y adaptados a las necesidades del sector industrial, así como con una interfaz gráfica que permite introducir los datos fácilmente. SolTerm se utiliza principalmente para fines industriales y técnicos, así como para proyectos a medida.

Estas son solo algunas de las herramientas disponibles en el mercado, pero existen muchas otras que pueden adaptarse mejor a cada caso particular. Lo importante es elegir la herramienta adecuada según el objetivo, el alcance y el presupuesto del proyecto.

Las herramientas de simulación y modelado son fundamentales para el diseño óptimo de sistemas solares térmicos, ya que permiten:

- Evaluar el potencial solar del lugar y seleccionar la tecnología más apropiada.
- Dimensionar correctamente los componentes del sistema y optimizar su configuración.
- Estimar la producción energética del sistema y su contribución al ahorro económico y ambiental.

- Analizar la viabilidad técnica y económica del proyecto y realizar un estudio de sensibilidad.
- Identificar los posibles problemas o riesgos del sistema y proponer medidas correctivas o preventivas.
- Comparar diferentes alternativas o escenarios y elegir la mejor opción.
- Presentar los resultados del proyecto de forma clara y profesional.

10.4. Autoevaluación del capítulo 10

10.4.1. ¿Qué es la eficiencia energética?

a) La capacidad de reducir el consumo de energía solar.

b) La capacidad de aprovechar al máximo la energía disponible.

c) La capacidad de aumentar las emisiones de gases de efecto invernadero.

d) La capacidad de mantener el consumo de energía constante.

10.4.2. ¿Qué factores influyen en la eficiencia energética de la energía solar térmica?

a) Solo el diseño del sistema.

b) Solo la instalación del sistema.

c) El diseño, la instalación, el mantenimiento y la operación del sistema.

d) Solo la radiación solar incidente.

10.4.3. ¿Qué estrategia se puede aplicar para reducir las pérdidas de energía en un colector solar?

a) Aumentar la diferencia de temperatura entre el fluido y el ambiente.

b) Utilizar materiales con alta emisión de radiación para el absorbedor.

c) Evitar fugas o infiltraciones de aire en el colector.

d) Reducir el aislamiento térmico en la parte posterior del colector.

10.4.4. ¿Cuál es uno de los aspectos más importantes en el diseño óptimo de sistemas solares térmicos?

a) La selección del tipo de colector solar térmico.

b) La estimación de la demanda energética.

c) La orientación e inclinación de los colectores solares térmicos.

d) La cantidad de radiación solar incidente.

10.4.5. ¿Qué determina la orientación óptima de los colectores solares térmicos?

a) La latitud del lugar.

b) La inclinación del colector.

c) La temperatura media del fluido.

d) La diferencia de temperatura entre el fluido y el ambiente.

10.4.6. ¿Cuál es la función principal de una herramienta de simulación en el diseño de sistemas solares térmicos?

a) Evaluar el potencial solar del lugar.

b) Comparar diferentes alternativas de diseño.

c) Estimar la producción energética del sistema.

d) Todas las anteriores.

10.4.7. ¿Cuál es una de las herramientas de simulación más utilizadas para sistemas solares térmicos complejos y multifuncionales?

a) Polysun.

b) SolTerm.

c) TRNSYS.

d) MATLAB.

CAPÍTULO 11
Mantenimiento y diagnóstico de sistemas solares térmicos

11.1. Introducción al mantenimiento y diagnóstico de sistemas solares térmicos

El mantenimiento de estos sistemas implica varias tareas, como la limpieza de los colectores solares, la verificación de las conexiones eléctricas y la inspección de los componentes del sistema para detectar posibles daños o desgaste.

El diagnóstico de los sistemas solares térmicos es igualmente importante. Esto implica la identificación y resolución de problemas que pueden afectar al rendimiento del sistema. Los problemas comunes pueden incluir fugas en el sistema, bloqueo del colector solar o problemas con el sistema de control.

11.2. Diagnóstico de fallos y reparaciones

El diagnóstico de fallos consiste en identificar la causa y el origen de una anomalía o mal funcionamiento en el sistema solar térmico. Para ello, se pueden utilizar diferentes herramientas de diagnóstico avanzado, como instrumentos de medición, software de simulación, análisis termográfico o técnicas de inteligencia artificial. Estas herramientas permiten obtener información sobre el estado y el comportamiento de los componentes del sistema solar térmico, así como detectar posibles desviaciones o anomalías respecto a los valores esperados o normales.

Figura 11.1 Revisión de estado de componentes de un sistema solar térmico.

Los fallos y averías que pueden presentarse en los sistemas solares térmicos pueden ser de diferente naturaleza y gravedad, dependiendo del tipo de componente afectado, de las condiciones ambientales y operativas y del tiempo transcurrido desde la instalación o el último mantenimiento. Algunos ejemplos de fallos comunes son:

- Fugas o roturas en las tuberías o en los depósitos, que provocan pérdidas de fluido caloportador o refrigerante y pueden causar daños en otros componentes o en el entorno.
- Obstrucciones o suciedad en los colectores solares, que reducen la captación de energía solar y el rendimiento del sistema.

- Degradación o corrosión de los materiales, que afectan a la durabilidad y la eficiencia de los componentes.
- Fallos eléctricos o electrónicos en las bombas, las válvulas, los sensores o los controladores, que impiden el correcto funcionamiento del sistema o generan falsas señales o alarmas.
- Desajustes o descalibraciones en los parámetros de control o regulación, que provocan un funcionamiento inadecuado o ineficiente del sistema.

Las reparaciones consisten en aplicar las acciones correctivas necesarias para restablecer el funcionamiento normal del sistema solar térmico. Estas acciones pueden implicar la sustitución, la reparación o el ajuste de los componentes afectados por los fallos. Las reparaciones deben realizarse siguiendo las especificaciones técnicas y las normas de seguridad correspondientes, así como utilizando las herramientas y los materiales adecuados. Además, las reparaciones deben documentarse y registrarse para llevar un control histórico del sistema solar térmico.

11.2.1. Herramientas de diagnóstico avanzado para sistemas solares

Los sistemas solares térmicos son instalaciones que aprovechan la energía del sol para producir calor que puede usarse para diversos fines, como agua caliente sanitaria, calefacción, climatización o electricidad. Estos sistemas requieren de un mantenimiento y un diagnóstico periódicos para asegurar su correcto funcionamiento y optimizar su rendimiento. Para ello, existen diversas herramientas de diagnóstico avanzado que permiten detectar y resolver los posibles fallos que puedan presentar los componentes de un sistema solar térmico.

Figura 11.2 Representación de medición de termografía infrarroja.

Entre las herramientas de diagnóstico avanzado para sistemas solares térmicos se pueden mencionar las siguientes:

- Termografía infrarroja: Es una técnica que permite medir la temperatura superficial de los objetos mediante una cámara que capta la radiación infrarroja emitida por ellos. Se puede aplicar a los colectores solares, que son los encargados de captar la radiación solar y calentar el fluido caloportador, para detectar posibles fugas, obstrucciones, suciedad o daños en los mismos. La termografía infrarroja permite identificar las zonas con anomalías térmicas y evaluar el estado de los colectores sin necesidad de desmontarlos o interrumpir su funcionamiento.

- Análisis de fluidos: Es una técnica que consiste en extraer muestras del fluido caloportador que circula por el circuito hidráulico del sistema solar térmico y analizar sus propiedades físicas y químicas.

Se puede aplicar para comprobar el grado de corrosión, incrustación, oxidación o contaminación del fluido, así como para verificar su nivel de protección frente al congelamiento o la ebullición. El análisis de fluidos permite evaluar la calidad del fluido y determinar si es necesario cambiarlo o añadir algún aditivo para mejorar su rendimiento.

- Medición de caudal: Es una técnica que consiste en medir la cantidad de fluido que circula por el circuito hidráulico del sistema solar térmico por unidad de tiempo. Se puede aplicar para verificar si el caudal es el adecuado para el diseño del sistema y si hay alguna pérdida de presión o carga en el mismo. La medición de caudal permite ajustar el funcionamiento de las bombas de circulación y detectar posibles fugas, obstrucciones o válvulas defectuosas en el circuito.

- Medición de radiación solar: Es una técnica que consiste en medir la cantidad de energía solar que incide sobre una superficie por unidad de tiempo y área. Se puede aplicar para conocer la disponibilidad y variabilidad de la radiación solar en el lugar donde se ubica el sistema solar térmico y para compararla con la energía térmica producida por el mismo. La medición de radiación solar permite evaluar la eficiencia del sistema y determinar si es necesario modificar su orientación o inclinación para mejorar su aprovechamiento.

Estas herramientas de diagnóstico avanzado para sistemas solares térmicos son fundamentales para garantizar la seguridad, fiabilidad y rentabilidad de estas instalaciones, así como para prevenir y solucionar los problemas que puedan afectar a su funcionamiento. Además, contribuyen a alargar la vida útil de los componentes y a reducir el impacto ambiental de estos sistemas renovables.

11.3. Procedimientos de mantenimiento preventivo

11.3.1. Inspecciones regulares y limpieza de componentes solares

Los sistemas solares térmicos requieren de inspecciones regulares y limpieza de sus componentes para garantizar su correcto funcionamiento y prolongar su vida útil. Estas actividades se deben realizar al menos una vez al año, preferiblemente antes del inicio de la temporada de mayor demanda de energía térmica.

Las inspecciones regulares consisten en verificar el estado de los componentes principales del sistema, como el colector solar, el circuito hidráulico, el intercambiador de calor, el depósito de almacenamiento, el sistema de control y el sistema auxiliar. Se debe comprobar que no haya fugas, roturas, corrosión, obstrucciones, suciedad, desajustes o anomalías que puedan afectar al rendimiento o la seguridad del sistema.

La limpieza de los componentes solares consiste en eliminar el polvo, la suciedad, las hojas, las ramas, los excrementos de aves u otros elementos que puedan reducir la captación de la radiación solar por parte del colector. Se debe utilizar agua y jabón neutro y evitar productos abrasivos o corrosivos que puedan dañar la superficie del colector. Se debe tener cuidado de no rayar o romper el vidrio o el plástico que cubre el colector. Se recomienda realizar la limpieza en horas de baja radiación solar, para evitar quemaduras o daños térmicos en el colector.

Figura 11.3 Mantenimiento de energía solar.

Un ejemplo de un procedimiento de inspección y limpieza de un sistema solar térmico es el siguiente:

- Desconectar el sistema auxiliar y el sistema de control.
- Cerrar las válvulas de aislamiento del circuito hidráulico.
- Drenar el fluido caloportador del circuito hidráulico.
- Inspeccionar visualmente el estado del colector solar, buscando grietas, roturas, fugas, suciedad o deformaciones.
- Limpiar la superficie del colector con agua y jabón neutro, utilizando una esponja o un trapo suave.
- Enjuagar con abundante agua y secar con un paño limpio.
- Inspeccionar visualmente el estado del circuito hidráulico, buscando fugas, corrosión, obstrucciones o desajustes en las tuberías, las conexiones, las válvulas, los purgadores, los filtros o los sensores.

- Limpiar o reemplazar los elementos que presenten suciedad o deterioro.
- Inspeccionar visualmente el estado del intercambiador de calor, buscando fugas, corrosión o incrustaciones.
- Limpiar o reemplazar el intercambiador si es necesario.
- Inspeccionar visualmente el estado del depósito de almacenamiento, buscando fugas, corrosión o sedimentos.
- Limpiar o reemplazar el depósito si es necesario.
- Inspeccionar visualmente el estado del sistema de control, buscando daños o fallos en los cables, los conectores, los relés, los termostatos o los indicadores.
- Comprobar el correcto funcionamiento del sistema de control mediante pruebas de funcionamiento manual y automático.
- Inspeccionar visualmente el estado del sistema auxiliar, buscando fugas, corrosión o averías en la caldera, la bomba o el quemador.
- Comprobar el correcto funcionamiento del sistema auxiliar mediante pruebas de encendido y apagado.
- Llenar el circuito hidráulico con fluido caloportador nuevo o reciclado siguiendo las especificaciones del fabricante.
- Abrir las válvulas de aislamiento del circuito hidráulico.
- Purgar el aire del circuito hidráulico mediante los purgadores.
- Conectar el sistema auxiliar y el sistema de control.
- Comprobar el correcto funcionamiento del sistema solar térmico mediante pruebas de carga y descarga.

Nota clave: La limpieza regular de los colectores solares puede aumentar su rendimiento entre un 5% y un 15%, según estudios realizados por la Agencia Internacional de Energía Renovable (IRENA). Además, la limpieza de los colectores solares puede reducir las emisiones de gases de efecto invernadero al evitar el uso de combustibles fósiles para generar energía térmica.

La gestión eficiente de los sistemas solares térmicos requiere una planificación cuidadosa de las inspecciones y limpiezas para asegurar su rendimiento óptimo. A continuación, se presenta la Tabla 11.1, que resume la frecuencia recomendada de inspección y limpieza para diferentes tipos de sistemas solares térmicos:

Tipo de sistema	Frecuencia de inspección	Frecuencia de limpieza
Solar térmico de baja yemperatura (agua caliente sanitaria o calefacción)	Anual	Anual
Solar térmico de media temperatura (procesos industriales o refrigeración)	Semestral	Semestral
Solar térmico de alta Temperatura (generación eléctrica o combustibles solares)	Mensual	Mensual

Tabla 11.1 Frecuencia de inspección y limpieza para sistemas de energía solar térmica según tipo de aplicación.

11.3.2. Reemplazo y reparación de partes defectuosas en sistemas solares

Los sistemas solares térmicos son equipos que aprovechan la energía del sol para calentar un fluido, ya sea agua o aire, que se utiliza para diferentes aplicaciones industriales. Estos sistemas están compuestos por varios componentes, como colectores solares, tanques de almacenamiento, bombas, válvulas, tuberías, sensores y controladores. Cada uno de estos componentes puede sufrir algún tipo de avería o deterioro que afecte al funcionamiento y la eficiencia del sistema. Por ello, es necesario realizar un reemplazo o una reparación de las partes defectuosas cuando se detecten.

El reemplazo o la reparación de las partes defectuosas en los sistemas solares térmicos debe seguir un protocolo que garantice la seguridad del personal y del equipo, así como la calidad del servicio. El protocolo debe incluir los siguientes pasos:

- Identificar la parte defectuosa y el tipo de avería. Esto se puede hacer mediante el uso de herramientas de diagnóstico avanzado, como cámaras termográficas, medidores de caudal y presión, analizadores de gases y líquidos, etc. También se puede consultar el manual del fabricante o el historial de mantenimiento del sistema.
- Aislar la parte defectuosa del resto del sistema. Esto implica cerrar las válvulas correspondientes, desconectar la alimentación eléctrica y drenar el fluido si es necesario. Se debe tener cuidado de evitar fugas, quemaduras o cortocircuitos.
- Retirar la parte defectuosa con las herramientas adecuadas. Se debe tener en cuenta el peso, el tamaño y la forma de la parte a retirar, así como el espacio disponible para realizar la operación. Se debe evitar dañar otras partes del sistema o el entorno.
- Instalar la nueva parte o reparar la existente. Esto puede implicar soldar, atornillar, pegar o ajustar la parte según sea el caso. Se debe verificar que la parte quede bien fijada y alineada con el resto del sistema. Se debe comprobar que no haya fugas, obstrucciones o interferencias.
- Reintegrar la parte al sistema y restablecer las condiciones normales de operación. Esto implica abrir las válvulas correspondientes, conectar la alimentación eléctrica y llenar el fluido si es necesario. Se debe verificar que el sistema funcione correctamente y que no haya anomalías en los parámetros de control.

11.4. Implementación de mejoras continuas

La energía solar térmica es una fuente renovable de energía que aprovecha el calor del sol para producir agua caliente, vapor o electricidad. Los sistemas solares térmicos requieren un mantenimiento y un diagnóstico adecuados para garantizar su funcionamiento óptimo y su vida útil. Sin embargo, el mantenimiento y el diagnóstico no son suficientes para asegurar el máximo aprovechamiento de la energía solar térmica. Es necesario implementar mejoras continuas que permitan optimizar el rendimiento de los sistemas, reducir los costes operativos y aumentar la eficiencia energética.

Las mejoras continuas son un conjunto de acciones que buscan mejorar de forma sistemática y permanente la calidad y la productividad de los procesos, productos y servicios. Las mejoras continuas se basan en el ciclo de Deming o ciclo PDCA (planificar, hacer, verificar, actuar), que consiste en los siguientes pasos:

- Planificar: Se establecen los objetivos, las metas, los indicadores y las acciones para mejorar el proceso o el sistema.
- Hacer: Se ejecutan las acciones planificadas y se recogen los datos necesarios para evaluar los resultados.
- Verificar: Se analizan los datos obtenidos y se comparan con los objetivos y las metas establecidas. Se identifican las desviaciones, las causas y los efectos.
- Actuar: Se implementan las acciones correctivas o preventivas para eliminar o reducir las desviaciones. Se verifica la efectividad de las acciones y se documentan los cambios realizados.

El ciclo PDCA se repite de forma periódica para asegurar la mejora continua del proceso o del sistema.

11.4.1. Estrategias para la optimización del rendimiento

El rendimiento de un sistema solar térmico depende de varios factores, como la radiación solar disponible, la orientación e inclinación de los colectores solares, el tipo y tamaño de los colectores, el fluido caloportador, el sistema de almacenamiento, el sistema de distribución y el sistema de control. Para optimizar el rendimiento del sistema solar térmico se pueden aplicar las siguientes estrategias:

- Diseño: Se debe realizar un estudio previo de la demanda energética, la disponibilidad solar, las condiciones climáticas y las características del emplazamiento. Se debe elegir el tipo y tamaño adecuado de los colectores solares, así como el fluido caloportador más apropiado según la temperatura requerida. Se debe dimensionar correctamente el sistema de almacenamiento para evitar pérdidas térmicas y garantizar la autonomía del sistema. Se debe diseñar un sistema de distribución eficiente que minimice las pérdidas por fricción y conducción. Se debe instalar un sistema de control que regule el funcionamiento del sistema según la demanda y las condiciones ambientales.

- Instalación: Se debe realizar una instalación profesional que cumpla con las normas técnicas y de seguridad vigentes. Se deben orientar e inclinar correctamente los colectores solares según la latitud y la época del año. Se debe verificar la estanqueidad del circuito hidráulico y la ausencia de fugas u obstrucciones. Se debe purgar el aire del circuito y llenar el fluido caloportador con la presión adecuada. Se debe comprobar el correcto funcionamiento del sistema de control y sus sensores.

- Operación: Se debe operar el sistema solar térmico según las instrucciones del fabricante y del instalador. Se debe ajustar el caudal del fluido caloportador según la demanda y la radiación solar. Se debe regular la temperatura del agua caliente sanitaria según las preferencias del usuario. Se debe evitar el sobrecalentamiento del sistema mediante válvulas termostáticas o sistemas de disipación. Se debe monitorizar el rendimiento del sistema mediante contadores de energía o termómetros.

- Mantenimiento: Se debe realizar un mantenimiento preventivo periódico que incluya la limpieza de los colectores solares, la revisión del estado del fluido caloportador, la comprobación de la presión y el caudal del circuito, la verificación del funcionamiento del sistema de control y la detección y reparación de posibles fallos. Se debe realizar un mantenimiento correctivo cuando se detecte una anomalía o una disminución del rendimiento del sistema.

11.4.2. Implementación de mejoras continuas

La implementación de mejoras continuas en los sistemas solares térmicos requiere de un seguimiento y una evaluación constante del rendimiento del sistema. Para ello se pueden utilizar las siguientes herramientas:

- Indicadores: Son variables que permiten medir el grado de cumplimiento de los objetivos y las metas establecidas. Los indicadores se pueden clasificar en:
  - Indicadores de eficiencia: Miden el uso óptimo de los recursos. Por ejemplo, el coeficiente de rendimiento (COP), que es la relación entre la energía útil producida y la energía consumida por el sistema.
  - Indicadores de eficacia: Miden el grado de satisfacción de las necesidades o expectativas. Por ejemplo, el grado de cobertura solar, que es la relación entre la energía solar aportada y la demanda energética.
  - Indicadores de calidad: Miden el cumplimiento de los requisitos o especificaciones. Por ejemplo, la temperatura del agua caliente sanitaria, que debe estar entre 40 °C y 60 °C según la normativa.
- Auditorías: Son procesos sistemáticos e independientes que permiten verificar el cumplimiento de los requisitos legales, técnicos y de calidad aplicables al sistema solar térmico. Las auditorías se pueden realizar internamente por el propio usuario o externamente por una

entidad acreditada. Las auditorías se deben realizar periódicamente o cuando se produzca un cambio significativo en el sistema.

- Encuestas: Son instrumentos que permiten recoger la opinión y la satisfacción de los usuarios o clientes del sistema solar térmico. Las encuestas se pueden realizar mediante cuestionarios, entrevistas o grupos focales. Las encuestas se deben realizar con una frecuencia adecuada o cuando se produzca una incidencia o una reclamación.

- Benchmarking: Es una técnica que consiste en comparar el rendimiento del sistema solar térmico con el de otros sistemas similares o con las mejores prácticas del sector. El benchmarking permite identificar las fortalezas y las debilidades del sistema, así como las oportunidades de mejora.

La implementación de mejoras continuas en los sistemas solares térmicos implica un compromiso por parte de todos los agentes involucrados: fabricantes, instaladores, operadores, usuarios y administraciones. Solo así se podrá garantizar el aprovechamiento óptimo de la energía solar térmica y su contribución al desarrollo sostenible.

11.5. Autoevaluación del capítulo 11

11.5.1. ¿Qué es el diagnóstico de fallos en sistemas solares térmicos?

a) Identificar la causa y el origen de una anomalía o mal funcionamiento.

b) Medir la temperatura superficial de los objetos.

c) Analizar la cantidad de energía solar que incide sobre una superficie.

d) Realizar pruebas de carga y descarga del sistema.

11.5.2. ¿Cuál es una herramienta de diagnóstico avanzado para sistemas solares térmicos que permite medir la temperatura superficial de los objetos?

a) Análisis de fluidos.

b) Medición de caudal.

c) Termografía infrarroja.

d) Medición de radiación solar.

11.5.3. ¿Qué acción se realiza durante el reemplazo o reparación de partes defectuosas en sistemas solares térmicos?

a) Llenar el circuito hidráulico con fluido caloportador nuevo.

b) Cerrar las válvulas de aislamiento del circuito hidráulico.

c) Identificar la parte defectuosa y el tipo de avería.

d) Abrir las válvulas de aislamiento del circuito hidráulico.

11.5.4. ¿Cuál es uno de los pasos en el ciclo PDCA para implementar mejoras continuas en sistemas solares térmicos?

a) Controlar el rendimiento del sistema mediante contadores de energía.

b) Limpiar la superficie del colector con agua y jabón neutro.

c) Realizar una instalación profesional que cumpla con las normas técnicas y de seguridad vigentes.

d) Verificar el cumplimiento de los objetivos y las metas establecidas.

11.5.5. ¿Qué tipo de indicador mide el uso óptimo de los recursos en sistemas solares térmicos?

a) Indicadores de eficiencia.

b) Indicadores de eficacia.

c) Indicadores de calidad.

d) Indicadores de satisfacción.

11.5.6. ¿Cuál es uno de los pasos durante la inspección y limpieza de componentes solares en sistemas solares térmicos?

a) Comprobar el correcto funcionamiento del sistema auxiliar.

b) Desconectar el sistema auxiliar y el sistema de control.

c) Comprobar el correcto funcionamiento del sistema de control mediante pruebas de funcionamiento manual y automático.

d) Purgar el aire del circuito hidráulico mediante los purgadores.

11.5.7. ¿Qué estrategia se utiliza para optimizar el rendimiento de un sistema solar térmico mediante la selección del tipo y tamaño adecuado de los colectores solares?

a) Diseño.

b) Instalación.

c) Operación.

d) Mantenimiento.

11.5.8. ¿Qué técnica se utiliza para comparar el rendimiento de un sistema solar térmico con otros sistemas similares o con las mejores prácticas del sector?

a) Encuestas.

b) Benchmarking.

c) Auditorías.

d) Indicadores.

CAPÍTULO 12
Desafíos y limitaciones actuales de la energía solar térmica

12.1. Introducción a los desafíos y limitaciones actuales de la energía solar térmica

La energía solar térmica, una forma de energía renovable que aprovecha el calor del sol para generar energía, ha experimentado un crecimiento significativo en las últimas décadas. Sin embargo, a pesar de su potencial, existen varios desafíos y limitaciones que han obstaculizado su adopción generalizada.

Uno de los principales desafíos es la intermitencia de la energía solar. A diferencia de las fuentes de energía convencionales, la energía solar depende de la disponibilidad de luz solar, que puede ser afectada por factores como la ubicación geográfica, la estacionalidad y las condiciones climáticas. Esta intermitencia puede resultar en una producción de energía inconsistente, lo que puede dificultar la integración de la energía solar en la red eléctrica.

Además, la eficiencia de los sistemas solares térmicos puede verse afectada por la degradación térmica. A medida que los colectores solares se calientan, su eficiencia puede disminuir, lo que reduce la cantidad de energía que pueden producir. Este es un desafío particularmente significativo para los

302 | Capítulo 12 • Desafíos y limitaciones actuales de la energía solar térmica

sistemas de concentración solar, que utilizan espejos o lentes para concentrar la luz solar en un área pequeña.

Otro desafío importante es el coste. Aunque los costes de los sistemas solares térmicos han disminuido en los últimos años, siguen siendo significativamente más altos que los de las fuentes de energía convencionales. Esto se debe en parte a los altos costes de fabricación e instalación, así como a la necesidad de sistemas de almacenamiento de energía para compensar la intermitencia de la energía solar.

Finalmente, existen desafíos relacionados con la aceptación pública y la regulación. A pesar de los beneficios ambientales de la energía solar, puede haber resistencia por parte de las comunidades locales debido a preocupaciones sobre el impacto visual y el uso del suelo. Además, la falta de políticas y regulaciones favorables puede dificultar la adopción de la energía solar.

12.2. Barreras técnicas y económicas en la adopción de tecnologías solares térmicas

12.2.1. Desafíos en la producción de tecnología y su impacto en costes

La energía solar térmica es una forma de aprovechar la radiación solar para producir calor, que puede ser utilizado para diversos fines, como calefacción, agua caliente sanitaria, refrigeración o procesos industriales. Sin embargo, a pesar de sus ventajas ambientales y su potencial para reducir la dependencia de los combustibles fósiles, su implementación a gran escala enfrenta una serie de barreras técnicas y económicas que limitan su desarrollo y difusión.

Entre las barreras técnicas se encuentran los desafíos relacionados con el diseño, la instalación, el mantenimiento y la operación de los sistemas solares térmicos. Estos sistemas requieren de una adecuada selección de los componentes, como los colectores solares, los intercambiadores de calor, los tanques de almacenamiento, las bombas y los sistemas de control, que deben ser compatibles entre sí y con las condiciones climáticas y de demanda de cada lugar. Además, se debe garantizar una correcta integración con los sistemas convencionales de energía térmica para asegurar la continuidad del servicio en caso de baja radiación solar o alta demanda. Asimismo, se debe realizar un seguimiento y una evaluación periódica del rendimiento de los sistemas solares térmicos para detectar posibles fallos o anomalías y realizar las acciones correctivas necesarias.

Otro aspecto técnico que dificulta la adopción de la energía solar térmica es la falta de normalización y certificación de los equipos y las instalaciones. Esto implica una mayor incertidumbre sobre la calidad, la seguridad y la eficiencia de los productos disponibles en el mercado, así como una mayor dificultad para comparar las ofertas y elegir la más adecuada. Además, la falta de normas y certificados dificulta el cumplimiento de los requisitos legales y reglamentarios que se aplican a las instalaciones térmicas, lo que puede generar problemas administrativos o sanciones.

Entre las barreras económicas se encuentran los altos costes iniciales de inversión que supone la instalación de un sistema solar térmico, sobre todo en comparación con los sistemas convencionales basados en combustibles fósiles. Estos costes incluyen no solo el precio de los equipos, sino también el coste del transporte, la mano de obra, el diseño, el permiso y la puesta en marcha. Aunque estos costes pueden ser amortizados a lo largo de la vida útil del sistema, mediante el ahorro en el consumo de energía y la reducción de las emisiones de gases de efecto invernadero, el periodo de retorno suele ser largo y depende de varios factores, como el nivel de radiación solar, el precio de la energía convencional, el tipo y tamaño del sistema y los incentivos disponibles.

Otra barrera económica es la falta o insuficiencia de mecanismos financieros que faciliten el acceso al crédito o a otras formas de financiación para los proyectos solares térmicos. Esto se debe a que muchas entidades financieras desconocen o subestiman los beneficios económicos y ambientales de esta tecnología, y perciben un mayor riesgo asociado a su rentabilidad. Además, muchos usuarios potenciales no cuentan con los recursos suficientes para afrontar el pago inicial del sistema o no tienen acceso a información sobre las opciones financieras existentes.

12.2.2. Costes y amortización de inversión en sistemas solares térmicos

Uno de los factores que influyen en la decisión de implementar un sistema solar térmico es el coste inicial de la inversión y el tiempo que se tarda en recuperarla. El coste de un sistema solar térmico depende de varios aspectos, como el tipo y tamaño de los colectores, el sistema de almacenamiento, el sistema de bombeo, el sistema de control, la instalación y el mantenimiento. Además, hay que considerar los costes operativos, como el consumo de energía auxiliar, los repuestos y las reparaciones.

La amortización de la inversión se refiere al periodo de tiempo que se requiere para que los ahorros generados por el sistema solar térmico igualen al coste inicial de la inversión. Este periodo depende del precio de la energía convencional que se sustituye, del rendimiento del sistema solar térmico, de la radiación solar disponible, de los incentivos económicos y de la tasa de interés.

Para calcular la amortización de la inversión se puede utilizar el método del valor actual neto (VAN), que consiste en descontar los flujos de efectivo futuros generados por el sistema solar térmico al valor actual, utilizando una tasa de descuento adecuada. El VAN representa el beneficio neto que se obtiene al invertir en un proyecto, y se considera que es rentable si es positivo.

Un ejemplo de cálculo del VAN para un sistema solar térmico industrial se muestra en la Tabla 12.1.

Se asume que el sistema tiene una potencia térmica de 100 kW, un coste inicial de 100 000 €, una vida útil de 20 años, un rendimiento anual medio del 50%, una radiación solar anual media de 1800 kWh/m², un precio de la energía convencional de 0.08 €/kWh, un consumo de energía auxiliar del

10%, un coste de mantenimiento del 1% del coste inicial y una tasa de descuento del 5%. Se supone que no hay incentivos económicos ni variaciones en los precios.

Año	Ahorro anual (€)	Coste anual (€)	Flujo de efectivo (€)	Factor de descuento	Valor actual (€)
0	0	-100 000	-100 000	1	-100 000
1	14 400	-1 100	13 300	0.952	12 661
2	14 400	-1 100	13 300	0.907	12 062
...	...	...	...	...	...
19	14 400	-1 100	13 300	0.377	5 015
20	14 400	-1 100	13 300	0.359	4 776
VAN					-8 270

Tabla 12.1 Ejemplo de cálculo de VAN.

Como se puede observar, el VAN es negativo, lo que significa que el proyecto no es rentable bajo las condiciones asumidas. Esto se debe a que el coste inicial es muy alto en comparación con el ahorro anual. Para mejorar la rentabilidad del proyecto se podrían buscar opciones para reducir el coste inicial, como aprovechar las subvenciones o los créditos blandos, o utilizar tecnologías más económicas. También se podrían aumentar los ahorros anuales optimizando el diseño y la operación del sistema solar térmico o aprovechando los aumentos en el precio de la energía convencional.

12.3. Consideraciones medioambientales y sociales en la implementación de energía solar térmica

La energía solar térmica es una forma de aprovechar la radiación solar para producir calor, que puede ser utilizado para diversos fines, como calefacción, agua caliente sanitaria, refrigeración o procesos industriales. Esta tecnología tiene el potencial de reducir las emisiones de gases de efecto invernadero y la dependencia de los combustibles fósiles, contribuyendo así al desarrollo sostenible. Sin embargo, como toda actividad humana, también tiene impactos ambientales y sociales que deben ser evaluados y minimizados.

12.3.1. Impacto en la biodiversidad y medidas de mitigación

Uno de los principales impactos ambientales de la energía solar térmica es el uso del suelo. Los sistemas solares térmicos requieren una superficie adecuada para captar la radiación solar, lo que puede implicar la ocupación de terrenos agrícolas, forestales o naturales. Esto puede afectar a la biodiversidad, al paisaje y a los servicios ecosistémicos que estos terrenos proporcionan. Por ejemplo, algunos estudios han señalado que las plantas solares térmicas de concentración pueden causar la mortalidad de aves y otros animales por colisión o quemaduras. Además, la instalación de estos sistemas puede generar residuos y emisiones durante su construcción, operación y desmantelamiento.

Para mitigar estos impactos, es necesario realizar una planificación adecuada del emplazamiento de los sistemas solares térmicos, teniendo en cuenta los criterios ambientales, sociales y económicos. Así, se debe evitar la ocupación de zonas de alto valor ecológico o cultural, y se debe minimizar la alteración del paisaje y el hábitat. También se debe aplicar el principio de jerarquía de residuos, priorizando la prevención, la reutilización y el reciclaje sobre el tratamiento y la eliminación. Además, se debe realizar un seguimiento y una evaluación periódica de los impactos ambientales a lo largo del ciclo de vida de los sistemas solares térmicos.

Otro aspecto relevante es el impacto social de la energía solar térmica. Esta tecnología puede generar beneficios sociales, como la creación de empleo, el aumento del acceso a la energía, la reducción de la pobreza energética o la mejora de la salud. Por ejemplo, se estima que en 2019 la energía solar térmica empleó a más de 800 000 personas en el mundo. Además, esta tecnología puede contribuir a la soberanía energética de las comunidades locales al reducir su dependencia de fuentes externas o centralizadas.

Sin embargo, también pueden surgir conflictos sociales por la implementación de proyectos solares térmicos, especialmente si no se cuenta con la participación y el consentimiento de las poblaciones afectadas. Algunos factores que pueden generar resistencia o rechazo son: la falta de información o transparencia sobre el proyecto; la percepción de que el proyecto no responde a las necesidades o intereses locales; el impacto sobre los derechos humanos, como el derecho a la tierra, al agua o a la cultura, y la distribución desigual de los beneficios y los costes del proyecto.

Para prevenir o resolver estos conflictos, es fundamental adoptar un enfoque participativo e inclusivo en el desarrollo de los proyectos solares térmicos, que involucre a todos los actores relevantes desde las fases iniciales hasta las finales. Así, se debe garantizar el acceso a la información y a la consulta pública; se debe respetar el derecho al consentimiento previo, libre e informado de las comunidades indígenas u otras comunidades vulnerables; se debe promover el diálogo y la negociación entre las partes interesadas, y se debe asegurar una distribución justa y equitativa de los beneficios y los costes del proyecto.

12.4. Autoevaluación del capítulo 12

12.4.1. ¿Cuál es uno de los principales desafíos de la energía solar térmica mencionado en el texto?

a) La falta de tecnologías de almacenamiento de energía.

b) La alta eficiencia en comparación con las fuentes de energía convencionales.

c) La intermitencia debida a factores como la ubicación geográfica y las condiciones climáticas.

d) La falta de aceptación pública debido a preocupaciones sobre el impacto ambiental.

12.4.2. ¿Qué aspecto técnico dificulta la adopción de la energía solar térmica?

a) La falta de recursos financieros para la investigación y desarrollo.

b) La incompatibilidad entre los componentes de los sistemas solares térmicos.

c) La sobreproducción de energía durante los picos de radiación solar.

d) La falta de interés por parte de la industria en desarrollar esta tecnología.

12.4.3. ¿Cuál es una de las barreras económicas mencionadas en el texto?

a) La disponibilidad de incentivos fiscales para proyectos solares térmicos.

b) La falta de normas y certificados de calidad.

c) La subestimación de los beneficios económicos por parte de las entidades financieras.

d) La ausencia de demanda por parte de los consumidores.

12.4.4. ¿Qué método se sugiere en el texto para calcular la amortización de la inversión en sistemas solares térmicos?

a) Método de valor residual.

b) Método del retorno de la inversión.

c) Método del valor actual neto (VAN).

d) Método del coste promedio ponderado de capital (WACC).

12.4.5. ¿Qué se puede inferir sobre el proyecto en el ejemplo de cálculo del VAN presentado en el texto?

a) El proyecto es rentable bajo las condiciones asumidas.

b) El proyecto tiene un coste inicial muy bajo en comparación con el ahorro anual.

c) El proyecto no es rentable bajo las condiciones asumidas.

d) El proyecto tiene un alto riesgo de inversión.

12.4.6. ¿Cuál es uno de los impactos ambientales de la energía solar térmica mencionado en el texto?

a) La reducción de la biodiversidad debido a la implementación de proyectos solares térmicos.

b) La disminución de la emisión de gases de efecto invernadero.

c) El aumento de la fertilidad del suelo en áreas cercanas a las plantas solares térmicas.

d) La mejora en la calidad del aire debido al uso de energía solar térmica.

12.4.7. ¿Qué se puede hacer para mitigar los impactos ambientales de la energía solar térmica?

a) Aumentar la ocupación de zonas de alto valor ecológico.

b) Priorizar la prevención, reutilización y reciclaje de residuos.

c) Reducir la evaluación periódica del rendimiento de los sistemas solares térmicos.

d) Ignorar los impactos ambientales y centrarse solo en los beneficios económicos.

12.4.8. ¿Cuál es uno de los beneficios sociales de la energía solar térmica mencionado en el texto?

a) La generación de conflictos sociales.

b) La reducción de la biodiversidad.

c) La creación de empleo.

d) La falta de acceso a la energía.

12.4.9. ¿Qué puede generar conflictos sociales en la implementación de proyectos solares térmicos?

a) La participación y el consentimiento de las poblaciones afectadas.

b) La falta de información o transparencia sobre el proyecto.

c) El cumplimiento de los requisitos legales y reglamentarios.

d) El acceso a la información y la consulta pública.

12.4.10. ¿Qué enfoque se sugiere en el texto para prevenir o resolver conflictos sociales en proyectos solares térmicos?

a) Un enfoque autoritario y centralizado.

b) Un enfoque participativo e inclusivo.

c) Un enfoque exclusivo para las comunidades indígenas.

d) Un enfoque basado únicamente en el diálogo entre las partes interesadas.

CAPÍTULO 13
Innovaciones y tendencias futuras de la energía solar térmica

13.1. Introducción a las innovaciones y tendencias futuras de la energía solar térmica

La energía solar térmica tiene múltiples beneficios ambientales, sociales y económicos, ya que contribuye a reducir las emisiones de gases de efecto invernadero, a diversificar la matriz energética, a crear empleo y a mejorar la calidad de vida de las personas.

Sin embargo, la energía solar térmica también enfrenta una serie de desafíos y limitaciones, como la variabilidad e intermitencia de la fuente solar, la necesidad de almacenamiento térmico, la competencia con otras fuentes de energía más baratas o eficientes o la falta de normativa y apoyo institucional. Por ello, es necesario impulsar la investigación y el desarrollo de nuevas soluciones que permitan mejorar el rendimiento, la fiabilidad y la competitividad de esta tecnología.

En este capítulo se presentan algunas de las innovaciones y tendencias futuras que se están desarrollando en el campo de la energía solar térmica, tanto en el ámbito de los materiales como en el de las tecnologías. Se analizan los avances en materiales termo-absorbentes y nanotecnología, que buscan optimizar la captación y conversión de la radiación solar en calor.

Asimismo, se describen las tecnologías emergentes que combinan la energía solar térmica con otras fuentes renovables, como la geotérmica, para maximizar la eficiencia y el aprovechamiento del recurso solar.

13.2. Investigaciones en nuevos materiales para tecnologías solares térmicas avanzadas

La energía solar térmica es una forma de aprovechar la radiación solar para producir calor, que puede ser utilizado para diversos fines, como calefacción, refrigeración, agua caliente sanitaria o procesos industriales. Sin embargo, los sistemas actuales de energía solar térmica presentan algunas limitaciones, como la baja eficiencia, el alto coste, la dependencia de las condiciones climáticas y la dificultad de almacenamiento y transporte del calor. Por ello, se requiere el desarrollo de nuevos materiales que permitan mejorar el rendimiento y la viabilidad de estas tecnologías.

13.2.1. Desarrollos en materiales termo-absorbentes y su aplicación en colectores solares

Los materiales termo-absorbentes son aquellos que tienen la capacidad de absorber la radiación solar y convertirla en calor, lo que los hace idóneos para su uso en colectores solares. Los colectores solares son dispositivos que captan la energía solar y la transfieren a un fluido caloportador, que puede ser agua, aire u otro tipo de líquido o gas. El fluido caloportador se utiliza luego para alimentar un sistema de aprovechamiento térmico, como una caldera, una bomba de calor o una turbina.

Los materiales termo-absorbentes más comunes son los metales, como el cobre, el aluminio o el acero, que se recubren con pinturas o películas selectivas que aumentan su capacidad de absorción y reducen su emisión térmica. Sin embargo, estos materiales presentan algunos inconvenientes, como la corrosión, la oxidación, el peso y el coste.

Por ello, se han investigado otros tipos de materiales termo-absorbentes, como los polímeros, las cerámicas o los compuestos. Estos materiales ofrecen ventajas como la resistencia a la corrosión y a las altas temperaturas, la ligereza y la flexibilidad. Algunos ejemplos son:

- Los polímeros termoplásticos, como el polipropileno o el polietileno, que se pueden moldear fácilmente y tienen una alta resistencia mecánica y química. Estos polímeros se pueden mezclar con aditivos como pigmentos negros o nanotubos de carbono para mejorar su absorción solar.
- Las cerámicas termo-absorbentes, como el óxido de titanio o el óxido de zinc, que tienen una alta estabilidad térmica y química y una baja conductividad térmica. Estas cerámicas se pueden aplicar como recubrimientos sobre substratos metálicos o poliméricos para formar colectores solares híbridos.
- Los compuestos termo-absorbentes, como las espumas metálicas o las fibras de carbono, que combinan las propiedades de dos o más materiales para obtener un mejor rendimiento. Estos compuestos se pueden diseñar para tener una alta porosidad y una baja densidad, lo que aumenta su superficie de contacto con el fluido caloportador y reduce las pérdidas térmicas.

13.2.2. Nanotecnología en colectores solares y su impacto en la eficiencia energética

La nanotecnología es la ciencia que estudia y manipula la materia a escala nanométrica (entre 1 y 100 nanómetros), lo que permite obtener propiedades físicas y químicas novedosas. La nanotecnología tiene múltiples aplicaciones en el campo de la energía solar térmica, ya que permite mejorar las propiedades ópticas, térmicas y mecánicas de los materiales utilizados en los colectores solares.

Algunas de las ventajas que ofrece la nanotecnología son:

- La mejora de la absorción solar mediante el uso de nanopartículas metálicas o semiconductoras, que generan efectos plasmónicos o fotónicos que aumentan la interacción entre la luz y la materia.
- La reducción de la emisión térmica mediante el uso de nanoestructuras o metamateriales, que modifican el comportamiento de la radiación infrarroja y reducen las pérdidas de calor por radiación.
- La mejora de la conductividad térmica mediante el uso de nanofluidos o nanocompuestos, que aumentan la capacidad de transporte y almacenamiento del calor por parte del fluido caloportador o del material de almacenamiento.
- La mejora de la estabilidad y la durabilidad mediante el uso de nanocapas o nanorecubrimientos, que protegen a los materiales de la corrosión, la oxidación, la abrasión o la degradación.

Algunos ejemplos de aplicaciones de la nanotecnología en colectores solares son:

- Los colectores solares plasmónicos, que utilizan nanopartículas metálicas como el oro o la plata para generar resonancias plasmónicas que aumentan la absorción solar en un amplio rango espectral.
- Los colectores solares fotónicos, que utilizan nanoestructuras periódicas como las redes de difracción o los cristales fotónicos para generar efectos ópticos que aumentan la absorción solar en una determinada longitud de onda.
- Los colectores solares termofotovoltaicos, que utilizan metamateriales como los emisores selectivos para convertir el calor en electricidad mediante el uso de celdas fotovoltaicas.
- Los colectores solares nanofluídicos, que utilizan nanofluidos como el agua con óxido de cobre o dióxido de silicio para aumentar la conductividad térmica y la capacidad calorífica del fluido caloportador.

- Los colectores solares con materiales de cambio de fase, que utilizan nanocompuestos como la parafina con grafito o alúmina para almacenar el calor latente durante el cambio de fase del material (sólido-líquido o líquido-gas).

La nanotecnología representa una oportunidad para el desarrollo de tecnologías solares térmicas avanzadas que puedan alcanzar mayores niveles de eficiencia, economía y sostenibilidad. Sin embargo, también implica algunos retos y riesgos, como la complejidad de fabricación, la estandarización, la regulación y la evaluación de los impactos ambientales y sociales.

13.3. Desarrollo de tecnologías emergentes en el campo de la energía solar térmica

13.3.1. Tecnologías híbridas: solar y geotérmica para maximizar la eficiencia

Una de las limitaciones de la energía solar térmica es su dependencia de la disponibilidad y la variabilidad de la radiación solar, que puede afectar a la continuidad y la calidad del servicio. Para superar este inconveniente, se han desarrollado sistemas híbridos que combinan la energía solar con otras fuentes de calor, como la geotérmica, que aprovecha el calor del subsuelo.

La energía geotérmica es una fuente renovable, limpia y constante que puede complementar a la solar en los momentos de baja radiación o durante la noche. Además, la temperatura del subsuelo suele ser más estable que la del aire, lo que reduce las pérdidas térmicas y mejora el rendimiento de los intercambiadores de calor.

Los sistemas híbridos solar-geotérmicos pueden adoptar diferentes configuraciones, según el tipo y el grado de integración de las dos fuentes de calor. Por ejemplo, se pueden utilizar colectores solares para precalentar el fluido que circula por un circuito geotérmico cerrado, o también se pueden conectar los colectores solares y las bombas de calor geotérmicas en paralelo o en serie.

Estos sistemas presentan varias ventajas frente a los sistemas solares térmicos convencionales, como una mayor eficiencia energética, una menor ocupación de espacio, una mayor flexibilidad operativa y una mejor adaptación a la demanda. Según algunos estudios, los sistemas híbridos solar-geotérmicos pueden ahorrar hasta un 40% de energía primaria y reducir hasta un 60% las emisiones de CO_2 en comparación con los sistemas convencionales.

13.4. Autoevaluación del capítulo 13

13.4.1. ¿Cuáles son algunos de los desafíos y limitaciones mencionados que enfrenta la energía solar térmica?

a) La falta de tecnología para almacenamiento térmico.

b) La competencia con otras fuentes de energía más caras.

c) La dependencia de la radiación lunar.

d) El exceso de normativa y apoyo institucional.

13.4.2. ¿Qué se busca mejorar con el desarrollo de nuevos materiales en la energía solar térmica?

a) La estabilidad del clima.

b) La calidad del aire.

c) La eficiencia y viabilidad de las tecnologías.

d) La popularidad de la energía solar térmica en áreas urbanas.

13.4.3. ¿Qué son los materiales termo-absorbentes y cuál es su función en los colectores solares?

a) Son materiales que reducen la radiación solar y aumentan la eficiencia.

b) Son materiales que absorben la radiación solar y la convierten en calor.

c) Son materiales que absorben el calor ambiental y lo convierten en electricidad.

d) Son materiales que reflejan la radiación solar y protegen los colectores del sobrecalentamiento.

13.4.4. ¿Qué ventaja ofrecen los polímeros termoplásticos como materiales termo-absorbentes?

a) Su alta conductividad térmica.

b) Su baja resistencia mecánica y química.

c) Su capacidad de moldearse fácilmente y su resistencia.

d) Su alta densidad y bajo coste.

13.4.5. ¿Qué es la nanotecnología y cómo se aplica en colectores solares?

a) La ciencia que estudia las partículas de polvo y su impacto en la salud.

b) La manipulación de la materia a escala microscópica, utilizada para mejorar propiedades en los materiales de los colectores solares.

c) La tecnología que utiliza nanomáquinas para generar energía solar.

d) La técnica que estudia la energía solar en el espacio.

13.4.6. ¿Qué ventaja ofrece la nanotecnología en la absorción solar?

a) La reducción de la absorción solar.

b) El aumento de la emisión térmica.

c) El aumento de la absorción solar.

d) La generación de radiación infrarroja.

13.4.7. ¿Cuál es una aplicación de la nanotecnología en colectores solares mencionada en el texto?

a) El uso de nanoestructuras para reducir la conductividad térmica.

b) La utilización de nanocompuestos para aumentar la resistencia mecánica.

c) La implementación de nanofluidos para mejorar la eficiencia en la conversión de calor.

d) La creación de nanomáquinas para el almacenamiento de energía.

13.4.8. ¿Cuál es la ventaja de los sistemas híbridos solar-geotérmicos?

a) Su dependencia de la radiación solar.

b) Su menor eficiencia energética.

c) Su constancia y complementariedad.

d) Su mayor ocupación de espacio.

13.4.9. ¿Cómo pueden funcionar los sistemas híbridos solar-geotérmicos?

a) Con colectores solares que funcionan exclusivamente durante el día.

b) Combinando el calor del subsuelo con el calor del aire.

c) Con colectores solares que precalientan el fluido de un circuito geotérmico.

d) Con colectores solares que almacenan energía para uso nocturno.

13.4.10. ¿Cuál es una de las ventajas de los sistemas híbridos solar-geotérmicos en comparación con los sistemas convencionales?

a) Mayor dependencia de la radiación solar.

b) Menor eficiencia energética.

c) Menor ocupación de espacio.

d) Mayor fluctuación en la calidad del servicio.

CAPÍTULO 14
Normas técnicas en energía solar térmica

14.1. Normas y estándares internacionales

14.1.1. Introducción a las normas internacionales

En el ámbito de la energía solar térmica, existen diversas organizaciones internacionales que se encargan de la elaboración de normas técnicas. Entre las más relevantes se encuentran:

14.1.2. Organización Internacional de Normalización (ISO)

- Fundada en 1946
- Sede: Ginebra, Suiza
- Miembros: 167 países
- Objetivo: Desarrollar y publicar normas internacionales para diversos sectores, incluyendo la energía solar térmica.

Ejemplos de normas ISO para energía solar térmica:

- ISO 9806:2013 - Sistemas solares térmicos - Colectores solares - Métodos de ensayo y clasificación.

- ISO 13790:2014 - Sistemas solares térmicos - Sistemas de almacenamiento de energía térmica - Requisitos de ensayo y clasificación.
- ISO 15927-1:2017 - Sistemas solares térmicos - Sistemas compactos para agua caliente sanitaria - Parte 1: Requisitos de rendimiento.

> Nota clave: La ISO es la organización de normalización más grande del mundo, con más de 20 000 normas internacionales publicadas.

14.1.3. Comisión Electrotécnica Internacional (IEC)

- Fundada en 1906
- Sede: Ginebra, Suiza
- Miembros: 173 países
- Objetivo: Desarrollar y publicar normas internacionales para el campo de la electrotecnia, incluyendo la energía solar térmica.

Ejemplos de normas IEC para energía solar térmica:

- IEC 62670:2015 - Sistemas solares fotovoltaicos - Requisitos de seguridad para la instalación.
- IEC 62825:2014 - Sistemas solares fotovoltaicos - Medición de la energía eléctrica producida por sistemas fotovoltaicos.
- IEC TS 62789:2014 - Sistemas solares térmicos - Sistemas de almacenamiento de energía térmica - Guía para la selección e instalación.

> Nota clave: La IEC colabora con la ISO en la elaboración de normas para la energía solar térmica.

14.1.4. Asociación Internacional de la Energía Solar (ISES)

- Fundada en 1954
- Sede: Freiburg, Alemania

- Miembros: Más de 3000 miembros de 100 países.
- Objetivo: Promover el desarrollo y la utilización de la energía solar en todo el mundo.

Ejemplos de publicaciones de la ISES:

- Solar Energy Journal - Revista científica sobre energía solar.
- ISES Solar World Congress - Congreso mundial de energía solar.
- ISES Handbook of Solar Energy - Manual de energía solar.

Organización	Sede	Miembros	Objetivo
ISO	Ginebra, Suiza	167 países	Desarrollar y publicar normas internacionales para diversos sectores.
IEC	Ginebra, Suiza	173 países	Desarrollar y publicar normas internacionales para el campo de la electrotecnia.
ISES	Freiburg, Alemania	Más de 3000 miembros de 100 países	Promover el desarrollo y la utilización de la energía solar en todo el mundo.

Tabla 14.1. Resumen de los organismos internacionales de normalización.

14.2. Normas internacionales para la energía solar térmica

Las normas internacionales para la energía solar térmica son desarrolladas por organizaciones como la ISO e la IEC. Estas normas establecen requisitos mínimos de calidad, seguridad y rendimiento para los diferentes componentes y sistemas solares térmicos. Algunas de las normas más importantes son:

- ISO 9806:2013 - Sistemas solares térmicos - Colectores solares - Métodos de ensayo y clasificación.
- IEC 62670:2015 - Sistemas solares fotovoltaicos - Requisitos de seguridad para la instalación.
- ISO 13790:2014 - Sistemas solares térmicos - Sistemas de almacenamiento de energía térmica - Requisitos de ensayo y clasificación.

Nota clave: La adopción de normas internacionales facilita el comercio internacional de productos y servicios relacionados con la energía solar térmica.

14.3. Impacto de las normas internacionales

Las normas internacionales para la energía solar térmica han tenido un impacto positivo en el desarrollo de este sector a nivel mundial. Algunos de los beneficios de las normas son:

- Mejora de la calidad de los sistemas solares térmicos: Las normas establecen requisitos mínimos de calidad para los materiales, componentes y sistemas solares térmicos, lo que ha contribuido a mejorar la calidad general de estas instalaciones.
- Mayor seguridad para los usuarios: Las normas también establecen requisitos de seguridad para la instalación y operación de los sistemas solares térmicos, lo que ha contribuido a reducir los riesgos de accidentes.
- Aumento de la confianza en la energía solar térmica: La existencia de normas técnicas ha contribuido a aumentar la confianza en la energía solar térmica como una fuente de energía confiable y eficiente.

- Armonización global del mercado: Las normas internacionales facilitan el intercambio de información y tecnología entre diferentes países, lo que ha contribuido a la armonización del mercado global de la energía solar térmica.

14.4. Normatividad en España

14.4.1. Organizaciones de normalización en España

En España, existen dos entidades principales que participan en la elaboración de normas técnicas para la energía solar térmica:

- Asociación Española de Normalización y Certificación (AENOR): Es el organismo nacional de normalización, responsable de representar a España ante la Organización Internacional de Normalización (ISO) y la Comisión Electrotécnica Internacional (IEC). AENOR elabora normas en diversos sectores, incluyendo la energía solar térmica.
- IDAE (Instituto para la Diversificación y Ahorro de la Energía): Es un organismo público adscrito al Ministerio para la Transición Ecológica y el Reto Demográfico, responsable de la promoción de las energías renovables y el ahorro energético. El IDAE colabora con AENOR en la elaboración de normas técnicas para la energía solar térmica.

> Nota clave: AENOR fue fundada en 1986, lo que la convierte en una de las entidades de normalización más jóvenes de Europa.

14.4.2. Normas españolas para la energía solar térmica

En España, existen diversas normas técnicas relacionadas con la energía solar térmica. Algunas de las más importantes son:

- UNE-EN 12975-1:2019 Sistemas solares térmicos - Colectores solares - Parte 1: Requisitos de ensayo y clasificación.

Esta norma establece los requisitos de ensayo y clasificación para los colectores solares.

- UNE-EN 12975-2:2019 Sistemas solares térmicos - Colectores solares - Parte 2: Requisitos de rendimiento. Esta norma establece los requisitos de rendimiento para los colectores solares.
- UNE-EN 13104-1:2017 Sistemas solares térmicos para agua caliente sanitaria - Sistemas compactos - Parte 1: Requisitos de ensayo y clasificación. Esta norma establece los requisitos de ensayo y clasificación para los sistemas solares compactos para agua caliente sanitaria (ACS).

Norma	Título	Alcance
UNE-EN 12975-1:2019	Sistemas solares térmicos - Colectores solares - Parte 1: Requisitos de ensayo y clasificación	Colectores solares
UNE-EN 12975-2:2019	Sistemas solares térmicos - Colectores solares - Parte 2: Requisitos de rendimiento	Colectores solares
UNE-EN 13104-1:2017	Sistemas solares térmicos para agua caliente sanitaria - Sistemas compactos - Parte 1: Requisitos de ensayo y clasificación	Sistemas solares compactos para ACS

Tabla 14.2 Resumen de las normas españolas para la energía solar térmica.

Nota clave: Las normas españolas para la energía solar térmica son de carácter voluntario, pero su cumplimiento es obligatorio para acceder a ciertos beneficios, como la exención de impuestos o la certificación LEED.

14.4.3. Impacto de las normas españolas

Las normas españolas para la energía solar térmica han tenido un impacto positivo en el desarrollo de este sector en el país. Algunas de las consecuencias de la aplicación de estas normas son:

- Mejora de la calidad de los sistemas solares térmicos: Las normas establecen requisitos mínimos de calidad para los materiales, componentes y sistemas solares térmicos, lo que ha contribuido a mejorar la calidad general de estas instalaciones.
- Mayor seguridad para los usuarios: Las normas también establecen requisitos de seguridad para la instalación y operación de los sistemas solares térmicos, lo que ha contribuido a reducir los riesgos de accidentes.
- Aumento de la confianza en la energía solar térmica: La existencia de normas técnicas ha contribuido a aumentar la confianza en la energía solar térmica como una fuente de energía confiable y eficiente.

Ejemplo: La norma UNE-EN 12975-1:2019 ha sido utilizada como base para la elaboración de la norma ISO 9806:2013, que es una norma internacional para colectores solares.

14.5. Autoevaluación del capítulo 14

14.5.1. ¿Cuál es uno de los objetivos principales de la Organización Internacional de Normalización (ISO) en el campo de la energía solar térmica?

a) Desarrollar y publicar normas internacionales para la agricultura.

b) Representar a España ante la ISO y la IEC.

c) Promover el desarrollo y la utilización de la energía solar en todo el mundo.

d) Establecer requisitos de seguridad para la instalación de sistemas fotovoltaicos.

14.5.2. ¿Qué función cumple la Comisión Electrotécnica Internacional (IEC) en relación con la energía solar térmica?

a) Desarrollar normas para el sector agrícola.

b) Representar a España ante la ISO.

c) Desarrollar normas internacionales para el campo de la electrotecnia, incluyendo la energía solar térmica.

d) Promover el desarrollo y la utilización de la energía solar en todo el mundo.

14.5.3. ¿Cuál es uno de los objetivos principales de la Asociación Internacional de la Energía Solar (ISES)?

a) Desarrollar normas internacionales para la energía solar térmica.

b) Representar a España ante la ISO y la IEC.

c) Promover el desarrollo y la utilización de la energía solar en todo el mundo.

d) Elaborar normas técnicas para el campo de la electrotecnia.

14.5.4. ¿Cuál es el impacto positivo de las normas internacionales para la energía solar térmica?

a) Aumento de la radiación solar.

b) Aumento de la confianza en la energía solar térmica.

c) Mayor dependencia de la radiación solar.

d) Reducción de la seguridad para los usuarios.

14.5.5. ¿Cuál es una de las funciones del IDAE en relación con las normas técnicas para la energía solar térmica en España?

a) Desarrollar normas internacionales para la energía solar térmica.

b) Promover el desarrollo y la utilización de la energía solar en todo el mundo.

c) Colaborar con AENOR en la elaboración de normas técnicas para la energía solar térmica.

d) Representar a España ante la Organización Internacional de Normalización (ISO).

14.5.6. ¿Cuál es el objetivo de la norma UNE-EN 12975-1:2019 en España?

a) Establecer requisitos de seguridad para la instalación de sistemas solares térmicos.

b) Promover el desarrollo y la utilización de la energía solar en todo el mundo.

c) Establecer requisitos de ensayo y clasificación para los colectores solares.

d) Desarrollar y publicar normas internacionales para diversos sectores.

14.5.7. ¿Cuál es uno de los impactos positivos de las normas españolas para la energía solar térmica?

a) Aumento de la radiación solar.

b) Aumento de la confianza en la energía solar térmica.

c) Mayor dependencia de la radiación solar.

d) Reducción de la seguridad para los usuarios.

CAPÍTULO 15
Evaluación del impacto ambiental de la energía solar térmica

15.1. Evaluación del impacto ambiental

La energía solar térmica es una forma de energía renovable que utiliza la radiación solar para generar calor y producir electricidad. A diferencia de la energía solar fotovoltaica, que convierte la luz solar directamente en electricidad, la energía solar térmica utiliza la energía térmica del sol para calentar un fluido que luego se utiliza para generar electricidad. En este capítulo, se analizará el impacto ambiental y económico de la energía solar térmica.

15.1.1. Huella de carbono de la energía solar térmica

La huella de carbono y el análisis del ciclo de vida de la energía solar térmica son aspectos fundamentales para evaluar su impacto ambiental. La huella de carbono se refiere a la cantidad de gases de efecto invernadero emitidos durante la producción y el uso de un producto o servicio. Por otro lado, el análisis del ciclo de vida es una herramienta que evalúa el impacto ambiental de un producto o servicio a lo largo de su ciclo completo, desde la extracción de materias primas hasta su disposición final. En el caso de la energía solar térmica, la huella de carbono es relativamente baja en comparación con las fuentes de energía convencionales como el petróleo y el gas natural.

La mayor parte de las emisiones de gases de efecto invernadero asociadas con la energía solar térmica se producen durante la fabricación de los componentes del sistema, como los paneles y los colectores solares. Sin embargo, estas emisiones son relativamente bajas en comparación con las emisiones asociadas con la producción de combustibles fósiles.

15.1.2. Etapas de vida de la energía solar térmica

Para realizar un análisis de ciclo de vida de la energía solar térmica, se deben considerar varias etapas. A continuación, se presentan los pasos a seguir para llevar a cabo este análisis:

- Fabricación de los componentes del sistema: Se debe evaluar el impacto ambiental asociado con la fabricación de los componentes de la planta de energía solar térmica, como los colectores solares, el sistema de almacenamiento térmico y los equipos de generación de electricidad.

- Transporte de los componentes: Se debe considerar el impacto ambiental del transporte de los componentes a la ubicación de la planta. Esto incluye el consumo de combustible y las emisiones asociadas al transporte.

- Instalación de los componentes: Se debe evaluar el impacto ambiental de la instalación de los componentes en la planta, incluyendo el uso de maquinaria, la generación de residuos de construcción y las emisiones asociadas a esta etapa.

- Operación de la planta: Se debe considerar el impacto ambiental de la operación de la planta, incluyendo la generación de electricidad y el mantenimiento del sistema. Esto puede incluir el consumo de agua, la generación de residuos y las emisiones asociadas a la operación.

- Desmantelamiento de la planta: Se debe evaluar el impacto ambiental del desmantelamiento de la planta al final de su vida útil y la disposición de los residuos. Esto incluye la gestión de residuos peligrosos y no peligrosos, así como las emisiones asociadas al desmantelamiento.

Es importante considerar todas estas etapas para obtener una evaluación completa del impacto ambiental de la energía solar térmica a lo largo de su ciclo de vida. Además, se debe comparar el impacto ambiental de la energía solar térmica con el de las fuentes de energía convencionales, como las plantas de energía que utilizan combustibles fósiles, para determinar su contribución a la mitigación del cambio climático y su viabilidad como fuente de energía renovable.

15.1.3. Comparación con fuentes de energía convencionales

La producción de agua caliente sanitaria (ACS) es una necesidad básica en los hogares y edificios. Tradicionalmente, esta necesidad se ha cubierto mediante el uso de energías convencionales, como el gas natural o la electricidad. Sin embargo, en los últimos años, la energía solar térmica ha surgido como una alternativa viable y sostenible.

La energía solar térmica utiliza la radiación solar para generar calor, que luego se utiliza para calentar agua. Este proceso se realiza a través de colectores solares, que captan la energía del sol y la transmiten a un fluido, generalmente agua. Una de las principales ventajas de este sistema es que, una vez instalado, no genera emisiones de gases de efecto invernadero durante su operación. Además, la energía solar es una fuente inagotable, lo que garantiza la sostenibilidad del sistema a largo plazo.

Por otro lado, las energías convencionales, como el gas natural o la electricidad, generan ACS mediante la quema de combustibles fósiles o la utilización de electricidad para calentar el agua. Estos sistemas suelen tener un mayor impacto ambiental debido a las emisiones de gases de efecto invernadero asociadas con la quema de combustibles fósiles. Además, los combustibles fósiles son recursos finitos, lo que plantea problemas de sostenibilidad a largo plazo.

A pesar de las ventajas de la energía solar térmica, existen desafíos que deben abordarse. Uno de ellos es la variabilidad de la radiación solar, que puede afectar a la eficiencia del sistema. Sin embargo, este problema puede mitigarse mediante el uso de sistemas de almacenamiento de calor o la combinación con otras fuentes de energía.

Aspecto	Energía solar térmica	Energías no renovables
Emisiones de CO_2	Bajas durante la fabricación y nulas durante la operación	Altas durante la combustión de combustibles fósiles
Impacto en el agua	Bajo, principalmente durante la fabricación	Alto, debido a la contaminación del agua durante la extracción y quema de combustibles fósiles
Residuos	Bajos, principalmente al final de la vida útil	Altos, especialmente en el caso del carbón
Uso del suelo	Moderado, necesario para la instalación de colectores	Alto, debido a la extracción de combustibles fósiles y la construcción de plantas de energía
Recursos	Inagotable, la energía proviene del sol	Finitos, los combustibles fósiles se agotarán con el tiempo
Impacto en la salud humana	Bajo, principalmente durante la fabricación	Alto, debido a la contaminación del aire y el agua

Tabla 15.1 Comparación general de energía solar térmica vs no renovables.

15.2. Análisis económico y retorno de inversión

El análisis económico y el retorno de inversión son aspectos fundamentales en la evaluación de la viabilidad de la energía solar térmica como fuente de energía renovable. En esta sección, se realizará un pequeño estudio de retorno de inversión para el agua caliente sanitaria (ACS) de energía solar térmica versus gas licuado de petróleo (GLP).

15.2.1. Evaluación de costes a largo plazo

Las principales diferencias entre la energía solar térmica y el gas licuado de petróleo (GLP) en términos de costes a largo plazo se basan en el análisis de retorno de inversión y los ahorros generados. A continuación, se presentan las diferencias identificadas en los estudios encontrados:

- Retorno de inversión: Según un estudio realizado en Salta, Argentina, la sustitución de energía fósil por energía solar térmica para el calentamiento de agua sanitaria es factible económicamente para viviendas con GLP, electricidad y leña. Sin embargo, no es viable para viviendas con acceso a la red de gas natural.

- Ahorros anuales: Un estudio realizado en Ecuador estima que el uso de sistemas de calentamiento de agua con energía solar térmica permitiría ahorrar al Estado ecuatoriano una considerable cantidad de dinero que podría destinarse a otros fines, al mismo tiempo que se contribuiría a la reducción de los impactos negativos por la producción y el uso de derivados de petróleo y la generación de CO_2.

- Eficiencia y mitigación: Los dispositivos con colectores de placa plana y tubos evacuados para energía solar térmica tienen valores más bajos de la contribución solar a la demanda y la eficiencia térmica en comparación con el GLP. Sin embargo, la energía térmica generada por año y por m^2 de colector es más alta con GLP, el tipo de colector que se vaya a emplear maximiza las mitigaciones por año y por m^2 usando electricidad.

15.2.2. Retorno de inversión para agua caliente sanitaria (ACS)

El retorno de inversión para sistemas de agua caliente sanitaria (ACS) con energía solar térmica versus GLP se basa en el cálculo del período de tiempo necesario para recuperar la inversión inicial realizada en el sistema de energía solar térmica, considerando los ahorros generados en el consumo de GLP para calentar agua.

El cálculo del retorno de inversión se basa en la comparación de los costes iniciales de instalación de un sistema de energía solar térmica para ACS con los costes continuos de GLP para el mismo fin. La fórmula general para el cálculo del retorno de inversión (ROI) se expresa de la siguiente manera:

$$ROI = \left(\frac{\text{Beneficios netos de la inversión}}{\text{Coste de la inversión}}\right) \cdot 100 \quad (15.1)$$

donde:

- Beneficios netos de la inversión son las ganancias obtenidas de la inversión.
- Coste de la inversión es el coste total de la inversión.

El resultado se multiplica por 100 para expresarlo en porcentaje. Este valor representa la rentabilidad de la inversión. Un ROI positivo indica que los beneficios superan los costes, mientras que un ROI negativo indica lo contrario. Es una métrica útil para comparar la eficiencia de diferentes inversiones.

Ejemplo:

Supongamos que el coste inicial de instalación de un sistema de energía solar térmica para ACS es de 10 000 $ y que se estima un ahorro anual de 1000 $ en consumo de GLP. Aplicando la fórmula del ROI, se obtendría:

$$ROI = \left(\frac{1000}{10\,000}\right) \cdot 100 \quad (15.1.1)$$

$$ROI = 10\% \quad (15.1.2)$$

Esto significa que, en este escenario hipotético, la inversión inicial se recuperaría en un 10% anual, lo que implicaría un retorno de inversión en 10 años.

15.2.3. Beneficios económicos para comunidades locales

La energía solar térmica no solo tiene ventajas ambientales, sino también económicas, especialmente para las comunidades locales que se benefician de su instalación y uso. En este apartado se analizarán algunos de los beneficios económicos que la energía solar térmica puede aportar a nivel local.

Uno de los beneficios económicos más evidentes es el ahorro en la factura energética, ya que la energía solar térmica permite reducir el consumo de combustibles fósiles o de electricidad para la producción de agua caliente sanitaria, calefacción o refrigeración. Según un estudio realizado por la Agencia Internacional de Energía Renovable (IRENA), el coste nivelado de la energía solar térmica en 2018 era de entre 0.03 y 0.10 dólares por kWh térmico, mientras que el coste medio de la electricidad residencial en el mundo era de 0.14 dólares por kWh eléctrico. Esto significa que la energía solar térmica puede ser hasta cuatro veces más barata que la electricidad para generar calor.

Otro beneficio económico es la creación de empleo local, tanto directo como indirecto. El empleo directo se refiere a las personas que trabajan en la instalación, operación y mantenimiento de los sistemas solares térmicos, mientras que el empleo indirecto se refiere a las personas que trabajan en la fabricación, distribución y suministro de los componentes y equipos necesarios. Según IRENA, en 2018 había unos 800 000 empleos relacionados con la energía solar térmica en el mundo, siendo China, Brasil, India y Turquía los países con mayor número de trabajadores. Estos empleos suelen ser de calidad, ya que requieren una formación técnica especializada y ofrecen salarios competitivos.

Un tercer beneficio económico es el desarrollo local y regional, ya que la energía solar térmica puede contribuir a mejorar el acceso a servicios básicos como el agua caliente sanitaria, la calefacción o la refrigeración, especialmente en zonas rurales o aisladas donde la red eléctrica es deficiente o inexistente. Además, la energía solar térmica puede favorecer el desarrollo de actividades productivas locales que requieren calor, como la agricultura, la industria alimentaria o el turismo. Por ejemplo, en Marruecos se ha instalado un sistema solar térmico para proporcionar agua caliente a una cooperativa de mujeres que producen aceite de argán, lo que ha mejorado su calidad de vida y sus ingresos.

Finalmente, un cuarto beneficio económico es la reducción de la dependencia energética externa, ya que la energía solar térmica permite aprovechar un recurso renovable y abundante como es el sol, reduciendo así la necesidad de importar combustibles fósiles o electricidad de otros países. Esto implica una mayor seguridad energética y una menor exposición a las fluctuaciones de los precios internacionales de la energía, lo que puede tener un impacto positivo en la balanza comercial y en el presupuesto nacional.

15.3. Autoevaluación del capítulo 15

15.3.1. ¿Qué diferencia fundamental existe entre la energía solar térmica y la energía solar fotovoltaica?

a) La energía solar térmica convierte la luz solar directamente en electricidad.

b) La energía solar fotovoltaica utiliza la energía térmica del sol para generar electricidad.

c) La energía solar térmica genera calor y electricidad a partir de la radiación solar.

d) La energía solar fotovoltaica utiliza fluidos calentados por el sol para generar electricidad.

15.3.2. ¿Qué herramienta se utiliza para evaluar el impacto ambiental de un producto o servicio a lo largo de su ciclo de vida?

a) Huella de carbono.

b) Análisis económico.

c) Estudio de viabilidad.

d) Análisis de riesgo.

15.3.3. ¿Cuál de las siguientes etapas NO se considera en un análisis de ciclo de vida de la energía solar térmica?

a) Operación de la planta.

b) Mantenimiento de los componentes.

c) Desarrollo de tecnologías solares innovadoras.

d) Desmantelamiento de la planta.

15.3.4. ¿Cuál es uno de los impactos positivos de la energía solar térmica en comparación con las energías no renovables?

a) Alta generación de residuos.

b) Bajo impacto en la salud humana.

c) Emisiones altas de CO_2 durante la operación.

d) Uso intensivo del suelo.

15.3.5. ¿Qué métrica se utiliza para comparar la eficiencia de diferentes inversiones?

a) Coste nivelado de la energía.

b) Análisis de coste-beneficio.

c) Retorno de inversión (ROI).

d) Tasa interna de retorno (TIR).

15.3.6. ¿Cuál es la fórmula para calcular el retorno de inversión (ROI)?

a) ROI = (Beneficios netos de la inversión) - (Coste de la inversión).

b) ROI = (Beneficios netos de la inversión) ÷ (Coste de la inversión).

c) ROI = (Beneficios netos de la inversión) + (Coste de la inversión).

d) ROI = (Coste de la inversión) ÷ (Beneficios netos de la inversión).

15.3.7. ¿Cuál es uno de los beneficios económicos de la energía solar térmica para las comunidades locales?

a) Aumento de la dependencia energética externa.

b) Reducción de empleos directos.

c) Creación de empleo local.

d) Aumento de la factura energética.

15.3.8. ¿Cuál es una de las principales diferencias entre la energía solar térmica y el gas licuado de petróleo (GLP) en términos de costes a largo plazo?

a) La energía solar térmica tiene un retorno de inversión más rápido.

b) El gas licuado de petróleo (GLP) tiene costes iniciales más bajos.

c) El gas licuado de petróleo (GLP) tiene ahorros anuales más altos.

d) La energía solar térmica es más costosa de operar.

Glosario

Absorción

Es el proceso por el cual una sustancia o un cuerpo capta la energía o la materia que recibe de otro. En el ámbito de las energías renovables, se utiliza este término para referirse a la capacidad de una superficie de retener la radiación solar que incide sobre ella. La absortancia es el coeficiente que mide esta capacidad.

Acumulador térmico

Es un dispositivo que almacena energía térmica para su posterior uso. Puede ser de agua caliente, de hielo o de sales fundidas, entre otros. Su función es aprovechar el excedente de producción de energía en momentos de baja demanda y liberarlo cuando se necesita. De esta forma, se mejora la eficiencia y la estabilidad del sistema energético.

Aislamiento térmico

Es el conjunto de materiales y técnicas que se utilizan para reducir las pérdidas o las ganancias de calor en un edificio o una instalación. El objetivo es mejorar el confort térmico y el ahorro energético, evitando el uso excesivo de calefacción o refrigeración. El aislamiento térmico puede ser pasivo o activo, según se base en propiedades físicas o en sistemas mecánicos.

Albedo

Es la fracción de la radiación solar que es reflejada por una superficie. El albedo depende del color, la textura y el ángulo de incidencia de la superficie. Los valores del albedo varían entre 0 y 1, siendo 0 el caso de una superficie totalmente absorbente y 1 el caso de una superficie totalmente reflectante. El albedo influye en el balance energético y climático de la Tierra.

Ángulo de inclinación

Es el ángulo que forma el eje de rotación de un aerogenerador o un panel solar con la horizontal. Este ángulo determina la exposición al viento o al sol, y, por tanto, la eficiencia y el rendimiento de estos dispositivos. El ángulo óptimo depende de la latitud, la estación y la hora del día.

Azimut

Es el ángulo que forma el eje horizontal de un aerogenerador o un panel solar con el norte geográfico. Este ángulo indica la orientación del dispositivo respecto a la dirección del viento o del sol. El azimut óptimo depende de la distribución y la intensidad del recurso eólico o solar en una zona determinada.

Balance energético

Es el balance de los flujos energéticos de entrada y salida en una central o área geográfica; puede incluir la producción, la importación, la exportación, la compra, la venta, el transporte, la transformación y el consumo de energía. El balance energético permite evaluar la disponibilidad, la demanda y la dependencia energética, así como el impacto ambiental asociado.

Biomasa

Es el conjunto de materiales de origen biológico que pueden utilizarse para generar energía eléctrica, para ser transformados en combustibles y carburantes o, directamente, para producir calor. Provienen básicamente de desechos industriales y urbanos, de cultivos energéticos y de productos, deshechos y residuos biológicos de la agricultura, de la silvicultura o de las industrias relacionadas con estas. La biomasa es una forma de energía renovable, pero no siempre es limpia, ya que puede emitir gases de efecto invernadero a la atmósfera.

Bomba de calor

Un dispositivo que transfiere calor de una fuente fría a una fuente caliente utilizando energía eléctrica o mecánica. Se utiliza para climatizar espacios o calentar agua.

Calentador solar

Un sistema que utiliza la energía solar térmica para calentar agua, mediante un colector que capta la radiación solar y la transmite a un circuito de agua. Se utiliza para producir agua caliente sanitaria o para calefacción.

Captador plano

Un tipo de colector solar térmico que consiste en una placa metálica pintada de negro que absorbe la radiación solar y la transfiere a un fluido que circula por unos tubos adheridos a la placa. Tiene un rendimiento moderado y un coste bajo.

Captador solar

Un dispositivo que capta la energía solar y la convierte en calor utilizable. Puede ser de tipo térmico o fototérmico, según el uso que se le dé al calor generado.

Célula fotovoltaica

Un dispositivo semiconductor que convierte la energía luminosa en energía eléctrica mediante el efecto fotovoltaico. Es la unidad básica de los paneles solares fotovoltaicos.

Ciclo termodinámico

Un proceso en el que un sistema intercambia calor y trabajo con su entorno, volviendo al estado inicial. Se utiliza para describir el funcionamiento de máquinas térmicas, como motores o bombas de calor.

Coeficiente de rendimiento

Una medida de la eficiencia de un sistema que produce calor o frío, que se define como la relación entre la cantidad de calor o frío producido y la cantidad de energía consumida para producirlo.

Colector cilindro-parabólico

Un tipo de colector solar térmico de concentración que consiste en una serie de espejos curvos que enfocan la radiación solar sobre un tubo receptor situado en el eje focal. Alcanza altas temperaturas y se utiliza para generar vapor y producir electricidad.

Colector de tubo evacuado

Un tipo de colector solar térmico que consiste en una serie de tubos de vidrio al vacío que contienen en su interior un absorbedor metálico. Tiene un alto rendimiento y una baja pérdida de calor, pero también un alto coste. Se utiliza para calentar agua a altas temperaturas.

Concentrador solar

Un dispositivo que, mediante distintos sistemas como espejos o lentes, concentra la radiación solar sobre un punto o una superficie reducida, aumentando así la intensidad de la energía solar incidente. Se utiliza para generar altas temperaturas o para aumentar la eficiencia de las células fotovoltaicas.

Conducción térmica

Transferencia de calor dentro de un objeto o entre objetos adyacentes por contacto directo. Es el modo de transferencia de calor más importante en los materiales sólidos.

Convección

Transferencia de calor por medio de un fluido en movimiento como el aire o el agua. Se produce cuando el fluido caliente se eleva y el fluido frío se hunde debido a la diferencia de densidad. Es el modo de transferencia de calor más importante en los fluidos.

Conversión fototérmica

Transformación de la energía solar en energía térmica mediante dispositivos como los colectores solares. La energía térmica se puede utilizar para calentar agua, generar vapor, climatizar edificios o producir electricidad.

Cosecha solar

Captación y aprovechamiento de la energía solar para diversos usos, como la generación eléctrica, el calentamiento de agua, la iluminación natural o la fotosíntesis. La cosecha solar se puede realizar mediante sistemas pasivos o activos, según requieran o no dispositivos mecánicos o eléctricos.

CSP (Concentrated Solar Power)

Tecnología que utiliza espejos o lentes para concentrar la radiación solar sobre un receptor que contiene un fluido caloportador. El fluido se utiliza para generar vapor que acciona una turbina y produce electricidad. Los sistemas CSP pueden almacenar el calor para generar electricidad cuando no hay sol.

Demanda energética

Cantidad de energía requerida por una población, una actividad o un proceso en un determinado periodo de tiempo. La demanda energética depende de factores como el nivel de desarrollo, el clima, los hábitos de consumo o la eficiencia de los equipos.

Difusión solar

Proceso por el cual la radiación solar se dispersa al atravesar la atmósfera debido a la interacción con las moléculas del aire, el polvo, el vapor de agua y otras partículas. La difusión solar reduce la intensidad y cambia la dirección y el espectro de la luz solar que llega a la superficie terrestre.

Eficiencia energética

Relación entre la cantidad de energía útil que se obtiene de un sistema, proceso o dispositivo y la cantidad de energía que se le suminista. La eficiencia energética se expresa en porcentaje y mide el grado de aprovechamiento de la energía. Cuanto mayor es la eficiencia, menor es el consumo y el impacto ambiental.

Emisividad

Propiedad de los cuerpos que indica su capacidad para emitir radiación térmica en función de su temperatura. La emisividad varía entre 0 y 1, siendo 1 el valor correspondiente al cuerpo negro, que emite la máxima radiación posible para cada temperatura. Los materiales con alta emisividad son buenos emisores y malos reflectores de calor.

Energía geotérmica

Energía almacenada en forma de calor en el interior de la Tierra. La energía geotérmica se puede aprovechar mediante pozos o sondas que extraen agua caliente o vapor del subsuelo y lo conducen a una central donde se genera electricidad o se usa para calefacción o refrigeración.

Energía renovable

Energía producida a partir de fuentes indefinidamente renovables, por ejemplo, las fuentes de energía hídrica, solar, geotérmica y eólica, así como la biomasa que es producida de forma sostenible.

Entalpía

Magnitud termodinámica que mide la cantidad de energía interna de un sistema más el producto de su presión por su volumen. Se utiliza para calcular el calor intercambiado en procesos a presión constante.

Entropía

Magnitud termodinámica que mide el grado de desorden o aleatoriedad de un sistema. También se puede interpretar como la cantidad de energía que no puede utilizarse para realizar trabajo. La entropía tiende a aumentar en los procesos irreversibles.

Espectro solar

Distribución de la radiación electromagnética emitida por el sol en función de su longitud de onda o frecuencia. El espectro solar abarca desde los rayos gamma hasta las ondas de radio, pasando por la luz visible, los rayos ultravioletas y los infrarrojos.

Factor de forma

Relación entre la potencia media y la potencia máxima de una fuente de energía renovable durante un periodo determinado. Indica la variabilidad y la intermitencia de la fuente. Un factor de forma cercano a 1 significa que la fuente es estable y predecible.

Flujo radiante

Cantidad de energía radiante que atraviesa una superficie por unidad de tiempo. Se mide en watts (W). El flujo radiante del sol que llega a la Tierra se denomina constante solar y tiene un valor aproximado de 1367 W/m^2.

Fotones

Partículas elementales sin masa ni carga eléctrica que constituyen la unidad mínima de la luz y otras radiaciones electromagnéticas. Los fotones transportan energía proporcional a su frecuencia.

Generación distribuida

Producción de energía eléctrica mediante pequeñas instalaciones situadas cerca del punto de consumo, lo que reduce las pérdidas por transporte y distribución. La generación distribuida suele emplear fuentes renovables y puede conectarse a la red o funcionar de forma aislada.

Geotermia

Aprovechamiento del calor almacenado en el interior de la Tierra para generar energía eléctrica o térmica. La geotermia se basa en el uso de fluidos que

DAVID PÉREZ GRANADOS

circulan por el subsuelo y se calientan al entrar en contacto con rocas o aguas termales.

Horas de sol pico

Unidad de medida que se utiliza para calcular la radiación solar que recibe una superficie en un día. Se define como el número de horas que el sol brilla con una intensidad de 1 kW/m². Por ejemplo, si la radiación solar media diaria es de 5 kWh/m², se dice que hay 5 horas de sol pico.

Huella de carbono

Indicador que mide la cantidad de gases de efecto invernadero (GEI) que emite una persona, una organización, un producto o una actividad, expresada en toneladas de dióxido de carbono equivalente (CO_2e). La huella de carbono se puede calcular a nivel individual, organizacional o nacional, y sirve para evaluar el impacto ambiental y buscar formas de reducirlo.

Insolación

Cantidad de energía solar que llega a la superficie terrestre por unidad de tiempo y de área. Se mide en watts por metro cuadrado (W/m²) o en kilowatts hora por metro cuadrado y año (kWh/m²·año). La insolación depende de factores como la latitud, la altitud, la estación del año, la hora del día, la nubosidad y la contaminación atmosférica.

Intercambiador de calor

Dispositivo que permite transferir calor entre dos fluidos que se encuentran a diferentes temperaturas, sin que se mezclen entre sí. Los intercambiadores de calor se utilizan en sistemas de calefacción, refrigeración, climatización y producción de agua caliente sanitaria. Existen diferentes tipos de intercambiadores de calor según su diseño y funcionamiento, como los de tubos concéntricos, los de placas o los de carcasa y tubos.

Irradiación solar

Cantidad total de energía solar que llega a una superficie por unidad de tiempo y de área. Se mide en watts por metro cuadrado (W/m²) o en kilowatts hora por metro cuadrado y año (kWh/m²·año). La irradiación solar es la suma de la radiación directa (que proviene directamente del sol), la radiación difusa (que se dispersa por la atmósfera) y la radiación reflejada (que rebota en otras superficies).

KWh (kilowatt hora)

Unidad de medida que expresa la cantidad de energía eléctrica consumida o producida por un aparato o un sistema durante una hora. Un kWh equivale a 1000 watts hora (Wh) o a 3.6 megajulios (MJ). Por ejemplo, si un televisor consume 100 W y está encendido durante 10 horas, habrá consumido 1 kWh de energía eléctrica.

Latitud

Coordenada geográfica que indica la posición angular de un punto sobre la superficie terrestre respecto al ecuador. Se mide en grados, minutos y segundos y puede ser norte o sur según el hemisferio en el que se encuentre el punto. La latitud influye en la cantidad y la duración de la radiación solar que recibe un lugar, siendo mayor cuanto más cerca se esté del ecuador y menor cuanto más cerca se esté de los polos.

Módulo fotovoltaico

Dispositivo formado por un conjunto de células fotovoltaicas que convierten la energía solar en energía eléctrica. Es el componente principal de un sistema fotovoltaico.

Pérdidas térmicas

Cantidad de energía que se disipa en forma de calor debido a la resistencia eléctrica de los componentes del sistema fotovoltaico. Se pueden reducir mediante el uso de materiales adecuados y una buena ventilación.

Piranómetro

Instrumento que mide la radiación solar global, es decir, la suma de la radiación directa y la difusa que incide sobre una superficie plana. Se utiliza para evaluar el recurso solar disponible en una ubicación.

Potencia nominal

Potencia eléctrica que entrega un módulo fotovoltaico bajo unas condiciones estándar de medida, que son: radiación solar de 1000 W/m², temperatura de la célula de 25 °C y espectro solar AM 1.5. Se expresa en watts (W) o kilowatts (kW).

Potencia pico

Potencia máxima que puede entregar un módulo fotovoltaico bajo unas condiciones óptimas de radiación solar y temperatura. Suele ser mayor que la potencia nominal y depende de las características del módulo y del lugar de instalación. Se expresa en watts pico (Wp) o kilowatts pico (kWp).

Radiación difusa

Radiación solar que llega a la superficie terrestre después de haber sido dispersada por las moléculas del aire, el polvo, las nubes u otros elementos atmosféricos. No tiene una dirección definida y se puede aprovechar con sistemas fotovoltaicos orientados en cualquier dirección.

Radiación directa

Radiación solar que llega a la superficie terrestre sin haber sufrido ninguna alteración en su trayectoria por parte de la atmósfera. Tiene una dirección definida y se puede aprovechar con sistemas fotovoltaicos orientados hacia el sol o con sistemas de concentración solar.

Radiación global

Radiación solar total que incide sobre una superficie terrestre. Es la suma de la radiación directa y la difusa. Depende de la posición geográfica, la estación del año, la hora del día, las condiciones meteorológicas y la inclinación y orientación de la superficie receptora.

Radiación terrestre

Radiación electromagnética emitida por la superficie terrestre hacia el espacio exterior debido a su temperatura. Es una forma de pérdida de energía que influye en el balance térmico del planeta.

Recurso solar

Cantidad y calidad de la radiación solar disponible en una zona determinada para su aprovechamiento energético. Se puede medir mediante estaciones meteorológicas, satélites o modelos matemáticos. Se expresa en unidades de energía por unidad de superficie y tiempo, como $kWh/m^2/año$.

Red eléctrica

Es el conjunto de instalaciones y equipos que permiten transportar y distribuir la energía eléctrica desde los puntos de generación hasta los puntos de consumo. La red eléctrica se compone de líneas de alta, media y baja tensión, subestaciones, transformadores y contadores.

Reflexión

Es el fenómeno por el cual una superficie refleja parte de la radiación solar que incide sobre ella, devolviéndola al medio. El grado de reflexión depende del albedo de la superficie, que es el porcentaje de radiación reflejada respecto al incidente. Las superficies claras y brillantes tienen mayor albedo que las oscuras y mates.

Rendimiento térmico

Es la relación entre la energía térmica útil que se obtiene de un sistema de energía solar térmica y la energía solar que incide sobre los captadores o colectores solares. El rendimiento térmico depende de factores como el tipo y la calidad de los captadores, la temperatura del fluido caloportador, las pérdidas por conducción, convección y radiación y las condiciones climáticas.

Resiliencia energética

Es la capacidad de un sistema energético para resistir y recuperarse de las perturbaciones o amenazas que puedan afectar a su funcionamiento normal, como desastres naturales, ataques cibernéticos o fluctuaciones de la demanda. La resiliencia energética implica tener medidas de prevención, protección, respuesta y adaptación para garantizar la seguridad y la continuidad del suministro energético.

Sistemas pasivos

Son aquellos sistemas de aprovechamiento de la energía solar térmica que no requieren de ningún elemento mecánico o eléctrico para funcionar, sino que se basan en el diseño arquitectónico, la orientación, el aislamiento y los materiales de construcción para captar, almacenar y distribuir el calor solar. Los sistemas pasivos pueden ser directos, indirectos o aislados, según el modo en que el calor llega al espacio a climatizar.

Sombreado

Es la reducción de la radiación solar que llega a un captador o colector solar debido a la presencia de obstáculos como edificios, árboles o nubes. El sombreado afecta negativamente al rendimiento térmico del sistema, por lo que se debe evitar o minimizar mediante una adecuada ubicación y orientación de los captadores.

Termoeléctrica

Es una forma de generar electricidad a partir del calor, mediante el uso de un material que produce una diferencia de potencial al estar sometido a una diferencia de temperatura.

Termosifón

Es un sistema de circulación natural del fluido caloportador en un circuito cerrado que aprovecha la diferencia de densidad entre el fluido caliente y el frío.

Tiempo de retención

Es el tiempo que tarda el fluido caloportador en recorrer el circuito desde el colector hasta el depósito o viceversa.

Transferencia de calor

Es el proceso por el cual se intercambia energía térmica entre dos cuerpos o sistemas con distinta temperatura.

Transmisión térmica

Es la capacidad de un material o una superficie de permitir el paso del calor a través de él, expresada por su coeficiente de transmisión térmica (U).

Tubo colector

Es el elemento principal de un colector solar, donde se absorbe la radiación solar y se transfiere el calor al fluido caloportador que circula por su interior.

Turbina de vapor

Es una máquina que convierte la energía térmica del vapor en energía mecánica mediante la expansión del vapor a través de unas palas o álabes.

Válvula de control

Es un dispositivo que regula el caudal, la presión o la temperatura del fluido caloportador en un circuito hidráulico.

Viscosidad térmica

Es la resistencia interna de un fluido a fluir cuando se le aplica una diferencia de temperatura, expresada por su coeficiente de viscosidad térmica (μ).

DAVID PÉREZ GRANADOS

Solucionario de ejercicios

7.3.1.1 La demanda de energía térmica para suministrar agua caliente a una casa con dos personas en estas condiciones es de aproximadamente 12 558 000 julios por día.

7.3.1.2 La demanda de energía térmica para suministrar agua caliente al edificio de apartamentos es de aproximadamente 10 062 240 julios por día.

7.3.1.3 La demanda de energía térmica para suministrar agua caliente a la cafetería es de aproximadamente 41 860 000 julios por día.

7.3.1.4 La demanda de energía térmica para suministrar agua caliente a la lavandería es de aproximadamente 45 038 800 julios por día.

7.3.1.5 La demanda de energía térmica para calentar la piscina es de aproximadamente 209 300 000 julios.

7.3.1.6 La demanda de energía térmica para suministrar agua caliente a la fábrica es de aproximadamente 188 370 000 julios por día.

7.3.6.1 Se requeriría un colector solar con un área de aproximadamente 31.62 metros cuadrados para satisfacer la demanda térmica de la granja avícola.

7.3.6.2 Se requeriría un colector solar con un área de aproximadamente 29.32 metros cuadrados para satisfacer la demanda térmica del sistema de calentamiento de agua de la piscina comunitaria.

7.3.6.3 Se requeriría un colector solar con un área de aproximadamente 51.28 metros cuadrados para satisfacer la demanda térmica del sistema de calefacción en el invernadero.

7.3.6.4 Se requeriría un colector solar con un área de aproximadamente 47.62 metros cuadrados para satisfacer la demanda térmica del sistema de agua caliente sanitaria en el edificio residencial.

7.3.6.5 Se requeriría un colector solar con un área de aproximadamente 26.39 metros cuadrados para satisfacer la demanda térmica del sistema de secado de productos agrícolas.

7.3.6.6 Se requeriría un colector solar con un área de aproximadamente 42.19 metros cuadrados para satisfacer la demanda térmica del sistema de calefacción en la planta de procesamiento de alimentos.

7.3.6.7 Se requeriría un tanque de almacenamiento con un volumen de aproximadamente 1054.35 litros para satisfacer la demanda de energía térmica de la escuela.

7.3.6.8 Se necesitaría un tanque de almacenamiento con un volumen de aproximadamente 1325.47 litros para satisfacer la demanda de energía térmica del sistema de agua caliente sanitaria en el hotel.

7.3.6.9 Se requeriría un tanque de almacenamiento con un volumen de aproximadamente 1209.04 litros para satisfacer la demanda de energía térmica del sistema de calefacción en el invernadero.

Solucionario de autoevaluación

Capítulo 2

2.15.1. b)

2.15.2. c)

2.15.3. a)

2.15.4. d)

2.15.5. c)

2.15.6. b)

2.15.7. b)

2.15.8. b)

2.15.9. c)

2.15.10. c)

2.15.11. c)

2.15.12. a)

2.15.13. c)

2.15.14. a)

2.15.15. a)

2.15.16. b)

2.15.17. c)

2.15.18. a)

2.15.19. a)

2.15.20. c)

Capítulo 3

3.6.1. a)

3.6.2. b)

3.6.3. a)

3.6.4. b)

3.6.5. c)

3.6.6. c)

3.6.7. d)

3.6.8. a)

3.6.9. b)

3.6.10. c)

Capítulo 4

4.12.1. c)

4.12.2. c)

4.12.3. c)

4.12.4. b)

4.12.5. b)

4.12.6. b)

4.12.7. b)

4.12.8. b)

4.12.9. b)

4.12.10. d)

4.12.11. b)

4.12.12. a)

4.12.13. b)

4.12.14. c)

4.12.15. b)

4.12.16. c)

4.12.17. b)

4.12.18. c)

4.12.19. c)

4.12.20. b)

4.12.21. c)

4.12.22. d)

Capítulo 5

5.11.1. b)

5.11.2. c)

5.11.3. a)

5.11.4. b)

5.11.5. b)

5.11.6. c)

5.11.7. d)

5.11.8. b)

5.11.9. b)

5.11.10. c)

5.11.11. b)

5.11.12. a)

5.11.13. c)

5.11.14. a)

5.11.15. b)

Capítulo 6

6.4.1. b)

6.4.2. a)

6.4.3. a)

6.4.4. c)

6.4.5. c)

6.4.6. b)

6.4.7. b)

6.4.8. c)

6.4.9. c)

6.4.10. d)

Capítulo 7

7.8.1. c)

7.8.2. d)

7.8.3. c)

7.8.4. b)

7.8.5. a)

7.8.6. b)

7.8.7. c)

7.8.8. c)

7.8.9. b)

7.8.10. b)

7.8.11. b)

7.8.12. a)

7.8.13. b)

7.8.14. c)

Capítulo 8

8.6.1. a)

8.6.2. c)

8.6.3. c)

8.6.4. c)

8.6.5. c)

8.6.6. b)

8.6.7. b)

8.6.8. b)

8.6.9. d)

8.6.10. a)

8.6.11. c)

8.6.12. c)

8.6.13. c)

8.6.14. a)

8.6.15. a)

8.6.16. b)

8.6.17. a)

8.6.18. a)

8.6.19. c)

8.6.20. d)

Capítulo 9

9.3.1. b)

9.3.2. c)

9.3.3. c)

9.3.4. c)

9.3.5. c)

9.3.6. b)

9.3.7. c)

9.3.8. a)

9.3.9. b)

9.3.10. c)

9.3.11. b)

9.3.12. c)

Capítulo 10

10.4.1. b)

10.4.2. c)

10.4.3. c)

10.4.4. b)

10.4.5. a)

10.4.6. d)

10.4.7. c)

Capítulo 11

11.5.1. a)

11.5.2. c)

11.5.3. c)

11.5.4. d)

11.5.5. a)

11.5.6. b)

11.5.7. a)

11.5.8. b)

Capítulo 12

12.4.1. c)

12.4.2. b)

12.4.3. c)

12.4.4. c)

12.4.5. c)

12.4.6. a)

12.4.7. b)

12.4.8. c)

12.4.9. b)

12.4.10. b)

Capítulo 13

13.4.1. b)

13.4.2. c)

13.4.3. b)

13.4.4. c)

13.4.5. b)

13.4.6. c)

13.4.7. c)

13.4.8. c)

13.4.9. c)

13.4.10. c)

Capítulo 14

14.9.1. a)

14.9.2. c)

14.9.3. c)

14.9.4. b)

14.9.5. c)

14.9.6. c)

14.9.7. b)

Capítulo 15

15.3.1. c)

15.3.2. a)

15.3.3. c)

15.3.4. b)

15.3.5. c)

15.3.6. b)

15.3.7. c)

15.3.8. a)

Referencias

Atienza-Márquez, A., Domínguez Muñoz, F., Fernández Hernández, F., & Cejudo López, J. M. (2022). Domestic hot water production system in a hospital: Energy audit and evaluation of measures to boost the solar contribution. *Energy,* *261.* https://doi.org/10.1016/J.ENERGY.2022.125275

Bajracharya, S. R. (2023). *Technical and Social Challenges for Implementation of Sustainable Architecture in the Trans-Himalayan Region: An 'Intuitive Approach' to Solar-Heated Buildings in Ladakh.* 869–895. https://doi.org/10.1007/978-3-031-36320-7_54

Equation Chapter 1 Section 1. (n.d.).

H. SAYER, A., AL-GRAITI, W., B. MAHOOD, H., B. MAHOOD, H., & N. CAMPBELL, A. (2023). Experimental study on a novel waterless solar collector. *Journal of Thermal Engineering,* 9(6), 1490–1501. https://doi.org/10.18186/THERMAL.1400977

IRENA – International Renewable Energy Agency. (n.d.). Consultado el 7 de febrero 2024, en https://www.irena.org/

Julio, J., & Macho, G. (n.d.). *Revisión del estado actual de la aplicación de energía solar térmica en procesos industriales.*

Kunelbayev, M., Mansurova, M., Tyulepberdinova, G., Sarsembayeva, T., Issabayeva, S., & Issabayeva, D. (2024). Comparison of the parameters of a flat solar collector with a tubular collector to ensure energy flexibility in smart buildings. *International Journal of Innovative Research and Scientific Studies*, *7*(1), 240–250. https://doi.org/10.53894/IJIRSS.V7I1.2605

Malashenkova, V. O., & Verzhbytska, P. V. (2022). FEATURES OF DESIGNING ACTIVE SOLAR ARCHITECTURE. *Regional Problems of Architecture and Urban Planning*, *16*, 99–105. https://doi.org/10.31650/2707-403X-2022-16-99-105

Omeiza, L. A., Abid, M., Subramanian, Y., Dhanasekaran, A., Bakar, S. A., & Azad, A. K. (2023). Challenges, limitations, and applications of nanofluids in solar thermal collectors—a comprehensive review. *Environmental Science and Pollution Research*. https://doi.org/10.1007/S11356-023-30656-9

Osornio-Cárdenas, J. I., Domínguez-Barreto, O., Miranda-Hernández, A., Reyes-Sandoval, F. A., & Vargas-Rosas, E. M. (2022). Energía Solar Térmica. *TEPEXI Boletín Científico de La Escuela Superior Tepeji Del Río*, *9*(18), 41–43. https://doi.org/10.29057/ESTR.V9I18.8879

Pavlovski, A. (2022). Solar Architecture in Energy Engineering. *Encyclopedia*, *2*(3), 1432–1452. https://doi.org/10.3390/ENCYCLOPEDIA2030097

Saravia, L., & Cadena, C. (n.d.). *Cocinas solares comunales de uso múltiple*. Consultado el 7 de febrero de 2024 en https://www.researchgate.net/publication/228811732

Savchenko, O., & Lis, A. (2021). Efficiency of solar energy use in domestic hot water systems in Poland. *Budownictwo o Zoptymalizowanym Potencjale Energetycznym*, *10*(2/2021), 45–52. https://doi.org/10.17512/BOZPE.2021.2.06

Serna, F. J., & Álvarez, C. a. (2012). *Normatividad sobre Energía Solar Térmica y Fotovoltaica.* 1–17. https://www.mendeley.com/catalogue/441cc0b4-7c48-3782-bd9a-ad4638eab67a/

Silaban, M. (2023). Peluang Energi terbarukan di Industri Pemanfaatan Termal Surya Pada Proses Pengeringan Kayu. *Majalah Ilmiah Pengkajian Industri, 7*(1). https://doi.org/10.29122/MIPI.V7I1.3639

Solar Power Tower: An Alternative Method to Power Egypt | Ramy Imam. (n.d.). Consultado el 7 de febrero de 2024 en https://www.researchgate.net/publication/365770239_Solar_Power_Tower_An_Alternative_Method_to_Power_Egypt

Vettorazzi, E., Rebelo, F., Figueiredo, A., Vicente, R., Langner, M., & Feiertag, G. (2024). Expressions of Arab Influence on the Brazilian Architecture: The Case of Solar Control Elements. *Buildings, 14*(1). https://doi.org/10.3390/BUILDINGS14010194

Zeghoudi, A., & Sendjakeddine, R. (2023). Design And Realization Of A Mini Heliostat Of A Solar Power Tower Plant. *Journal of Applied Science and Engineering (Taiwan), 26*(3), 331–338. https://doi.org/10.6180/JASE.202303_26(3).0004

Zukowski, M. (2017). Energy efficiency of a solar domestic hot water system. *E3S Web of Conferences, 22.* https://doi.org/10.1051/E3SCONF/20172200209